John T. Bonner

Evolution und Entwicklung

Reflexionen eines Biologen

Interdisziplinäre Forschung

Herausgegeben von H. Schuster

Andreas Deutsch (Hrsg.)
Muster des Lebendigen

Robert Bud
Wie wir das Leben nutzbar machten

John T. Bonner
Evolution und Entwicklung

John T. Bonner

Evolution und Entwicklung

Reflexionen eines Biologen

Aus dem Amerikanischen
übersetzt von
Angela Schröder-Lorenz

Die Deutsche Bibliothek – CIP-Einheitsaufnahme

Bonner, John T.:
Evolution und Entwicklung: Reflexionen eines Biologen /
John T. Bonner. Aus dem Amerikan. übers. von
Angela Schröder-Lorenz. – Braunschweig; Wiesbaden:
Vieweg, 1995
(Facetten: Interdisziplinäre Forschung)
Einheitssacht.: Life cycles ⟨dt.⟩

Dieses Buch ist die deutsche Ausgabe von:
John T. Bonner: Life Cycles, Reflections of an Evolutionary Biologist
Original English Language Edition published by Princeton University Press, 1993

Übersetzung: Dr. Angela Schröder-Lorenz
Umschlaggraphik: Susanne Schweikert

ISBN 978-3-663-01971-8 ISBN 978-3-663-01970-1 (eBook)
DOI 10.1007/978-3-663-01970-1
Softcover reprint of the hardcover 1st edition 1995

Der Verlag Vieweg ist ein Unternehmen der Bertelsmann Fachinformation GmbH.

Umschlaggestaltung: Schrimpf und Partner, Wiesbaden

Gedruckt auf säurefreiem Papier

Inhaltsverzeichnis

Vorwort

Ich bin mir des vernichtenden Kommentars bewußt, der hinter den Kulissen getuschelt wird – nämlich, daß ich wie ein Professor klinge –, aber nach all den professoralen Jahren ist es mir fast unmöglich, die Hauptbeschäftigung meines Lebens zu verbergen. Seit über vierzig Jahren habe ich den Kursus „allgemeine Biologie“ für Anfänger und Fortgeschrittene an der Universität Princeton gelehrt. Eines Tages besuchte mich eine Soziologiestudentin und bat mich um ein Interview im Rahmen ihrer Diplomarbeit. Es stellte sich heraus, daß sie Lehren mit Schauspielen vergleichen wollte. Da hatte ich mehr Fragen an sie als sie an mich. Sie machte die interessante Bemerkung, daß beide, Lehrer wie Schauspieler, um ihre Wirkung auf das Publikum besorgt sind. Trotzdem haben sie ein unterschiedliches Problem; der Schauspieler gibt jedesmal die gleiche Vorstellung vor wechselnden Zuschauern, während der Lehrer Tag ein, Tag aus vor den selben Zuhörern etwas Verschiedenes bringen muß (und hoffentlich Spannendes). Manchmal hinterlassen die unmöglichsten Dinge den größten Eindruck im Kopf der Zuhörer. Ich machte diese Erfahrung, als ich die allererste Vorlesung in Princeton vor Erstsemesterstudenten (damals gab es keine Studentinnen) hielt. In der Mitte der Vorlesung stürzte ich vom Podium und setzte mich unsanft auf den Boden. Es gab großen Beifall, offenbar der Höhepunkt der Lektion.

Ein halbes Leben lang diesen Kursus zu bestreiten, hat mir aus vielerlei Gründen große Freude bereitet, nicht geringen Anteil daran haben all jene Studenten, die mir fortlaufend auf die eine oder andere Weise erklärten, was ich alles falsch machte. Das Ergebnis war, daß sich dieser Kursus langsam veränderte, wie sich die Biologie und mit ihr ich selbst veränderte. Dann, vor nicht allzulanger Zeit, hielt ich meine letzte Vorlesung (mit einem Gefühl wie Mr. Chips[1]), und so beschloß ich den Kursus in Buchform herauszubringen und mir so das Vergnügen noch eine Weile zu verlängern.

Das war der Beginn dieses Buches, aber es stellte sich bald als ein Irrweg heraus – ein weiterer großer Sturz. Nach unzähligen Anläufen sah ich plötzlich das Buch vor mir, das ich schreiben wollte. Ich bedaure, zugeben zu müssen, daß es nicht wie eine leuchtende Vision erschien, sondern eher langsam heraufdämmerte. Der ganze Aufbau dieses allgemeinen Biologiekurses hatte mich dazu veranlaßt, über die großen Fragen nachzudenken – wie paßt alles zusammen? – Welche Logik, welcher Sinn steckt im Leben? Während ich über diese bedeutenden Themen grübelte, geschah meine eigene Evolution. Das Buch erzählt auch über diese Evolution, genauer noch wohin sie mich führte: mein persönlicher Lebenskreis. Ganz unvermeidlich ist, daß ich einige dieser Ideen schon in früheren Büchern beschrieben habe, obwohl ich an verschiedenen Stellen Neues einschleichen ließ. Was jetzt folgt, ist eine Neusynthese meiner etwas eigenwilligen Ansichten über die Struktur der Biologie, wobei sie diesmal nicht ausschließlich für meine Kollegen gedacht sind, sondern auch für jedermann sonst.

Meine Leser mögen sich fragen, was wohl neu oder verschieden sein mag an diesem Buch, jetzt muß ich bekennen: Ich sehe die Biologie und ihre wesentlichen Fragen nicht auf konventionelle Weise. Ich reiße die Biologie auseinander und füge sie wieder zusammen, und zwar in einer Art und Weise, die sehr verschieden ist von der des durchschnittlichen Feld-, Wald- und Wiesenbiologen. Ich tue dies nicht, um nur Spielchen zu spielen oder um mich von anderen zu unterscheiden, sondern weil ich glaube, daß viele der konventionellen Herangehensweisen nicht die bedeutsamen Fragen treffen, weil sie sich nur mit Details beschäftigen, die in das momentan gültige Bild passen. Mein Ziel indes ist es, ein geschlosseneres und tiefgründigeres Bild der Wissenschaft zu zeichnen, eines, das eine größere innere Folgerichtigkeit und größere Bedeutung be-

1 „Goodbye Mr. Chips“ Sentimentale Geschichte von James Hilton über das Leben eines scheuen Lehrers von seiner ersten bis zur letzten Unterrichtsstunde. Zweimal aufwendig von MGM verfilmt. (Anm. d. Übers.)

sitzt. Aus diesem Grund wählte ich den Kreislauf des Lebens als übergeordnetes und einigendes Thema dieses Buches.

Die zentrale Rolle des Lebenszyklus ist von den Biologen in den letzten Jahren in erheblichem Maß unterschätzt worden. Erst seit kurzem wird ihm neue Beachtung geschenkt und dies von zwei Seiten. Eine resultiert aus dem wachsenden Interesse an der Frage, wie die Gene die Entwicklung des Eies in einen erwachsenen Organismus dirigieren; wie sie dies bewerkstelligen und wo die Grenzen ihrer Macht liegen. Die andere Seite ist die Erkenntnis, daß die großen Entdeckungen während dieses Jahrhunderts über den Mechanismus, der die Evolution durch natürliche Selektion beschreibt, mehr sein muß als das Sortieren der Gene, die einen ausgewachsenen Organismus charakterisieren, weil sich nicht nur die Genmischungen evolvieren, sondern auch die gesamten Lebenszyklen von Pflanzen und Tieren. Die gegenwärtige und zukünftige Biologie enthält beides, das Studium der Gene und ausgewachsenen Organismen, sowie das Verständnis darüber, wie sich Entwicklung mit der Evolution der Lebenszyklen verbindet.

Weil ich mich so anstrengen mußte, diesen bescheidenen Wälzer nicht in Schwerverständliches zu verwandeln, war ich begeistert über einen Satz von Mark Twain im Vorwort zu seinem *Roughing it*, der genau meine Gefühle beschreibt, und ich möchte meine Leser ebenso warnen:

> Ja, nehmen Sie alles mit, da steckt ein gut Teil Information in diesem Buch. Ich bedaure das zutiefst, aber ich wußte mir nicht anders zu helfen: Informationen scheinen natürlicherweise aus mir herauszuschwitzen, wie der liebliche Rosenduft aus einem Otter. Manchmal schien es mir, ich würde Welten dafür geben, die Fakten für mich behalten zu können, aber es sollte nicht sein. Je mehr Lecks ich kalfaterte und je dichter ich wurde, um so mehr Weisheit sickerte aus mir heraus. Deshalb kann ich vom Leser nur Nachsicht fordern, aber keine Vergebung.

Es gibt einige, in deren Schuld ich geriet, während ich dieses Buch schrieb, und ich möchte hier ihrer Freundschaft und Hilfe Anerkennung zollen. Zu allererst möchte ich mich bei Mary Philpott bedanken, die mir half, diesen Kursus zu halten, denn sie schlug vor, dieses Buch in Angriff zu nehmen. Das Schreiben fand an verschiedenen Orten statt, an denen ich fern von Princeton weilte. In der ersten Phase lehrte ich ein glückseliges Herbstsemester lang am Williams College, welches, dank der vielen Freunde dort, ein herrlicher Platz zum Schreiben war. Den Frühling dieses Jahres (1989-1990) hatten meine Frau Ruth und ich mit meinem Bruder und seiner Frau in einem uralten winzigen Anbau ihres Hauses in einem kleinen Dorf in der Nähe der Berge Mallorcas verbracht. Es war nicht nur ein wunderschöner Ort, um die Gedanken in die Feder fließen zu lassen, sondern ich hörte auch die Nachtigall wieder – eine jener magischen Erinnerungen an die Kindheit, welche ich nicht übertrieben hatte in all den Jahren. Den nächsten Winter verbrachte ich als Gastprofessor der Indischen Akademie der Wissenschaften am Indian Institute of Science in Bangalore, wo ich ein solches Arbeitszimmer und Schreibpapier erhielt, welche die Tinte mit großer Begeisterung aus meinem Stift zu ziehen schienen. Dort spürte ich, daß ich mit freundschaftlicher Hilfe und Ansporn von Vidya Nanjundiah dem Buch, das ich schreiben wollte, näher kam. Schließlich habe ich meine Aufgabe diesen Sommer hier in Kanada beendet.

Während des Verlaufs dieses Ein-Mann-Ringerwettbewerbs haben mich viele ermutigt und mit Hinweisen den Fortgang unterstützt. Harriet Wasserman glaubte von der ersten Stunde an dieses Projekt, und zwischenzeitlich hatte sie gar mehr Vertrauen darein als ich, was mir über einen Tiefpunkt hinweghalf. Jonathan Weiner kam mir gerade im rechten Augenblick zu Hilfe, weil er als ehemaliger Editor und nun als herausragender Wissenschaftsautor meine Probleme verstand. Er brachte mich dazu, klar zu sehen, was ich nicht tat, und verstärkte in mir den Wunsch weiterzumachen. Darüber hinaus stellten sich seine speziellen Verbesserungsvorschläge des Textes als unschätzbar wertvoll heraus. Ebenso besteht die lebenslange Dankbarkeit meinem Kollegen Henry Horn gegenüber fort, da seine Kommentare und Kritik von charakteristisch klarem Verstand enorm hilfreich waren, dafür sage ich herzlichen Dank. Lassen Sie mich hinzufügen, daß eine Gruppe von anonymen Lesern, die mein Manuskript auf eine Exkursion mitnahmen, mir eine Menge nützlicher Vorschläge machten, die meine Wortwahl und meine Gedanken reinigten, und ich danke ihnen allen dafür. Ich wünschte, ich könnte behaupten, daß, wenn etwas falsch in diesem Buch wäre, es die Schuld all dieser Freunde und Helfer sei, aber das wäre nicht wahr, eher umgekehrt, wenn etwas richtig darin ist, sind sie verantwortlich.

Ich widme dieses Buch meiner Frau Ruth. Sie hat eine Art, mich anzuspornen, ohne daß ich bemerke, wie sie es anstellt. Dies gilt schon viele Jahre, aber es wurde deutlicher denn je, als ich an diesem Buch arbeitete. Über diese undefinierbare Art, in der sie Unterstützung gibt, hinaus danke ich ihr für all die Stunden, in denen sie meine Manuskripte korrigierte. Es ist die perfekte Partnerschaft, weil sie im Gegensatz zu mir buchstabieren kann und einen Fehler in der Grammatik aus meilenweiter Entfernung entdeckt.

August 1992
Margeree Harbour
Cape Breton, Nova Scotia

Der Hintergrund

1
Anfänge

Ich habe mein Leben den Schleimpilzen gewidmet. Das mag manchem eine merkwürdige Berufung scheinen – engstirnig bestenfalls, schlimmstenfalls leicht ekelerregend – aber lassen Sie mich erklären, warum sie mich so fesselten, wie sie meine Augen öffneten, so daß ich wissen wollte, was sie in Gang bringt; aber auch wie sie in allgemeingültige Muster des Lebendigen passen und welche Prinzipien allem Leben gemeinsam sind.

Schleimpilze sind sehr häufig vorkommende Organismen und auf der ganzen Welt weit verbreitet. Trotzdem sind sie schwer zu finden, weil sie mikroskopisch klein sind und meistens im Dunkel der Erde verborgen leben. Aus diesem Grund sind sie bis vor einiger Zeit unbekannt gewesen. Jedenfalls kann man sie, wenn man ein kleines bißchen Humus, egal von wo, mit ins Labor bringt, in einer kleinen Petrischale auf transparentem Agar, der ein Kulturmedium enthält, wachsen lassen. Dort ist es möglich, ihren Lebenszyklus mit Hilfe eines Mikroskops bei geringer Vergrößerung zu beobachten, ein Anblick, der für mich immer von großer Schönheit gewesen ist (Bild 1).

Die Pilze beginnen als eingekapselte Spore, die sich spaltförmig öffnet, und aus jeder Spore kriecht eine einzelne Amöbe. Diese Amöbe fängt sofort an, die Bakterien zu fressen, die als Nahrung vorhanden sind, und nach drei Stunden des Fressens teilt sie sich in zwei Amöben. Bei dieser Geschwindigkeit dauert es gar nicht lange, bis sie alle Bakterien von der Agaroberfläche gefressen haben, nämlich gewöhnlich zwei Tage. Nun folgt etwas Wunderbares. Nach ein paar Stunden Hunger strömen diese sonst völlig voneinander unabhängigen Zellen in sogenannten Aggregationszentren zusammen, um eine wurstförmige Zellmasse zu bilden. Ab jetzt agieren diese Zellmassen als organisierter, vielzelliger Organismus.

Er kann zum Licht kriechen, sich in Hitzegradienten orientieren und demonstriert seine Einheit auf verschiedene Weisen. Er sieht aus wie eine

Bild 1: Der Lebenszyklus eines zellulären Schleimpilzes. Die soziale Phase beginnt damit, daß die individuell lebenden Amöben (am linken Bildrand) an zentralen Sammelpunkten aggregieren und sich in wandernden „Schnecken" zusammenfinden. Nach einer Wanderung richtet sich die „Schnecke" auf, und die vorderen Zellen bilden einen Stengel, der in die Luft hineinragt und dabei die hinteren Zellen nach oben transportiert, wo sie zu Sporen werden. (Zeichnung von Patricia Collins aus Bonner, *Scientific American*, Juni 1969)

kleine durchsichtige Nacktschnecke, die ungefähr einen Millimeter lang ist (deswegen wird diese wandernde Zellmasse üblicherweise im Labor „Schnecke" genannt). Sie hat ein klares Vorder- und Hinterende, und ihr Körper ist in einen feinen Schleimmantel gehüllt, welchen sie hinter sich läßt, wenn sie vorwärts kriecht, was dann wie eine kleine, schlaffe Wurstpelle aussieht.

Nach einer Wanderung, deren Länge sehr von der unmittelbaren Umgebung der „Schnecke" abhängt, hält sie an, erhebt sich in die Luft und verwandelt sich langsam in einen Fruchtkörper, der aus einem zarten, sich nach oben verjüngenden Stengel, einen oder mehrere Millimeter hoch, mit einer Kugel aus Sporen an der oberen Spitze besteht. Diese wunderbare Metamorphose wird zunächst von den vorderen Zellen der „Schnecke", welche zu Stengelzellen werden, vollbracht. Sie bilden einen kleinen Zellulosezylinder im Innern, der kontinuierlich oben verlängert wird. Während dies passiert, strömen die vorderen Zellen an der Spitze des neugebildeten Zylinders in den Zylinder hinein, wie eine Fontäne, die in sich selbst zurückfließt. Als Folge davon erhebt sich die Spitze des Zylinders (welcher den Stengel darstellt) in die Luft. Währenddessen wird die Masse der hinteren Zellen, die zu Sporen werden sollen, zur Spitze hin angezogen. Auf diesem Wege wird die Sporenmasse hochgehoben. Während dieses Prozesses wird jede Amöbe in der Sporenmasse zur Spore, umschlossen von einem dickwandigen, kapselförmigen Mantel, jede schon bereit, eine neue Generation hervorzubringen. Die Stengelzellen innerhalb des dünnen, spitz zulaufenden Zellulosezylinders werden größer mit riesigen, internen Vakuolen. Unterdessen sterben sie ab und verbrauchen ihre letzten Kraftreserven, um dicke Zellulosewände zu bilden. Es ist eine bemerkenswerte Tatsache, daß die vorderen Zellen, die doch die Anführer der wandernden „Schnecke“ gewesen waren, sterben, während die trödeligen Zellen am Hinterende zu Sporen werden, von denen jede eine neue Generation hervorbringen kann. Schleimpilze scheinen das alte Armeeprinzip zu bestätigen: Geh nie an die Front, melde dich nie freiwillig.

Der gesamte Lebenszyklus (er ist vollständig asexuell) dauert im Labor ungefähr vier Tage. Der Organismus ist sehr einfach zu halten und auf vielfältige Weise ideal für experimentelle Arbeiten. Die Art, die ich beschrieben habe, ist nur eine von ungefähr fünfzig Arten, so daß vergleichende Studien möglich sind. Heutzutage, mit modernen Techniken, kann man seine Experimente mit Leichtigkeit verfolgen. Zum Beispiel habe ich in meinem Labor eine Videokamera auf dem Mikroskop und kann die Ergebnisse jeder Operation, die ich an den wandernden „Schnecken“ vornehme, auf dem Bildschirm verfolgen. Wenn ich sie zwei Stunden lang beobachtet habe, kann ich den ganzen Vorgang im Zeitraffer wiederholen, so daß ich die Veränderungen der letzten zwei Stunden in zwei Minuten sehe. Wegen dieser Möglichkeiten mache ich den täglichen Laborgang in freudiger Erwartung. Der Weg eines Experimentalbiologen ist mit winzigen, oft stumpfsinnigen Details nach endlosen, frustrierenden Experimenten, die nicht funktionieren, gepflastert. Aber die Belohnungen sind, wenn auch selten, großartig. Plötzlich – oh, welche Aufregung – klappt etwas und schenkt einem eine Erkenntnis.

Vor ein paar Jahren weilte einer meiner alten Freunde, ein Veterinär, im Krankenhaus, um sich von einer Operation zu erholen. Als ich ihn besuchte, kam sein Chirurg herein und mein Freund stellte mich als „Dr. Bonner“ vor. Der Chirurg fragte mich: „Sind sie ein Mann für kleine oder große Tiere?“ Ohne zu überlegen antwortete ich zu seiner Überraschung, ich sei ein Mann für „klitzekleine Tiere“. Während der vielen Jahre, in denen ich Studenten half, ihre kranken in gesunde, gut gedeihende Kulturen zu verwandeln, mußte ich oft an diese Episode zurückdenken. Eine meiner zahlreichen Rollen im Leben war die eines Schleimpilzveterinärs.

Mein Interesse an der Biologie wurde durch Vögel geweckt. Meine Familie lebte in Europa, als ich ein Kind war, und ich erinnere mich gut an meine Aufregung, als ich eine große Anzahl verschiedenartiger Enten im St. James Park in London sah. (Hier muß ich sehr vorsichtig formulieren. Vor einigen Jahren bat mich die Universitätsleitung etwas über mein ursprüngliches Interesse an der Biologie zu Papier zu bringen, um es dann in einer Broschüre über die Universität zu verwenden. Unglücklicherweise schrieb ich: „Es begann, als ich die Enten[1] im St. James Park beobachtete." Die Mitbewohner meines Sohnes, der zu der Zeit ein Anfänger am College war, fanden diesen Satz und klebten ihn prompt an seine Tür.) Ich besuchte damals ein Internat in der Schweiz und begann mit Hilfe eines alten Fernglases, welches meine Mutter früher bei Pferderennen benutzt hatte, meine Freizeit mehr und mehr in den Wäldern zu verbringen, Vögel zu beobachten und sie mit einem ziemlich urigen alten Vogelbuch zu bestimmen.

Mein Vater erkannte schnell, was sich da anbahnte, und ich denke, er befürchtete, sein Sohn, damals war ich elf oder zwölf Jahre alt, könne Schwierigkeiten bekommen, sich als Ornithologe durchs Leben zu schlagen. Etwas, was ich meinerseits fest vorhatte. Klugerweise schenkte er mir ein Exemplar des wunderbaren Buches *The Science of Life*, geschrieben von H.G. Wells, Julian Huxley und Wells' Sohn G.P. Wells. H.G. Wells war als Biologe von Thomas Henry Huxley (dem Großvater Julian Huxleys und ein Freund und Verteidiger Charles Darwins) am Imperial College in London ausgebildet worden. Wells hat dies hervorragend in seinem Buch *Experiment in Autobiography* beschrieben. T.H. Huxley war der erste, der predigte, daß es eine vereinte Biologie geben sollte, keine voneinander getrennte Zoologie und Botanik, was damals noch der Norm entsprach. Aus diesem Grund hatte er großen Einfluß auf die Lehre der „Wissenschaft des Lebendigen" in diesem Jahrhundert. Das Buch *The Science of Life* kam aus dieser Tradition und enthält eine solche Synthese. Wells war bemüht, alles unter einen Hut zu bringen, genauso, wie er es schon in dem heute vergessenen *Outline of History* tat,

1 Im Original: ducks = Enten, aber auch ein bewundernder Ausdruck für Mädchen, junge Frauen, in etwa: flotte Bienen oder niedliche Käfer.

und mit seinen beiden begabten Mitarbeitern schrieb er eine bemerkenswert gut lesbare und in sich geschlossene Abhandlung der Biologie. Einzig ein Kapitel über Medien und wie man mit den Toten kommuniziert mutet heutzutage seltsam an. So wie ein unangenehmes Zipperlein möchte man auch die Peinlichkeiten der Vergangenheit gerne vergessen, aber in den dreißiger Jahren dieses Jahrhunderts, als das Buch veröffentlicht wurde, glaubten viele, daß übernatürliche Phänomene solcher Art tatsächlich existieren. Selbst der berühmte Psychologe und Philosoph William James vermachte der Harvard University eine Stiftung, die zur Erforschung des sechsten Sinnes verwendet werden sollte. Heutzutage betrachten wir Séancen und Medien, sowie übersinnliche Kräfte entweder mit völligem Unglauben oder letzteres wenigstens mit Mißtrauen, aber das war damals, als ich ein Junge war, anders. Ein Bild aus diesem Buchabschnitt habe ich in besonders lebhafter Erinnerung. Es zeigte eine Frau, die sich sogenanntes „Ektoplasma" aus der Nase zog und eine lange, ekelhafte Masse glitt ihr den Rücken herab. Ich glaube, dieses eine Foto trug viel dazu bei, aus mir einen normalen Biologen zu machen; ich wollte es mit einfachen, sauberen Tieren und Pflanzen zu tun haben und hielt mich fortan an den Hauptteil des Buches.

Der Plan meines Vaters funktionierte; ich änderte meine ornithologischen Absichten und verkündete, daß ich jetzt ein einfacher Biologe werden wolle. Auch nur einen Teil dieses umfangreichen Werkes zu lesen, war nicht einfach, aber je mehr ich las, um so mehr fesselte es mich. Ich war so inspiriert, daß ich selbst anfing, ein illustriertes Biologiebuch zu schreiben, sehr mühselig auf einer Spielzeugschreibmaschine (ausgenommen jene Abschnitte, die ich direkt aus dem Wells, Huxley und Wells ausschnitt). An einer Stelle beschrieb mein Buch den Lebenszyklus von Paramecium, einem einzelligen Ciliaten, wörtlich: „Es hat zwei Nuklei, einen für die täglichen chemischen Geschäfte, den anderen für die sexuelle Vereinigung und andere seltene Fortpflanzungsgelegenheiten", welche auch immer diese wohl sein mögen.

In den darauffolgenden Jahren, eigentlich die ganze Schulzeit hindurch, sammelte ich zunehmend alles, was ich in den Wäldern und Teichen finden konnte, hielt es lebend oder konservierte es sorgfältig. Auf diese Weise wuchs in mir unmerklich eine Hochachtung für den natürlichen Reichtum um mich herum, wobei so manches gar ohne die Hilfe von Lupen oder einem Mikroskop unsichtbar geblieben wäre. Es war in keinster Weise eine intellektuelle Übung, sondern eher das schlichte Vergnügen, in meiner Umgebung herumzustochern.

Zur gleichen Zeit begann ich, über verschiedene Naturforscher zu lesen – die Biographien der Biologen der Vergangenheit. Ich entsinne mich, völlig gebannt vom Leben des Linnaeus gewesen zu sein, jenes Naturforschers des achtzehnten Jahrhunderts, der alle bekannten Tiere und Pflanzen klassifizierte, wobei viele von ihm selbst entdeckt worden waren. Er hat sich auch das System zur Namensgebung der Organismen ausgedacht, bei dem jedem ein Gattungsname, gefolgt von einem Artnamen, gegeben wird, alle in Latein (eine Selbstverständlichkeit zu jener Zeit). Zum Beispiel wurden wir Menschen *Homo sapiens* getauft. Linnaeus lebte, wie mir schien, ein großartiges Leben, andauernd machte er sich auf den Weg von seiner Universität in Uppsala in Schweden auf die großen Reisen ins nördliche Lappland, um zu sammeln. Wie sehr habe ich mir gewünscht, nach Lappland zu reisen! Tatsache ist, daß ich immer noch gerne dorthin möchte; während ich diese Sätze schreibe, beschleicht mich dasselbe alte Gefühl. In jenen jungen Jahren habe ich mich nicht in die Details seiner Taxonomie vertieft, ich war vielmehr an seiner Person interessiert. Trotzdem fühlte ich instinktiv, daß er einen goldenen Schlüssel in der Hand trug, und ich hatte recht. Meine Begründung dafür war jedoch nicht besonders vernünftig: Sie basierte darauf, daß er sein großes Werk zur Klassifizierung aller Tiere und Pflanzen *Systema Naturae* genannt hatte. Jeder, der System in die Natur bringen konnte, war in meinen Augen ein Held. Durch meine jugendlichen Sammlungen wußte ich, daß die Natur ohne System tatsächlich ein Chaos zu sein schien.

In etwa derselben Zeit erschien das populäre Buch *The Microbe Hunters* von Paul de Kruif. Dort erfuhr ich etwas von Anthonij van Leeuwenhoek und Louis Pasteur und fand es sehr aufregend. Kruifs Behandlung von Leeuwenhoek störte mich etwas, da er mehr an seinem Dasein als Küster interessiert schien als an den außerordentlichen Entdeckungen, die er mit dem Mikroskop, das er erfunden hatte, machte. Pasteur ist auch heute noch jedermanns Vorbild. Er war ein Zauberer, alles was er berührte, verwandelte sich in wissenschaftliches Gold. Gleichzeitig las ich *Arrowsmith* von Sinclair Lewis, welches ein verschwommener und höchst romantischer Bericht über die frühen Jahre biomedizinischer Forschung am damaligen Rockefeller Institut in New York City (heute Universität) ist. Dies war alles, was ich brauchte, um die Inspiration zu bekommen, die mich ein Leben lang zur Forschung im Labor beflügelte. (Ich las *Arrowsmith* vor ein paar Jahren noch einmal und konnte mich nicht mehr erinnern, was ich daran als Jugendlicher so fesselnd gefunden hatte. Bestimmte Bücher muß man wohl genau im richtigen Alter lesen, obwohl ich bezweifle, daß die Jugend von heute von Sinclair Lewis' altem Schinken so gebannt wäre wie ich seinerzeit. Es ist sehr zeitgebunden.)

Meine wahrscheinlich größte Entdeckung in den Biographien von Wissenschaftlern war die Begegnung mit Charles Darwin. So wie von Pasteur gibt es viele Biographien von Darwin und dem Drama in der Mitte des neunzehnten Jahrhunderts um seine revolutionären Ideen über die Evolution. Einige aus jüngerer Zeit sind sehr viel besser als jene, die ich damals las, trotzdem hielten sie mich gefangen. Darwin war wie Linnaeus lange in der Wildnis gewesen, um zu sammeln und zu beobachten – zwar nicht in Lappland, aber in Südamerika, Australien und auf verschiedenen Inseln. Dies veranlaßte ihn, ein paar Jahre nach seiner Rückkehr von diesen Exkursionen das berühmte Buch *Voyage of the Beagle* zu veröffentlichen, und es ist ein wunderbares Buch. Als ein junger Mann von Anfang zwanzig fuhr er los, und die Reise dauerte fünf Jahre, aber mit seiner außergewöhnlichen Auffassungsgabe sammelte er solche Reichtümer, daß sie für ein ganzes Leben reichen sollten. Ein paar Jahre nach seiner Rückkehr begann er, an seiner Theorie der natürlichen Selektion zu arbeiten, doch er publizierte sein berühmtes Werk *On the Origin of Species* nicht vor 1859. Besorgt um die Akzeptanz seines Buches, hätte er es vielleicht nicht einmal dann getan, hätte Alfred Wallace ihm nicht ein Manuskript geschickt, welches die gleiche Idee beinhaltete, nämlich die natürliche Selektion als Mechanismus für den evolutionären Wandel.

Wallace, ein weiterer begabter Naturforscher, hatte diese Idee gehabt, als er auf den malaiischen Inseln sammelte, und er beschrieb sie Darwin. Wallace's Veröffentlichung und eine beigeordnete von Darwin erschienen in den *Proceedings of the Linnean Society*, aber die beiden Artikel verursachten nur wenig Aufruhr. Erst Darwins Buch zündete die Explosion. Wallace und Darwin wurden Freunde, und Wallace bezog sich in großzügiger Weise auf Darwin, der so viele Jahre damit zugebracht hatte, die Beweise für die natürliche Selektion zusammenzutragen. Als höchsten Ausdruck seiner Großzügigkeit schrieb Wallace ein Buch mit dem Titel *Darwinism*.

Eines der Bücher, das ich in jungen Jahren las, war Darwins *Autobiography*, die er in erster Linie für seine Kinder geschrieben hatte. Es ist ein ungekünstelter Bericht über sein Leben und seine Arbeit, in dem er betont, daß er in der Schule nicht gut abschneiden und sich nicht für einen passenden Beruf entscheiden konnte. Er versteht es, den Eindruck zu hinterlassen, er sei ein mittelmäßiger Mensch mit durchschnittlichen Fähigkeiten. Heute wird er als eines der großen Genies des neunzehnten Jahrhunderts angesehen, obwohl er zu jeder Zeit Gegner hatte, die neben anderen Dingen seine Autobiographie zitieren, um seine Mittelmäßigkeit zu beweisen. Mir und dem Rest der Welt war lange Zeit unbekannt, daß die Autobiographie, die ich gelesen hatte, weitgehend von seiner Frau zensiert worden war, und eine unbereinigte Version wurde erst in den fünfziger Jahren dieses Jahrhunderts von seiner Enkelin Lady Nora Barlow veröffentlicht. Was uns vorenthalten worden war, waren seine religiösen Ansichten: er war über die Jahre ein Ungläubiger geworden. Es ist besonders faszinierend, wie er in der vollständigen Version beschreibt, daß sein Vater, ein erfolgreicher Arzt, ebenfalls ein Agnostiker gewesen war. Darwin zufolge hatte sein Vater ihm gesagt, daß er, sollte er je Zweifel haben, diese nicht seiner Frau mitteilen solle, weil es sie sehr unglücklich machen würde, wenn es keine Hoffnung gäbe, ihn in der nächsten Welt wiederzusehen!

Auf Grund einer chronischen Krankheit blieb Darwin ein Einsiedler in seinem Haus in Down in Kent. Keiner weiß wirklich, was ihn quälte, aber es gibt jede Menge Spekulationen darüber. Eine beliebte Theorie vermutet, er hätte sich mit der Chagas-Krankheit[2] in den Anden

2 Chagas, Carlos bras. Bakteriologe (1879-1934); Chagas-Krankheit: Infektionskrankheit, besonders in Brasilien, hervorgerufen durch Trypanosomen, führt in kurzer Zeit zum Tod oder chronisch auftretenden Anfällen (Anm. d. Übers.).

infiziert. Dort war er „von der großen Wanze der Pampas" gebissen worden, von der wir durch die spätere Arbeit von Chagas wissen, daß sie diese Krankheit überträgt. Es gibt auch eine ganze Reihe von psychologischen Deutungen, bis hin zu der Vermutung, er hätte die Krankheit nur vorgetäuscht, um in aller Ruhe weiterarbeiten zu können. Ein Ergebnis seiner Isolation ist eine ausgedehnte Korrespondenz mit anderen über wissenschaftliche Themen, welche erst jetzt gesichtet und in mehreren Bänden publiziert werden. Eine weitere Folge war, daß die Verbreitung der Lehre und die Debatte, die der Veröffentlichung von *The Origin of Species* notwendigerweise folgte, von anderen geführt wurde. Sein bei weitem eloquentester Anwalt war eben jener Thomas Henry Huxley, den ich vorne erwähnt habe. Als Jugendlicher bewunderte ich Huxley ebenso wie Darwin, aber mit der Zeit erkannte ich, daß, obwohl Huxley ein exzellenter Lehrer und ein besonders begabter Essayist sowie ein erstklassiger Biologe war, doch Darwin derjenige mit dem wirklich großen und umfassenden Geist war. Es ist die Tiefe seiner Gedanken, welche sein Buch durchziehen, durch die seine Ideen zur Evolution „durch die Kraft der natürlichen Selektion" heute jeden Aspekt der Biologie fest im Griff halten. Er lieferte den intellektuellen Zement, um alle lebendigen Dinge einzubinden, er schenkte uns wahres Verständnis für die Fragen des Lebens.

Ich weiß, daß ich in meiner Jugend die Bedeutung von Darwins Lehre weder verstanden hatte, noch wertschätzte. Während vieler Jahre hat sie sich langsam in meine Gehirngänge eingegraben. Als ich ins College eintrat, wurde alles andere davon überschattet, daß ich das Leben eines Experimentalbiologen begann, und bald darauf fand ich mich in einem Labor wieder. Ich empfand es als berauschende Erfahrung, zu lernen, wie man Chemikalien auswiegt, Nährmedien im Autoklaven sterilisiert, Gewebe fixiert und für die Beobachtung unter dem Mikroskop vorbereitet, indem man es, in Paraffin eingebettet, in einer speziellen Maschine mit einem rasiermesserscharfen Messer in dünne Schnitte schneidet. Einige der Techniken, die ich lernte, existieren heute nicht mehr, aber für mich waren sie ein großer Spaß. Wenn ich einen besonders gut ausgestatteten Papierwaren- oder Werkzeughandel betrete, überkommt mich manchmal das gleiche Gefühl, als sei ich von großem Reichtum umgeben. Ich tat nichts Bemerkenswertes mit diesen Werkzeugen, diesen neuen Spielzeugen, tatsächlich kam es mir nicht einmal in den Sinn, an etwas Außerordentliches zu denken. Alles was ich wollte, war spielen und dann herausfinden, ob ich nicht etwas dabei entdeckte, was ich oder sonst jemand nie vorher gesehen hatte.

Während des zweiten und dritten Jahres an der Universität begann ich, die Entwicklung – wie Organismen sich von einem Ei zum Erwachsenen entwickeln – nicht nur als wichtig, sondern auch mit besonderem Interesse zu betrachten. Diese neue Ansicht hatte ich durch die Kurse über die Embryologie der Tiere gewonnen. Dort lernte ich etwas über die anatomischen Veränderungen während der Entwicklung und wurde an die hervorragenden Experimente von Hans Spemann herangeführt (und an die einer Reihe anderer Embryologen, viele von ihnen aus Deutschland); sie hatten Schneide- und Aufpfropfexperimente durchgeführt, um zu verstehen, was Wilhelm Roux die „Mechanik der Entwicklung" genannt hatte. Spemann hatte zum Beispiel den Nobelpreis dafür bekommen, daß er zeigen konnte, daß ein Teil eines Amphibienembryos einen anderen Teil stimulieren oder „induzieren" konnte. Er nannte diese Region im frühen Embryonalstadium den „Organisator"; dieser sandte Signale an das nächstliegende Gewebe, worauf es begann, die Hauptachse des Embryos auszubilden. Er konnte einen zusätzlichen Organisator an die Seite eines intakten Embryos aufpfropfen, und es entstand ein zweiter Embryo. Die Bedeutung dieser Experimente und die Ideen, die daraus folgten, ergriffen von mir Besitz. Die einzige Schwierigkeit lag in meiner merklichen Unfähigkeit, Deutsch zu lesen, obwohl ich ein halber Schweizer bin. Um die Dinge zu verschlimmern, waren die alten Veröffentlichungen immens lang. Ich erinnere mich daran, einen Artikel über die Sexualität einzelliger Algen nach Hause zu meiner Schweizer Großmutter gebracht und sie um Hilfe gebeten zu haben. Sie warf einen einzigen Blick auf die Überschrift, wurde ganz aufgeregt und hielt mir einen langen Vortrag über die in Auflösung begriffene Moral der Jugend von heute. Während ich in all diese embryologischen Kompliziertheiten eintauchte, hatte ich beschlossen, meine Forschungsarbeit bei William H. Weston, einem Mann, der mich vom ersten Jahr als Anfänger an erfreut und inspiriert hatte, zu beginnen. Er war selbst kein produktiver Wissenschaftler, aber er war der perfekte Lehrer. Seine

Vorlesungen waren Schatzkisten gefüllt mit Begeisterung und Humor, und seine feinsinnige Vermittlung der Forschung beruhte darauf, seinen Studenten die völlige Freiheit zu lassen; trotzdem war er jederzeit bereit, uns aus den Fallgruben, die wir uns unweigerlich selbst gruben, zu befreien. Die Schwierigkeit lag darin, daß er ein „kryptogamer Botaniker", wie man es damals nannte, war. Das bedeutete, er interessierte sich für Pilze und Algen und andere „niedrige" Pflanzen, und ich wußte durch die Arbeiten zahlreicher Studenten, daß er sie als Objekt für experimentelle Studien bevorzugte. Zunächst war ich hin- und hergerissen zwischen niedrigen Pflanzen und tierischen Embryonen, aber es dämmerte mir später, ich könnte die beiden kombinieren. Schließlich entwickeln sich Pilze und Algen aus einer einzigen Zelle, ob nun ein befruchtetes Ei oder eine asexuelle Spore, warum sollte man also nicht versuchen, eine einfache Pflanze zu untersuchen, um die Prinzipien der Entwicklung zu studieren. Dies war ein Gebiet, das bislang fast ausschließlich von den Tier-Embryologen beackert worden war. Zunächst dachte ich daran, einen Wasserschimmel als „Tier" für die Experimente zu verwenden. Eines Tages saß ich jedoch in Westons Büro, unterhielt mich mit seiner reizenden Sekretärin, griff eine der Doktorarbeiten seiner früheren Studenten und blätterte sie durch. Es war die Arbeit von Kenneth Raper über den außergewöhnlichsten Organismus, den ich je gesehen hatte – über den mir nicht einmal etwas erzählt worden war. Es waren die Schleimpilze, und Raper hatte schon alle heute als klassisch angesehenen Experimente an ihnen durchgeführt. Blitzartig war mir klar, dies war das Tierchen, nach dem ich gesucht hatte, ja, es war sogar geeigneter als ich erwartet hatte. Es war der Traum eines „Nichttier-Embryologen".

In den 40er Jahren waren diese Organismen selbst unter Biologen, mit Ausnahme einer Handvoll kryptogamer Botaniker, praktisch unbekannt. Als ich anfing, Vorträge über meine Arbeit zu halten, hatte ich Schwierigkeiten zu meinen Experimenten durchzukommen, da ich unweigerlich unterbrochen und mit Fragen über die Lebensgeschichte, die ich vorne beschrieben habe, überschüttet wurde. Sie schienen so verschieden von jedem anderen vertrauten Organismus zu sein. Mir wurde berichtet, daß Arthur Arndt, der den ersten Film über die Entwicklung des Schleimpilzes gemacht hatte, in seinen öffentlichen Vorführungen in den 30er Jahren in Deutschland zu sagen pflegte, ihre Lebensgeschichte wäre so erstaunlich, man könne sie nur erklären, indem man auf den Vitalismus zurückgreife. Zu Beginn meiner Assistentenzeit hielt ich einen kurzen Vortrag am Marine Biological Laboratory in Woods Hole in Massachusetts, und die Kunde über diesen seltsamen Organismus war schon in die Welt der Journalisten durchgesickert. Einige Tage später erhielt ich einen Brief von J.J. O'Neill, dem Wissenschaftsreporter der *New York Herald Tribune*, in dem er mir mitteilte, er hätte gehört, ich hätte etwas Wichtiges getan, vergleichbar mit der Erfindung der Atombombe. Nämlich, ich hätte einen mehrzelligen Organismus kreiert. Ich antwortete hastig, nicht ich, sondern Gott hätte dieses bemerkenswerte Phänomen fertiggebracht und er möge, um meinetwillen, seinen journalistischen Überschwang dämpfen. Man möge mir nachsehen, daß ich so heftig auf die Unterstützung Gottes angewiesen war, ich war ängstlich darum bemüht, von der Zeitung nicht in Verlegenheit gebracht zu werden. (Ich wurde es nicht; er schrieb einen sehr vernünftigen Artikel.) Hätte ich jedoch den wahren Grund angeben sollen, der, wie ich glaube, den seltsamen Lebenszyklus der Schleimpilze erklärt, hätte ich gesagt: natürliche Selektion, das geistige Kind von Darwin und Wallace.

Ich brauchte nicht davon überzeugt zu werden, daß Schleimpilze die idealen Organismen waren, um Entwicklung zu studieren, weil ich es im Innersten spürte. Nichtsdestoweniger erhielt ich dann auf die netteste Weise eine enorme Bestätigung. Als Doktorand wurde ich nach Yale eingeladen, um einen Vortrag zu halten. Ich erwartete eine kleine Gruppe Zuhörer, aber es war zu meinem Entsetzen eine riesige Veranstaltung, bei der alle Zoologen und Botaniker anwesend waren. Ich schaffte schaffte es schaffte es, irgendwie mit Hilfe eines Filmes und Antworten auf unzählige Fragen zum Lebenszyklus über die Runden zu kommen. Schleimpilze taten etwas Unerhörtes: Sie wuchsen zuerst und aggregierten dann zu einem mehrzelligen Organismus. Nach dem Vortrag schluckte das, was von mir übrig war, gerade eine Tasse Tee, als Prof. Ross G. Harrison, damals schon über achtzig, sich zu mir gesellte. Er wurde von mir und allen anderen in der Welt als der größte lebende Embryologe angesehen – unter anderem war er der erste, der tierische Zellen in „Zellkultur“ wachsen lassen konnte. In seiner bescheidenen, freundlichen Art sagte er mir, wenn er noch einmal von vorne anfangen könne, würde er mit Schleimpilzen arbeiten. Meine Kräfte erholten sich daraufhin zusehends – ich bin ziemlich sicher, daß ich im Dunkeln leuchtete. Selbst in diesem Moment, in dem ich diese Zeilen nach Jahrzehnten zu Papier bringe, fühle ich den warmen Schauer.

2
Der Kreis des Lebens

Einen unerwartet heilsamen Effekt auf mich barg die Tatsache, in so jungen Jahren auf die Schleimpilze gestoßen zu sein. Ich war mir bewußt, daß mein Lieblingsorganismus andersartig war, und schon aus diesem Grund mußte ich ständig einen Blick auf andere Organismen werfen und nach Ähnlichkeiten und Unterschieden Ausschau halten. Dies führte mich mit Hilfe einiger begabter Studenten zu kleinen Zusammenstößen mit anderen „niedrigen Formen" wie koloniebildende Algen, Pilze verschiedenster Art und Protozoen. Ich vermute, noch etwas anderes beeinflußte mich im Unterbewußtsein. Schleimpilze besaßen einen so offensichtlichen Lebenszyklus, von der Keimung der Sporen zum ausgebildeten Fruchtkörper, so daß ich erkennen konnte, daß die Entwicklung nur ein Teil der Lebensgeschichte eines Organismus sein konnte. Bei Schleimpilzen umfaßt sie einen großen, beim Menschen jedoch nur einen kleinen Teil unserer Lebensspanne. Langsam grub es sich in meine Gehirnwindungen ein: Organismen sind nicht nur Erwachsene, sie sind vielmehr ein Lebenszyklus.

Dies ist bei weitem keine neue Idee. Dieser Gedanke ist von den Philosophen schon seit einiger Zeit ausführlich erwogen worden. Ich hatte als Student in der ersten Philosophievorlesung davon gehört, aber damals hatte es keinen bleibenden Eindruck in mir hinterlassen. Mir war dabei nur eines klar geworden, ich war nicht dafür geschaffen, ein Philosoph zu werden. Kürzlich las ich ein Zitat von Isaiah Berlin, welches ausdrückt, was ich denke, wenn ich es doch nur so klug ausdrücken könnte: „Philosophie ist eine wunderbare Disziplin, aber sie ist notwendigerweise unendlich und nicht zu vollenden, und man kann kein Rätsel ohne Ende lösen. Am Ende meines Lebens möchte ich mehr wissen als am Anfang, und das könnte ich in der Philosophie nie erringen."

Ich brauchte einige Zeit, um zu erkennen, daß man mit Hilfe der Philosophie (anders als mit Mathematik) unmöglich Neues in der Biologie findet. Man kann sie nur nutzen, die Verwirrung, die von philosophisch unbedarften Biologen hinterlassen wird, zu klären. Ihre Wortwahl, die Logik ihrer Sätze kann hoffnungslos ungereimt und widersprüchlich sein, trotzdem können sie eine neue Tatsache oder ein Prinzip entdeckt haben, welche alle Fehler in der Logik überstrahlt und doch als ein bedeutender Beitrag gewertet werden kann. Vor einigen Jahren besuchte mich ein Freund in Princeton, der ein hervorragender Mathematiker war, und wir verabredeten uns zum Essen. Er erschien ein bißchen zu früh in meinem Büro und so bat ich ihn, Platz zu nehmen, sich mit etwas Lesestoff aus den Regalen zu versorgen, und versprach, bald zurückzukehren. Als ich zurückkam, las er zu meinem Entsetzen meine Vordiplomarbeit, in der ich in der ersten Hälfte darauf abhebe, das Problem der Entwicklung mit Hilfe der symbolischen Logik zu analysieren. Ich beschwerte mich bei ihm, daß er sich in einem Raum voller guter Bücher ausgerechnet dieses herausgepickt hatte. Er antwortete: „Sei nicht albern, dies ist großartig." Als ich ihn fragte, wie er so etwas Absurdes sagen könne, gab er zur Antwort: „Du hast mich falsch verstanden. Das Großartige daran ist, daß du dies in jungen Jahren herausschwitzen konntest!"

Das Thema meiner ersten Philosophiestunde beinhaltete die Definition eines „Hundes" (es hätte auch jedes andere Tier oder Pflanze sein können, aber aus irgendeinem Grund werden Hunde für diese Präzisionsübung bevorzugt). Normalerweise denken wir an einen Hund als ein Objekt zu einer bestimmten Zeit, und dieser Zeitpunkt ist gewöhnlich ein Moment aus seinem Erwachsenendasein. Natürlich erkennen wir, daß ein junger Welpe auch ein Hund ist, aber wir zögern, wenn wir mit einem kleinen Fötus konfrontiert werden. Ganz sicher ziehen wir eine Grenze, betrachten wir das befruchtete Ei eines Hundes. Wenn wir durch das Mikroskop auf diese undefinierbare, durchsichtige Kugel schauen, würde uns nichts dazu veranlassen auszurufen: „Oh, sieh mal den kleinen Hund!" Obwohl es genau das ist. Die Lösung dieses Problems ist offensichtlich: Wenn wir uns von der Vorstellung, nur ein winziges Zeitintervall zu betrachten, trennen, können wir sofort erkennen, daß ein Hund in Wirklichkeit ein Lebenszyklus ist: von dem befruchteten Ei, über die Geschlechtsreife, wenn er sich vermehren kann, bis zum Alter, wenn er an Altersschwäche stirbt. Das gleiche ist offensichtlich wahr für menschliche Wesen, noch deutlicher ist es bei Schleimpilzen. Wir werden trotzdem fortfahren, in Augenblicken zu denken, weil es sehr bequem ist. Blicken wir einer anderen Person ins Auge, denken wir an sie in diesem Augenblick als ein Mensch und wandern nicht in Gedanken durch den Verlauf der morphologischen Veränderungen, welche das Fortschreiten vom Ei zum Erwachsenen begleitet haben.

Während die große philosophische Sicht umständlich im täglichen Leben sein mag, ist sie ein essentielles Konzept für den Biologen, der über Entwicklung, Evolution und alle anderen Prozesse des Lebens nachdenkt. Wir sprechen oft davon, daß eine Generation auf die nächste folgt, und was wir damit meinen, ist, daß das Leben aus einer Aufeinanderfolge von Lebenszyklen von Organismen besteht. Hieraus ergeben sich mehrere interessante Fragen. Zum Beispiel, warum gibt es überhaupt Kreisläufe? Warum leben Organismen nicht unendlich? Warum bestehen sie in einem Stadium nur aus einer einzelnen Zelle, nämlich wenn sie ein befruchtetes Ei sind? Was ist die Folge dieser fortgesetzten Zyklen? Lassen sie uns diese Fragen sorgfältig prüfen, weil sie uns an das Fundament aller Biologie heranführen.

Zunächst ist es wichtig, die Lebenszyklen auf eine einfache Weise einzuteilen und sichtbar zu machen. Es gibt vier wichtige Perioden in einem einfachen Lebenszyklus, wie er den meisten Organismen zu eigen ist.

1. Es gibt ein Einzelzellstadium. Wie ich gerade ausgeführt habe, ist das meistens ein befruchtetes Ei, obwohl es in asexuellen Lebenszyklen, wie im Falle der zellulären Schleimpilze, eine einzellige Spore sein kann. Es gibt auch Ausnahmen. Einige asexuelle Organismen besitzen ein vielzelliges, kleines Stadium zwischen den Generationen, aber solche Organismen sind selten, und ich werde später erklären, daß sie in der Tat die Ausnahme sind, die die Regel bestätigen.

2. Auf das Einzelzellstadium folgt die Periode des Wachstums und der Entwicklung. Dies ist im Fall von vielzelligen Organismen besonders dramatisch, da sich nicht nur die Einzelzelle viele Male teilt, sondern auch eine Form und eine Organisation entstehen, sei es die Form einer Kuh oder die eines Ahornbaumes. Diese Periode der Entwicklung ist al-

len Organismen gemeinsam, sogar einzellige Formen durchlaufen eine begrenzte Periode der Entwicklung zwischen den Zellteilungen.

3. Die Periode der Geschlechtsreife variiert von Art zu Art bei Tieren wie bei Pflanzen. In einigen Fällen bleibt die Entwicklung an einem bestimmten Punkt stehen, und die erwachsene Größe wird für ein ausgedehntes Zeitintervall aufrechterhalten. Dies ist eindeutig beim Menschen und vielen anderen Säugetieren der Fall. Trotzdem wachsen andere, so wie der Elefant, kontinuierlich während ihrer Reifezeit weiter, und dieses Phänomen ist um einiges deutlicher im Falle von Fischen und Reptilien zu beobachten. Es trifft auch auf Bäume zu, die noch jahrelang, nachdem sie die ersten Früchte trugen, weiterwachsen.

4. Die Periode der Reproduktion fällt in der Regel in die Zeit des Erwachsenseins. Doch das ist nicht unbedingt so, wobei die Menschen eine höchst interessante Ausnahme bilden. Unsere Spezies ist ungewöhnlich, insofern als Frauen eine Menopause erreichen, die ihnen eine erweiterte Zeitspanne im späteren Leben gibt, wenn sie schon keine Kinder mehr bekommen können.

Für mich ist es immer hilfreich, Konzepte, wenn möglich, sichtbar zu machen. Lebenszyklen kann man leicht in Graphiken erkennen, in denen die Größe eines Organismus im zeitlichen Verlauf dargestellt ist (Bild 2). Der Organismus ist in der Periode, in der er eine Einzelzelle ist, am kleinsten (1); er wächst schnell während der Periode von Wachstum und Entwicklung (2) und entweder wächst er weiter oder nicht bei der Reifung, je nachdem welcher Organismus betrachtet wird (3). Die Periode der Reproduktion kann ein einziger Anlaß sein oder ein kontinuierlicher Prozeß über eine variable Zeitspanne (4). Weil die Zeit von der Befruchtung bis zur ersten Produktion von Eiern und Spermien eine Generation dauert, kann man leicht erkennen, daß, je kleiner der Organismus ist, um so weniger Zeit für Wachstum und Entwicklung benötigt wird. Diese Beziehung zwischen Größe und Generationszeit ist deswegen interessant, weil sie ein generelles Prinzip darstellt, das auf alle Tiere und Pflanzen anwendbar ist (Bild 3).

Dies führt uns zu den wirklich interessanten Fragen. Warum haben wir überhaupt Lebenszyklen? Warum leben alle Organismen nicht mehr

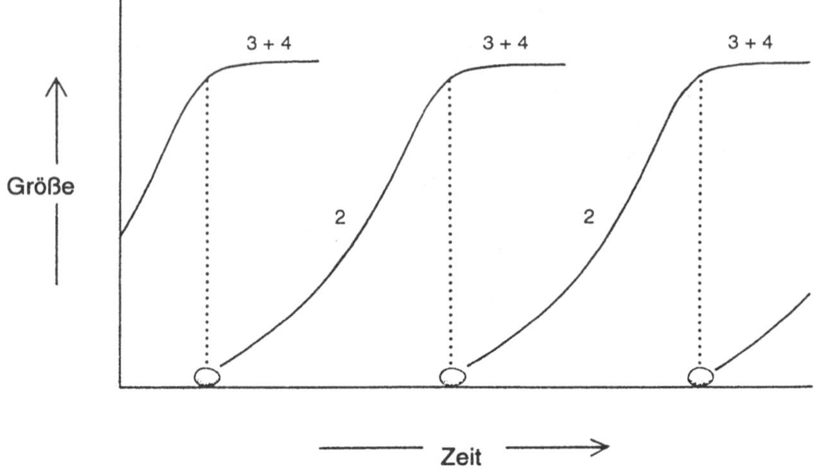

Bild 2: Diagramm zur Illustration aufeinanderfolgender Lebenszyklen. Das befruchtete Ei entwickelt sich zum Erwachsenen, der wieder Eier oder Spermien produziert für die nächste Generation. Diese Graphik zeigt einen Organismus, der sich nur einmal reproduziert, während andere, hier nicht dargestellte Arten sich wiederholt vermehren. Auch die Größe der Erwachsenen kann nach der Reproduktion noch weiter anwachsen, wie bei Gehölzen, Fischen, Reptilien und einigen Säugetieren, wie zum Beispiel beim Elefanten.

oder weniger unendlich, wie Steine? Die Antwort liegt in der natürlichen Selektion, wie Darwin sie dargestellt hat, ebenso wie alle anderen Antworten in der Biologie.

Um zu erklären, warum dies so ist, muß ich bei meinen Erläuterungen vorwärts und rückwärts gehen. Zunächst werde ich kurz das Prinzip der natürlichen Selektion erklären. Falls eine Auswahl oder Selektion eintreten soll, müssen in einer Population vererbbare oder genetische Variationen auftreten. Dann werden solche Individuen, die mit einer genetischen Ausstattung versehen sind, die sie in der Reproduktion am erfolgreichsten sein läßt – also diejenigen, die Kinder und Kindeskinder haben – schließlich weniger erfolgreiche Individuen ersetzen. Die natürliche Selektion ist eine Auswahl derjenigen Organismen in einer bestimmten Umgebung, die die meisten Abkömmlinge produzieren.

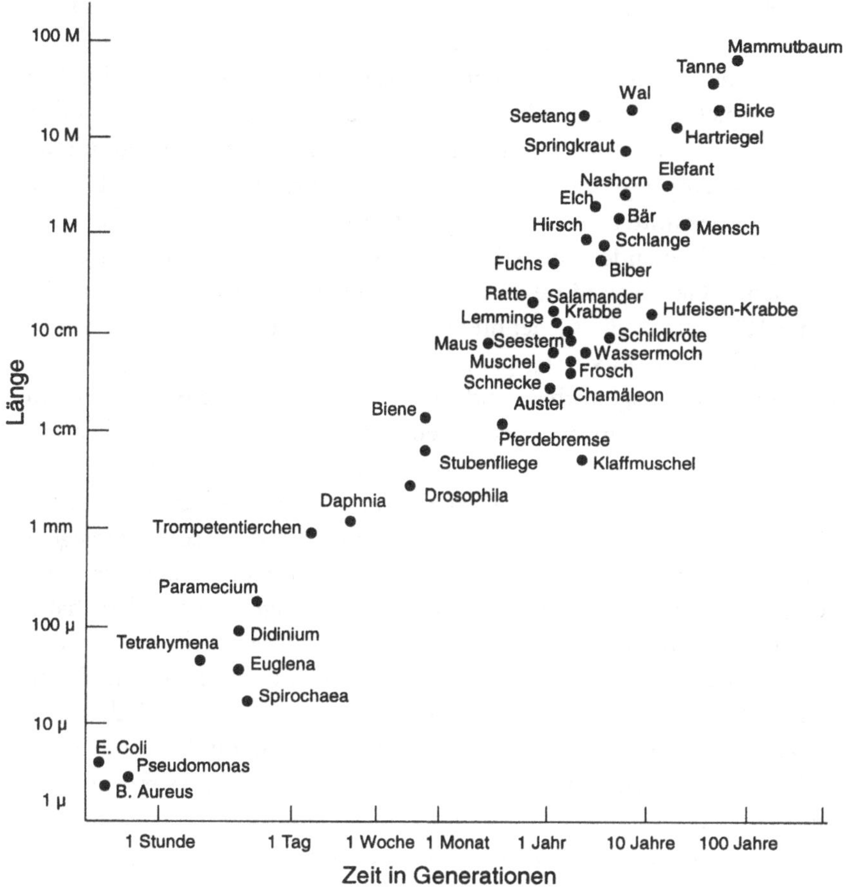

Bild 3: Die Länge eines Organismus zur Zeit seiner Vermehrung in Abhängigkeit von seiner Generationszeit, aufgetragen auf einer logarithmischen Skala. (Aus Bonner, *Size and Cycle*, Princeton University Press, 1965.)

Dies ist die vorwärtsgerichtete Betrachtung. Aber es ist aufschlußreicher, einen Blick rückwärts in die Zeit zu tun: Die Varianten, die heute existieren, besitzen Gene, die in der natürlichen Selektion begünstigt worden sind.

Ich stelle diese Materie so dar, weil wir heute wissen, was Darwin noch nicht wußte, nämlich daß die Gene die Basis der Vererbung sind und daß sie Abschnitte eines bemerkenswerten Moleküls sind, DNS genannt, welches auf den Chromosomen aller Zellen liegt. Es sind die Gene, die in einer Population von Tieren oder Pflanzen ausgewählt werden. Diese Angelegenheit ist in vollendeter Form von Richard Dawkins in seinem bekannten Buch *The Selfish Gene* dargelegt worden. Gene konkurrieren miteinander ums Überleben, und der Organismus mit den erfolgreichen Genen wird sie an künftige Generationen weitergeben. Oder in der Rückschau, die Gene, die heute in den Tieren existieren, sind die erfolgreichen, die in vorangegangenen Generationen weitergegeben wurden und nicht ausgestorben sind. Alle Gene in heute lebenden Organismen mögen trotzdem uralt sein. Gene können Mutationen und Wandel unterworfen sein oder sogar im wesentlichen neue Gene werden. Diese neuen Gene mögen in einigen Fällen sehr gut im Konkurrenzkampf der Gene gerüstet sein und erfolgreich bis zum heutigen Tag weitergegeben worden sein. Das bedeutet, daß die Tiere und Pflanzen um uns herum weitgehend uralte Gene besitzen, welche eine lange Zeit überlebt haben, aber auch solche, die in jüngster Zeit durch Mutationen hervorgerufen worden sind. Die Gene eines jeglichen Organismus erschienen nicht notwendigerweise zur gleichen Zeit, sondern sind eine große Mischung von Genen unterschiedlichen Alters. Die meisten von ihnen waren erfolgreich, sonst würden sie nicht mehr existieren. Trotzdem, es mögen einige Gene darunter sein, die erst kürzlich mutiert sind und die noch nicht geprüft worden sind, ob sie zu den Überlebenden gehören oder aussterben werden.

Lassen Sie uns jetzt zu den Fragen aller Fragen zurückkehren. Warum haben wir überhaupt Lebenszyklen, oder genauer, warum evolviert lebendige Materie? Die Antwort liegt wieder in Darwins Prinzip der natürlichen Selektion, und ich möchte versuchen, das zu erklären.

Eine der grundlegendsten Eigenschaften des Lebendigen ist die Fähigkeit der DNS, sich selbst zu kopieren, indem sie eine Replikation vollzieht. Ohne in die chemischen Details einzusteigen, kann ich sagen, daß bei der Entstehung des Lebens die Replikation der Moleküle zu dem Wettstreit geführt haben, der darüber entscheidet, welcher Teil der DNS am erfolgreichsten nicht nur sich selbst kopierte, sondern auch wessen Kopien folgende Kopien am besten überstanden. Das ist längst nicht alles, was im Ursprung des Lebens von Bedeutung ist, aber es ist ein zentrales Element.

Wenn wir in der Rückschau diese frühe Evolution der Moleküle betrachten, dann stellen wir die gleichen Dinge wie an Genen heute lebender Organismen fest: Einige Teile früherer DNS hatten überlebt, andere nicht. Mit anderen Worten, das Überleben von Genen oder das Aussortieren von Genen durch die Selektion muß zurückgehen zu den Anfängen des Lebendigen, und um dies zu vollziehen, müssen Replikationszyklen vorhanden sein, welche nichts anderes als Lebenszyklen sind. Wir sehen klar, daß die Evolution durch natürliche Selektion nicht stattfinden konnte ohne die Replikationszyklen (Lebenszyklen) der DNS.

Die schwierigere und wichtigere Frage ist folgende: Wie kommt es überhaupt zu molekularen Zyklen? Wenn ein DNS-Molekül existiert (und wir wollen nicht erforschen, wie es dazu gekommen ist, weil das über die Fragen, die ich stellen möchte, hinausginge), dann wird es sich mit Hilfe von Katalysatoren verdoppeln. Die Abkömmlinge dieser Replikation können sich wiederum replizieren; immer vorausgesetzt, daß der geeignete Katalysator, der die Reaktion möglich macht, und genügend Rohmaterial vorhanden sind. Es gibt allerdings keinen unendlichen Nachschub an Rohmaterial (Zucker und Nukleinsäuren), und deswegen wird es zu einem Wettstreit zwischen den DNS-Strängen um diese grundlegenden Zutaten kommen. Der Strang, der am besten zupacken kann, wird gewinnen, und unter seinen Nachkommen könnten einige Mutanten sein, die sogar noch effizienter die Zucker und Nukleinsäuren, die zur Replikation benötigt werden, an sich raffen. Und schon können wir den Beginn der natürlichen Selektion beobachten.

Während diese Replikationen fortliefen, muß die Zeitspanne einer Generation unter steigende Kontrolle und Regelmäßigkeit gekommen sein, da solches offensichtlich ein Selektionsvorteil wäre. Dies wäre ein vernünftiges Schema für die Entstehung und die Regularisierung der Lebenszyklen, welche wiederum den Beginn der Evolution darstellen. Lassen Sie uns diesen Prozeß noch einmal in der Rückschau betrachten. Heute besitzen wir überwältigende Beweise dafür, daß Lebenszyklen,

Evolution und natürliche Selektion stattgefunden haben. Deswegen wissen wir, selbst wenn meine Märchen, wie sie wohl begonnen haben mögen, ungenau wären, daß sie begannen, daß sie einige Milliarden Jahre dauerten und noch heute existieren. Wir werden die Details ihrer Entstehung nie erfahren, aber der Beweis, daß es einen Ursprung gegeben hat, ist überwältigend, es sei denn, man gäbe sich mit einer mystischen Erklärung zufrieden. Trotz der Vernunft meiner Argumente habe ich ein Gefühl der Ehrfurcht, wenn ich bedenke, daß wir mit einem Ursprung des Lebens angefangen haben, der sich während der letzten 3,5 Milliarden Jahre in Millionen verschiedene Spezies, die heute unsere Erde bevölkern, verbreitet hat, zusätzlich in all den Arten, die schon ausgestorben sind, deren Reste wir in den Fossilien erkennen. Die Vielfalt der Formen, Größen und Charakteristika aller Pflanzen und Tiere ist von ganz unglaublichem Ausmaß – hat all das mit einigen einfachen Replikationen, einem sich zyklisch verhaltenden Molekül oder etwas Gleichartigem angefangen? In dieser zermürbenden Frage finde ich nur den einen Trost, daß ein paar Milliarden Jahre eine unvorstellbar lange Zeit sind.

Es hat mich buchstäblich mein ganzes wissenschaftliches Leben gekostet, das Ausmaß der Folgen der natürlichen Selektion und wie diese die Basis der Evolution sein kann zu verstehen. Das scheint merkwürdig, schließlich waren die Fakten, denen ich als Jugendlicher gegenüberstand, dieselben, die wir heute haben. Es hat fünfzig Jahre gedauert, bis ihre Bedeutung zu mir durchsickerte.

Nicht, weil mir die Gelegenheit vorenthalten worden wäre. Während eines Sommers zum Beispiel, als ich noch ein unausgegorener Assistent war, kam Edward Grant Conklin, dem großen amerikanischen Embryologen der Jahrhundertwende und damals ein emeritierter Professor der Universität Princeton, zu Ohren, daß ich einen Laborplatz am Marine Biological Laboratory in Woods Hole benötigte, und so bot er mir freundlicherweise an, den seinen mitzubenutzen in einem Raum, der ihm als einem der Gründungsväter dieser Institution lebenslang zur Verfügung gestellt worden war. Es war eine wunderbare Erfahrung, weil ich nicht nur großen Respekt für ihn hegte, sondern auch eine gewisse Scheu. Die Schwierigkeit lag darin, daß er es liebte, mit mir zu sprechen, und was er zu sagen hatte, war so spannend, daß es schwierig wurde, meine eigene Arbeit fertigzustellen. Aber mit ihm zusammen sein zu dürfen, war den Preis wert.

Zu jener Zeit war Dr. Conklin in seinen späten Achtzigern, und jetzt begreife ich, wie er mir sagen wollte, er hätte sein Leben lang gebraucht, die Evolution und die natürliche Selektion zu schätzen, obwohl er doch Bücher darüber geschrieben hatte und als ein Vorreiter des Darwinismus im Amerika dieses Jahrhunderts galt. Eines Tages kam er geschäftig in den Raum und fragte mich in seiner klangvollen Stimme, ob ich das neue Buch über südafrikanische Fische in der Bibliothek gesehen hätte, welches er soeben bewundert hatte. Er stand über mich gebeugt, während ich an meinem alten Messingmikroskop saß, und in seiner Aufregung wurde seine Stimme immer lauter und entschiedener. Er sagte, das Buch zeige die außergewöhnliche VA-RI-E-TÄT der Arten der afrikanischen Fische, und er schlug mit der Faust auf den Tisch, so daß mein Mikroskop einen Satz machte. Er brüllte mich buchstäblich an, daß „der Ärger heutzutage ist: Keiner begreift das Ausmaß der E-VO-LU-TI-ON“ Inzwischen war ich in meinem Sessel zusammengesunken. Erst viele Jahre später begann ich zu verstehen, was Dr. Conklin in mich hineinhämmern wollte. Es hatte ihn sein ganzes Leben in Anspruch genommen, Evolution und natürliche Selektion vollständig zu ermessen, und er wollte, gesegnet sei er dafür, mich für das Leben wappnen.

Wenn ich mein ganzes Leben brauchte, meine Wertschätzung der Evolution und der natürlichen Selektion zur Reife zu bringen, übrigens ebensolang wie bei vielen anderen, welche Chancen habe ich dann, meine jungen Leser zu überzeugen? Ich habe noch nicht einmal den Luxus, mit der Faust auf ihre Tische zu schlagen oder in ihre Ohren zu brüllen. Alles, was mir bleibt, ist, die Fakten weiterzugeben. Es sind fast genau die gleichen Fakten, die Conklin hatte und viele Jahre später ich selbst habe, und ich warne Sie, sich nicht verleiten zu lassen zu denken, daß, weil die Fakten so komplex sind und die Theorie der natürlichen Selektion so schlicht daherkommt, die Theorie inadäquat sei, die Fakten zu erklären.

Um zu den Lebenszyklen selbst zurückzukommen, würde ich gerne jede seiner vier Phasen detaillierter untersuchen; zunächst die erste, das einzellige Stadium.

Die Frage, die man sofort stellt, lautet: Warum betreiben die Lebenszyklen großer vielzelliger Organismen den enormen Aufwand, ein winziges Einzelzellstadium zu durchlaufen? Es ist eine komplizierte und teure Rekonstruktion, in jeder Generation einen neuen Erwachsenen zu produzieren. Würde es nicht einfacher sein, sich einfach in zwei Hälften zu teilen und die fehlende Hälfte zu regenerieren, so wie kleine Plattwürmer (*Planaria*) es mit Leichtigkeit tun? Dieser Vorschlag erzeugt in mir immer das Bild eines riesigen Elefanten, der in zwei Hälften abgeschnürt wird und nachher an einem Ende einen neuen Rüssel, Stoßzähne, Gehirn, Augen und so weiter ausbildet und alle Hinterteile wie eine Beule am alten Vorderende ausgestülpt werden. Abgesehen von der Groteske, die diesem Bild innewohnt, könnte man antworten, es sei doch einfacher, von vorn anzufangen, und dies wäre der Grund für ein Einzelzellstadium. Das könnte in der Tat ein Teil der korrekten Antwort sein, aber es gibt ein wichtigeres Argument, und das hat mit Sexualität zu tun.

Fast alle Organismen sind sexuell, und es entstand in den letzten Jahren ein großes Interesse an der Frage, warum das so ist. Der geniale Schriftsteller und Cartoonist James Thurber vom *New Yorker* schrieb ein Buch betitelt *Is Sex Necessary?* Er war mehr an allzu menschlichen Eigenheiten als an biologischer Evolution interessiert, doch sogar auf dieser Ebene war das Thema interessant und aus Thurbers Feder amüsant. In jüngster Zeit sind eine ganze Reihe von Büchern erschienen, die alle unter dem gleichen Titel wie Thurbers Buch hätten erscheinen können, aber sich ausschließlich auf die evolutionäre Frage konzentrierten. Sexualität ist ein teures Vergnügen, teurer als asexuelle Vermehrung, weil unter anderem zwei Erwachsene nötig sind, um ein befruchtetes Ei zu produzieren. Warum nur ist so ein kostenintensiver Prozeß so weit verbreitet und erfolgreich? Wieder stellen wir diese Fragen von einem Standpunkt aus, an dem wir in der Zeit rückwärts blicken; Sexualität ist allgegenwärtig, und deswegen müssen die Gene für die sexuelle Vermehrung kontinuierlich über Millionen, vielleicht sogar Milliarden Jahre erfolgreich gewesen sein. Die Antworten der zeitgenössischen Gelehrten variieren auf die Frage, welchen Selektionsvorteil des Festhaltens an einer Reproduktionsmethode bietet, die nicht nur ausgeklügelt und beschwerlich, sondern dazu unverändert kostspielig, verglichen mit der asexuellen Vermehrung, ist. Es gibt eine ganze Menge Erklärungen für dieses Paradox, wobei alle wahr sein könnten. Eine jedoch, und sie wird seit geraumer Zeit erwägt, ist die bedeutsamste von allen. Sie besagt, daß Sexualität enorm effektiv ist, dafür zu sorgen, die Variationen, die in der Nachkommenschaft von Gen zu Gen auftreten, weder zu groß noch zu klein, sondern gerade optimal für den evolutionären Wandel sein zu lassen. Es ist ein System, welches unter dem Argusauge der natürlichen Selektion Äonen von Jahren erhalten wurde. Genauso wie ein reglementierter Kreislauf zu Beginn der Lebensläufe favorisiert wurde, wurde auch die Sexualität bevorzugt. Das heißt, die Gene, die die Sexualität bestimmen, waren immer erfolgreiche, weil durch ihre Aktivität die Möglichkeit erwuchs, Organismen zu produzieren, die überlebten und viele Nachkommen hatten.

Nicht nur Sexualität war in der natürlichen Selektion erfolgreich, sondern insbesondere auch das besondere System, mit dem Gene auf Chromosomen benutzt werden, wie sie verdoppelt und rekombiniert werden, blieb im wesentlichen dasselbe seit der Zeit, in der es in primitiven Organismen erfunden wurde. Rekombination bedeutet das kontinuierliche Mischen oder Austauschen der Gene während des Vorgangs der Meiose und der Befruchtung. Man muß sich dieses System als ein kompliziertes, aber außerordentlich effektives vorstellen, Kontrolle über die Variationen auszuüben – so effektiv, daß nicht nur über den größten Teil der Zeitspanne, in der Leben auf der Erde besteht, fortlaufend genau darauf selektioniert wurde, sondern auch, daß es im wesentlichen in der ursprünglichen Form erhalten blieb. Das Wesen des Austauschs wird in dem zellulären Prozeß der Meiose und der Befruchtung gefunden, von denen beide, vom biomechanischen und biochemischen Standpunkt aus betrachtet, sehr kompliziert sind. Wenn wir einfache und primitive Organismen, die heutzutage die Erde bevölkern, betrachten, ebenso wie die mittelgroßen und großen, höchstkomplizierten Exemplare, dann sehen wir im wesentlichen die gleichen, grundlegenden Mechanismen. Daraus folgt, daß nicht nur die Sexualität erfolgreich war, sondern daß auch die speziellen, detaillierten Mechanismen, wie sie nach ihrer Entstehung praktiziert werden, durch die Zeitläufe der Evolution hindurch für fast alle Organismen beibehalten wurden. Aus der Sicht der natürlichen Selektion ist es eine erstaunliche Erfolgsgeschichte.

Lassen sie uns jetzt der Ausnahme, die die Regel bestätigt, zuwenden, also der asexuellen Vermehrung. Viele einfache Algen, einige Invertebraten (wirbellose Tiere) und eine Reihe von höheren Pflanzen zeigen beides, sexuelle und asexuelle Vermehrung. Ein gutes Beispiel ist eine Alge wie *Volvox*, welche als wunderschöne grüne Kugel aus Zellen in Teichen lebt (zum ersten Mal wurde sie von Leeuwenhoek im späten 17. Jahrhundert beschrieben) (Bild 4). Im Frühling und Sommer vermehrt sich *Volvox* asexuell, wobei sich gewisse Zellen einer Kolonie zu teilen beginnen und Tochterkugeln in der Mutterkolonie bilden (wie schon Leeuwenhoek beobachtete). Der Vorteil dieser kostengünstigen Methode der Vermehrung ist, daß viele Generationen in kürzester Zeit gebildet werden können: Das Sonnenlicht ist ausreichend für die Photosynthese, die Teiche sind warm und begünstigen rasches Wachstum. Diese Konditionen führen zu der Algenblüte, die man in manchem Teich während der Sommermonate findet. In diesem Fall scheint die asexuelle Vermehrung den Vorteil des guten Wetters und der relativ konstanten Bedingungen auszunutzen, um so viele Nachkommen so schnell wie möglich zu produzieren. Gegen Ende des Sommers, wenn das Wetter anfängt umzuschlagen, ändert *Volvox* ihre Entwicklung und wählt die sexuelle Vermehrung, indem sie in verschiedenen Kolonien Eier und Spermien produziert, um ein befruchtetes Ei zu bilden. Diese Zelle bildet keine neue Kolonie, sondern durchläuft eine Reihe von Änderungen, um am Ende ein resistentes, ruhendes Stadium zu erreichen, bei dem die Zelle von einer dicken Zellulosewand von oftmals merkwürdig stacheligem Aussehen umhüllt ist (Bild 4). Dieses widerstandsfähige Stadium in seiner Zelluloserüstung kann jetzt die Unbilden des Winters überstehen, während es tief im Schlamm des Weihers liegt. Es erwacht, wie alles andere, nicht vor dem Frühling, und dann breiten sich die zusammengepferchten Zellen aus, um eine neue Kolonie, die im Sommer durch asexuelle Vermehrung zur Blüte gelangt, zu bilden.

Anzumerken gilt, daß in asexuellen Stadien wenig oder keine genetische Variation vorkommt. Wenn keine zufällige Mutation stattfindet, werden aus einer Mutterkolonie nur identische Klone hervorgebracht.

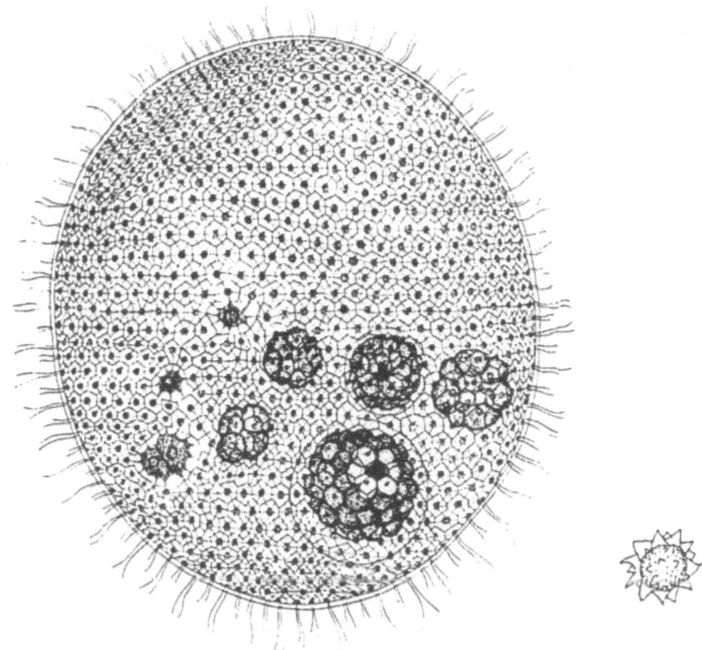

Bild 4: Links: Eine Kolonie von *Volvox*, die die aufeinanderfolgenden Stadien in der asexuellen Entwicklung einer Tochterkolonie zeigt. Rechts: Ein befruchtetes Ei mit seiner dicken, resistenten Zellwand (stark vergrößert).

Hier besitzt jedoch das widerstandsfähige Produkt aus der sexuellen Vermehrung im Herbst den Vorteil der genetischen Ausstattung beider Elternkolonien, und diese Variationen können von entscheidender Bedeutung sein, die Herausforderungen der kommenden, warmen Monate zu bestehen. Die Strategie lautet, daß man sich, sofern man eine gute Genkombination hat und die Bedingungen für Wachstum ideal und konstant sind, so schnell wie möglich ohne die Kosten und Komplikationen des Genaustausches multiplizieren soll. Sobald aber eine Unsicherheit für die Zukunft auftaucht, gehe man auf Nummer Sicher und produziere genetisch variable Nachkommen für die nächste Saison.

Diese Strategie, die Vorteile beider, der sexuellen wie der asexuellen Vermehrung zu nutzen, ist beileibe nicht auf *Volvox* beschränkt: Es ist sogar ein recht verbreitetes Phänomen. Zum Beispiel können Blattläuse, Wasserflöhe und viele andere Arthropoden (Gliederfüßler, das sind Insekten und Krebse) unbefruchtete Eier bilden, ein Vorgang, bekannt als Parthogenese (Jungfernzeugung), was eine Form der asexuellen Vermehrung darstellt. Noch einmal, sie vermehren sich auf diese Weise, wenn die Bedingungen konstant und vorhersehbar erscheinen, sobald die Unwägbarkeiten des Herbstes bevorstehen, halten sie Hochzeit und bilden befruchtete Eier. Diese sexuell entstandenen Eier haben oft eine dikkere Hülle und sind widerstandsfähiger gegen die Zerstörungen des Winters. Dieses Phänomen ist weit verbreitet unter höheren Pflanzen, obwohl sie so langsam wachsen, daß die asexuelle Entwicklung keine saisonale Erscheinung ist, sondern sich über viele Jahre erstreckt. Pflanzen wie Espen, Heidelbeeren, Bambus und viele andere vermehren sich durch Wurzelausläufer, so daß eine Pflanze einen Klon bildet, der nicht nur alt sein kann, sondern auch eine ganze Region bedeckt. Diese Arten können sich für gewöhnlich auch mit Pollen sexuell vermehren und bilden letztlich auch Samen, die befruchtete Eier enthalten. Also besitzen sie doch ein System, um genetische Variation zu erzeugen, falls neue Bedingungen einen Wandel für das Überleben notwendig machen.

Bleibt zu erwähnen, daß die Schleimpilze, über die ich bisher gesprochen habe, auch einen sexuellen Zyklus ausbilden. (Im Gegensatz zu ihnen existiert eine andere Art, Myxomyceten genannt, während die, mit denen ich gearbeitet habe, zelluläre Schleimpilze heißen. Der Einfachheit halber werde ich fortfahren, den Terminus „Schleimpilze“ für zelluläre Schleimpilze zu verwenden, und die anderen Myxomyceten nennen.) Dieser sexuelle Zyklus ist erst vor kurzem entdeckt worden. Normalerweise sind ihre Lebenszyklen asexuell, aber unter bestimmten Bedingungen und falls Stämme mit unterschiedlichem Geschlecht vorhanden sind, kann eine Zellfusion stattfinden, was dann das Äquivalent eines befruchteten Eies darstellt. Dieses durchläuft daraufhin eine Meiose, bevor es in einen dicken, widerstandsfähigen Mantel eingekapselt wird. Vermutlich wenden die Schleimpilze die gleiche Strategie wie *Volvox* und viele andere niedrige Formen an, indem sie eine große Anzahl aufeinanderfolgende, asexuelle Zyklen durchlaufen, unterbrochen durch gelegentliche sexuelle. (Hier und auf den folgenden Seiten benutze ich die Worte „niedriger“

und „höher" einfach, um mehr oder weniger komplizierte Pflanzen und Tiere zu benennen, ohne andere Bewertungen zu implizieren.)

Organismen, die ihren sexuellen Zyklus völlig verloren haben wie einige Algen und Pilze, werden kurzfristig wohl überleben, aber falls eine größere Änderung der klimatischen Verhältnisse eintreten sollte, wären sie die ersten, die aussterben werden, weil ihre Fähigkeit mit Variationen fertigzuwerden, vollständig verloren ist. Vermutlich haben sie so lange unter konstanten Bedingungen gelebt, daß sie es vernachlässigt haben, ihren sexuellen Zyklus aufrechtzuerhalten, der doch so wesentlich für eine Langzeitexistenz ist.

In asexuellen Zyklen ist der Punkt der kleinsten Einheit oft eine Einzelzelle. Bei Pilzen und Schleimpilzen existieren diese Zellen in Form der einzelligen Sporen, welche ohne Zweifel so klein sind, damit ihre Verbreitung gewährleistet ist, ein Vorgang, der von allergrößter Wichtigkeit für ihr Langzeitüberleben ist.

Es gibt trotzdem Fälle, bei denen die Minimalgröße in dem Lebenszyklus aus einer Struktur besteht, die, obwohl sie klein ist, nichtsdestoweniger vielzellig ist. Ein interessantes Beispiel bilden die Flechten, jene schuppigen Krusten, die man auf Bäumen und Steinen sieht, oftmals in ungemütlichen Gegenden wie dem hohen Norden. Sie bestehen aus zwei Organismen, die zusammen leben. Ihre äußere Struktur ist die eines filamentösen Pilzes, und dieses Pilzgehäuse birgt viele Zellen einer Alge. Es spricht einiges dafür anzunehmen, daß die Parteien dieses dualen Organismus sich gegenseitig unterstützen: Die Algen produzieren Kohlenhydrate durch Photosynthese und der Pilz stellt die Struktur, die die Algen unterstützt und schützt. Wenn nun ein solcher dualer Organismus verbreitet werden soll, muß er eine „Spore" bilden, die beide Partner enthält. das ist genau das, was man findet: Sie schnüren ein kleines Paket aus Zellen beider, der Pilze und der Algen, welches freigesetzt wird und durch den Wind oder andere Medien zu neuen Plätzen getragen werden, die sie kolonisieren. Dies ist in der Tat eine weitere Ausnahme, die die Regel bestätigt. Weil ein Organismus, der aus zwei Spezies besteht, beteiligt ist, müssen beide in der kleinen Einheit, die verbreitet wird, um die nächste Generation zu erzeugen, vorhanden sein. Was die nächste Phase des Zell- und Lebenszyklus betrifft, die Phase des Größenwachstums oder der Entwicklung, so ist sie so ein wichtiges Kapitel, daß ich ihr ein ganzes Kapitel (Kapitel 4) widmen möchte. Hier möchte ich nur auf die Vielfalt, durch die Größenwachstum und Entwicklung erreicht werden, hinweisen, und diese Vielfalt in der Art der Konstruktion ist ein Grund für die Faszination dieses Themas. Die beste Einsicht in diese Varietät, welche gleichzeitig Einsicht in die Fragen der Entwicklung geben wird, vermittelt ein Blick auf die verschiedenen Ursachen der Vielzelligkeit (Thema von Kapitel 3).

Die Periode der Reife im Lebenszyklus ist eine Periode, in der Tiere und die meisten Pflanzen ganz bestimmte Dinge tun, wie z. B. sich in einer Umgebung in oder von der Richtung weg, aus der chemische Substanzen oder Licht oder Hitze kommen, zu orientieren (Kapitel 5). Insbesondere Tiere zeigen eine wunderbare Sensibilität externen Stimuli gegenüber. Sie geht Hand in Hand mit dem Nervensystem und dem Gehirn und ermöglicht schließlich einen Organismus, der zu komplexem Verhalten befähigt ist (Kapitel 6, 7 und 8).

Es gibt viele andere Aktivitäten, die in der Periode der Reife vollzogen werden, ohne daß wir hier alle in der Breite nennen wollen. Ein erwachsener Organismus funktioniert auf vielfältige Weise. Er reagiert nicht nur auf Stimuli, er kann sich auch bewegen und Energie verarbeiten, um alle Körperfunktionen zu ermöglichen. Tiere sind besonders aktiv: Sie atmen, um Sauerstoff aufzunehmen, sie fressen, um Nahrung aufzunehmen und die Energie, die darin gespeichert ist, zu nutzen. Sie können diese Energie in die Muskeln zur Bewegung stecken, welche sie befähigt, Futter zu fangen oder Verfolgern zu entkommen. Das Studium dieser Funktionen lebendiger Organismen nennen wir Physiologie. Jede Funktion wurde durch natürliche Selektion hervorgebracht und dient dazu, die Chancen des Individuums, sich erfolgreich in einer Konkurrenzsituation zu vermehren, zu erhöhen. Obwohl die Physiologie wichtig und von großem Interesse ist, werde ich sie nicht ausführlich behandeln; teils, weil sie ein zu weites Feld ist, um sie noch bequem abhandeln zu können, teils, weil ich eng bei der Betrachtung der Evolution der Lebenszyklen bleiben möchte.

Ein wichtiger Aspekt der Reifeperiode ist, daß wir alle fasziniert von dem Phänomen des Alters und der sich überlappenden Generationen sind. Ich entsinne mich, meinen Schweizer Großvater erzählen zu hören, er hätte Brahms gehört, als der das Züricher Orchester dirigierte. In meinen jungen Jahren schien mir das unglaublich, als ob jemand erzählt hätte, er erinnere sich, Dinosaurier gesehen zu haben. Auch habe ich eine klare Erinnerung an die Paraden zum Memorial Day, die ich als Junge sah, bei denen etliche Bürgerkriegsveteranen, alle in Uniformen, zusammen mit den Veteranen des Ersten Weltkriegs marschierten, letztere die Generation meines Vaters. Die einzige Enttäuschung bei dieser Rückschau in die Vergangenheit kam, als ich eben über zehn Jahre alt war und einen ländlichen Markttag besuchte. Für fünfundzwanzig Cents konnte man dem „Mann, der schon Napoleon die Hand geschüttelt hatte", die Hand geben. Dies schien die hohe Investition eines viertel Dollars zu rechtfertigen. Aber ach, als ich diesem berühmten Alten näherkam, konnte ich schlagartig erkennen, daß all die wunderbaren Falten aufgeschmiert und ich angeschmiert war. Solcherart sind die Erlebnisse im Leben, die die Reife beschleunigen.

Es gibt scheinbar alterslose Organismen. Dies gilt zum Beispiel für Seeanemonen, welche mit Quallen und Süßwasserhydren verwandt sind. Den Weltrekord in Langlebigkeit hält eine Gruppe dieser Art, die in der Zoologieabteilung der Universität Edinburgh zwischen achtzig und neunzig Jahre alt wurde. Sogar in diesem fortgeschrittenen Alter erschienen sie nicht anders als eine jugendliche Seeanemone. Ich hatte wegen ihres Namens immer eine besondere Vorliebe für diese Biester. Als ich mit der Biologie anfing, stammte all mein Wissen aus Büchern und ich hatte ihren Namen jahrelang fälschlicherweise „sea-animoans" ausgesprochen, was mir übrigens immer noch als die angemessenere Aussprache erscheint[1] .

Viele Tiere haben gar keine Zeit, Zeichen des Alterns vorzuweisen. Ihre Umgebung ist so hart und voller Konkurrenz, daß sie getötet werden, wenn sie noch jung sind, und so zeigen sie niemals Altersschwäche. Kleine Vögel zum Beispiel, wie Spatzen und Grasmücken oder kleine Säugetiere wie Feld- oder Spitzmäuse, leben durchschnittlich nicht länger

1 seaanimones – see any moans – Sieh, irgendeine stöhnt; to moan = raunen, stöhnen. (Anm. d. Übers.)

als ein Jahr, gerade lang genug, einen Wurf Junge im Frühling zu produzieren. Trotzdem, wenn sie in der Gefangenschaft aufmerksam gepflegt werden, leben sie viel länger und zeigen, im Gegensatz zu Seeanemonen, Alterserscheinungen. Es wird manchmal behauptet, Bäume alterten nicht, weil sie unaufhörlich weiterwüchsen, aber dies ist eindeutig falsch. Zum Beispiel trägt ein gut gepflegter Apfelbaum eine Zeit lang jedes Jahr eine reichere Ernte, dann jedoch wird die Ernte geringer ausfallen und der Baum zeigt Zeichen wachsender Klapprigkeit. Man könnte argumentieren, daß dies auf den Größenzuwachs und das sich damit verändernde Verhältnis von Gewicht zu Stärke zurückzuführen sei, was den Baum anfälliger gegen Wind, Schneelast und die verschiedenen Gefahren der sich ändernden Umgebung macht. Ohne Zweifel steckt darin ein Körnchen Wahrheit, aber das Endergebnis ist ein deutlicher Verfall. Darüberhinaus wissen wir, daß jede Baumspezies eine eigene Maximalgröße hat – Mammutbäume sind riesig, verglichen mit Apfelbäumen.

Altern ist beim Menschen ein sichtbarer Vorgang, wie bei allen domestizierten Tieren. Durch bloßes Anschauen einer Person können wir ihr Alter einigermaßen sicher in einer Bandbreite von fünf Jahren schätzen. Die Zeichen von Verschleiß in späteren Jahren sind so deutlich erkennbar wie die Merkmale früheren Wachstums und frühzeitiger Reife. Sie sind so nachweisbar wie bei alten Hunden, Katzen und Pferden – jedes zeigt auf seine Weise, daß sein Körper abnutzt. Diese Beispiele liegen auf der den Seeanemonen gegenüberliegenden Seite der Skala; Seeanemonen sind sogar eine der seltenen Ausnahmen. Zeichen des Alterns sind die Regel, wenn der Zufall einem Individuum den versehentlichen, frühen Tod erspart.

Der bekannte deutsche Biologe August Weismann schlug vor, daß Altern durch die natürliche Selektion entstanden sei: Es gäbe einen Selektionsdruck auf die Begrenzung der Lebenszeit, so daß Gene, welche zum Verfall beitragen, in der Selektion vorteilhaft wirken. Auf diese Weise würden Eltern und Großeltern nicht mit den Nachkommen um begrenzte Ressourcen konkurrieren, was die Chancen eines kontinuierlichen Reproduktionserfolges nachkommender Generationen verringern würde. Unglücklicherweise drückte sich Weisman so aus, daß Peter Medawar ihm in einer brillanten Abhandlung vorwerfen konnte, seine Argumentation „beiße sich in den Schwanz". Folglich argumentierten Medawar und andere, die Selektion wirke nicht auf die Begrenzung des Lebenszyklus oder das Alter der Reife im Lebenslauf, sondern das Altern sei eine indirekte Folge der Selektion. Sie stellten zur Diskussion, daß einige mutierte Gene aufgetaucht seien, die vorteilhaft für den wachsenden Organismus in der Phase vor seiner Vermehrung und daß dieselben Gene einen zerstörerischen Effekt im späteren Leben hätten. Durch die Akkumulierung solcher Gene mit positiven frühen und negativen späten Auswirkungen würde ein Alterungsprozeß verursacht.

Ein anderes, genauso überzeugendes Argument besagt, daß, wenn irgendwelche schädlichen Genmutationen in der späteren Lebensphase auftreten, gegen sie nicht selektioniert wird, weil sie so spät nach der Periode der Vermehrung erscheinen, und deshalb werden sie nicht an die nächste Generation weitergegeben. Wenn sie vor der reproduktiven Phase erschienen, würden sie schnell eleminiert, weil diese Individuen sich nicht vermehren könnten. Dies wird als Erklärung dafür herangezogen, daß für Menschen zerstörerische Krebsarten mit größerer Wahrscheinlichkeit auftreten, nachdem die Individuen das Alter von vierzig erreicht haben, also in einer Periode, in der die meisten Schwangerschaften schon hinter ihnen liegen. Dasselbe trifft auf Chorea Huntington zu, eine schreckliche, genetisch bedingte Krankheit, welche eine Degeneration des Nervensystems und schließlich den Tod veranlaßt.

Wenn wir das Problem des Alterns wieder rückblickend in der Zeit betrachten, so wie Weisman es tat, bemerken wir, daß alle Organismen, die heutzutage leben, eine beschränkte Periode, während der sie sich reproduzieren, besitzen, und sobald diese Reproduktion vollbracht ist, verschwinden die Erwachsenen. Dies geschieht möglicherweise, weil eine widrige Umgebung ein verlängertes Überleben unwahrscheinlich macht (so wie bei kleinen Vögeln und Säugetieren) oder weil sie Gene akkumuliert haben, die einen zerstörerischen, lebensverkürzenden Effekt auf die späte reproduktive oder postreproduktive Phase ihres Lebenszyklus haben. Es gibt extreme Beispiele, wie die Eintagsfliege oder den Pazifischen Lachs, letztere vermehren sich nur einmal und sterben gleich nach dem Laichen. Dieser Tod muß klar genetisch vorbestimmt sein; der Erwachsene wird nicht länger für die Fortpflanzung und den Schutz der Gene auf ihrem Weg in die nächste und übernächste Generation benötigt. Deshalb konnte sich hier irgendeine Mutation, die den Tod verursacht, durchsetzen, und keine natürliche Selektion konnte sie daran hindern.

Ich möchte kurz einen letzten Aspekt, der die Periode der Reife in einem Lebenszyklus betrifft, diskutieren. Die meisten Organismen, aber beileibe nicht alle, sind während des Erwachsenseins auf die eine oder andere Weise aktiv. Dies ist offensichtlich der Fall bei Tieren, die herumeilen, um Futter zu suchen, um sich zu paaren, Verfolgern zu entkommen oder fortziehen, um einer rauher werdenden Umwelt zu entkommen. Es ist auch klar, daß ortsgebundene Pflanzen, so wie Bäume, sehr aktiv Photosynthese und Atmung betreiben, obwohl sie diese metabolischen Aktivitäten in einem immobilen Status ausüben. Es gibt jedoch eine große Gruppe einjähriger Pflanzen, für die die Reife gleichbedeutend mit Tod des größten Teils der Pflanze ist, während die Belebung des Restes aufgeschoben wird. Betrachten Sie zum Beispiel irgendein Getreide, so wie Weizen: es wird bis zu einem Meter hoch wachsen und an seiner Spitze Samen tragen. Diese Samen sind ein ruhendes Stadium, welches den Winter überstehen wird (oder bei sorgfältiger Lagerung über mehrere Jahre hinweg lebensfähig bleibt), während die Stengel, die die Samen hoch halten, sich schön gelb färben, was die Tatsache, daß alle Zellen des Stengels tot sind, widerspiegelt. Ein anderes Beispiel desselben Phänomens sind die Fruchtkörper der Schleimpilze, vieler anderer niederer Pilze sowie der großen Hutpilze. Es besteht ein großer Unterschied in diesen beiden Phasen der Reife: in der einen gibt es Aktivität, wenn die Tiere hin- und hersausen, in der anderen herrscht Stille durch Tod und Ruhephase. Tiere konkurrieren als Erwachsene aktiv miteinander, während Schleimpilze und viele Pflanzen passiv miteinander konkurrieren, indem sie sich allein damit befassen, ihre Sporen oder Samen so effektiv wie möglich in jeder Generation zu verteilen. Beide dieser Konkurrenzstrategien sind erfolgreich, weil jede heutzutage in solch großer Mannigfaltigkeit vorkommt. Darüber hinaus, weil sie so verschieden sind, besetzen und nutzen sie verschiedene Nischen, wodurch sie in der Lage sind, nebeneinander zu existieren. Sie helfen sich sogar gegenseitig: Die einen dienen als Futter, und die anderen bieten Hilfe bei der Verteilung und geben Dünger für ein besseres Wachstum ab. Mit der Zeit sind sie völlig abhängig voneinander geworden.

Schließlich kehren wir zum vierten Stadium im Lebenszyklus zurück, nämlich zur Reproduktion. Sie ist das Bindeglied zwischen einem Lebenszyklus und dem nächsten, sie ist die grundlegende Basis des Kreislaufes selbst. Ich habe bereits betont, daß die Reproduktion meistens sexuell ist und daß asexuelle Reproduktion entweder eine Alternative darstellt wie im Falle von *Volvox* oder den Schleimpilzen, oder daß alle Reproduktion asexuell ist, weil die sexuelle Form verlorengegangen ist. Die asexuelle Reproduktion wurde später erfunden, um eine schnelle, billige Vermehrung zu erhalten, wenn die Bedingungen konstant und günstig sind.

Weil Sexualität für alle Organismen die grundlegende Methode zur Vermehrung darstellt, muß es ein Einzelzellstadium in allen Lebenszyklen geben. (Bakterien und mit ihnen verwandte Organismen tun etwas leicht verschiedenes, das möchte ich im nächsten Kapitel erörtern.) Der Grund hierfür ist offensichtlich, die Gene zusammenzubringen, es muß ein Satz von Chromosomen mit Genen der Mutter und ein anderer mit denen des Vaters vorhanden sein; sie verschmelzen, um dem Nachkommen seine einzigartige Kombination von Genen beider Eltern zu geben. Dies kann nur von zwei Zellen bewerkstelligt werden, nämlich dem Ei und dem Spermium, die fusionieren, um eine einzelne Anfangszelle für die nächste Generation zu bilden: das befruchtete Ei.

Diese Anfangszelle wird beginnen, sich durch eine Reihe von Zellteilungen (Wachstum) und durch die Bildung aller möglichen Zell- und Gewebetypen, welche in die entsprechenden Formen und Muster aufgeteilt werden, zu entwickeln (Differenzierung). Eine Frage stellt sich unmittelbar: Warum sind Organismen vielzellig geworden? Warum ist die Welt nicht einfach mit den einzelligen Urformen bevölkert? Die Antwort muß sein, die Vergrößerung hat im Wettstreit um eine erfolgreiche Vermehrung zu bestimmten Vorteilen geführt, diese bewirkten den starken Selektionsdruck zugunsten einer größeren Größe. Größere Organismen belegen, verglichen mit kleineren, verschiedene Nischen und sichern sich auf diese Weise eine erfolgreiche Vermehrung. Man könnte darum folgern, daß Entwicklung die unausweichliche Folge von Sexualität und Größe sei. Das Einzelzellstadium wird für die sexuelle Reproduktion benötigt, und die größere Größe ist das Ergebnis einer Selektion auf den Vermehrungserfolg in neuen Nischen.

Die Periode der Vergrößerung

Organismen sind Lebenszyklen. Sie entstanden als ein Ergebnis der natürlichen Selektion, und es ist diese natürliche Selektion, die sie zum Wandel zwingt, das heißt, zu evolvieren. Auf diese Weise kam die große Vielfalt der Pflanzen und Tiere auf die Oberfläche der Erde. Einer der Riesenschritte während der langen Spanne der Evolution war der Ursprung der Vielzelligkeit, welche wir jetzt genauer untersuchen wollen.

3
Wachsen durch Vielzelligkeit

Die Annahme, es habe einen Ursprung vielzelliger Tiere gegeben, der zunächst die Invertebraten hervorbrachte und später die Vertebraten, und einen anderen Ursprung, der den Pflanzen voranging, war lange wissenschaftliches Allgemeingut. Diese Hypothese mag sogar richtig sein, aber sie ignoriert eine Menge primitiver Vielzeller, die sicher nicht von einem einzigen vielzelligen Vorfahren abstammen. Die Offensichtlichkeit dieses Einwandes drängt sich mir förmlich auf, weil ich nicht behaupten könnte, auch nicht in meinen wildesten Träumen, daß Schleimpilze irgendwie Vorfahren von höheren Tieren oder Pflanzen sein könnten.

Wenn ich Vorlesungen halte, werde ich oft gefragt: „Sind Schleimpilze Tiere oder Pflanzen?", und meine Antwort muß lauten: „Weder, noch"; sie sind einfach niedrige Organismen. Sie zeigen einige Merkmale von Tieren (die amöboide Zelle) und von Pflanzen (die Zellulosewand des Stengels), aber dies setzt sie nicht auf einen Platz zwischen beide. Vor Jahren, als große Rivalität zwischen Botanikern und Zoologen herrschte, wurde ich einmal von einem hervorragenden Botaniker gedrängt, sie als Pflanzen zu deklarieren, andernfalls könne der Feind sie stehlen. Der Unsinn einer solchen Fehde wird durch die Tatsache unterstrichen, daß Schleimpilze aus Tradition in Lehrbüchern der Botanik und nicht der Zoologie zu finden sind. Der Grund dafür ist auf wundervolle Weise absurd. Ursprünglich sind die Schleimpilze im 19. Jahrhundert von Botanikern entdeckt und beschrieben worden, weil ihre Fruchtkörper so ähnlich wie die des Brotschimmels aussehen, welcher zu den Pilzen gezählt wird (eine ausgewiesene Pflanze, mit ihren starken Zellwänden). So waren die Schleimpilze in das Territorium der Botaniker gelangt, weil sie sie zuerst entdeckt hatten – wie man eine eben entdeckte Insel mit der eigenen Nationalflagge markiert. Die menschliche Natur bricht an den unmöglichsten Stellen durch. (Als ich noch ein Student war, entdeckte ich einmal eine schöne Gruppe ungewöhnlicher Fruchtkörper auf der Tür der Herrentoilette. Ich war elektrisiert und bat meinen Professor mitzukommen und sie zu bewundern. Er klärte mich wohlwollend auf, sie seien keine Schleimpilze, sondern die Eiablagen eines niedlichen Insekts, namens Florfliege. Wenn mir nicht rechtzeitig Einhalt geboten worden wäre, hätte ich vielleicht sogar versucht, die Florfliege bei den Pflanzen einzuordnen!)

Ich möchte meine Leser jetzt mit auf eine Reise zu den verschiedenen Arten einfacher, niedriger Vielzeller nehmen (mit Bildern). Es wird ein kurzer Kursus über die Natur der Lebewesen, die in Biologiekursen für gewöhnlich unerwähnt bleiben. Es wird keine Tiger und Löwen und keine riesigen Mammutbäume geben – nur die schattige Unterwelt lebendiger Kreaturen. Jedes Beispiel wird eine andere Art zeigen, die vielzellig geworden ist, um eine einfache Kolonie zu bilden. Es gab einen Selektionsdruck für die Vergrößerung, was von großer Tragweite ist. Jetzt und später werde ich immer wieder Überlegungen dazu anstellen, warum zunehmende Größe im Kampf um Reproduktionserfolg von Vorteil sein kann; lassen Sie uns jetzt einfach annehmen, es sei wahr. Es ist die gleiche Annahme, die ich im vorangegangenen Kapitel zur Erklärung der Größenzunahme während der Entwicklung heranzog.

Trotzdem ist es wichtig, einen Punkt im Gedächtnis zu behalten. Während die Welt mit verschiedenen Arten primitiver, vielzelliger Koloniebildnern bevölkert ist, existieren ihre einzelligen Vorfahren ebenso und zahlreich weiter. Es gab nicht nur Selektion für eine Größenzunahme, sondern auch für eine kleine Größe. Der Grund hierfür liegt darin, daß verschieden große Organismen getrennte ökologische Nischen besetzen. Wir werden zu diesem Punkt in einem späteren Kapitel zurückkehren, wenn wir sehr große Organismen besprechen.

Lassen Sie mich die Diskussion eröffnen mit dem Hinweis, daß die Vielzelligkeit auf zwei ganz verschiedene Weisen begann. In einer teilte sich eine Zelle und die zwei Tochterzellen blieben beisammen. Als sie sich wiederum teilten und dabei in Kontakt blieben, wurde die Kolonie größer. Wir können dies einfach Vergrößerung durch *Wachstum* nennen. Die andere Methode, Vielzelligkeit zu erlangen, geschieht durch *Aggregation*; hierfür sind die Schleimpilze ein erstes Beispiel. Aber sie sind bei weitem nicht die einzigen, es gibt weitere Beispiele, die sehr interessant sind.

Der nächste wichtige Punkt von generellem Interesse ist, daß es bei niedrigen Organismen zwei verschiedene Zelltypen gibt: Bakterien ähnliche Zellen, „prokaryontische" Zellen genannt, und Zellen wie jene, die in unseren eigenen Körpern vorkommen, „eukaryontische" Zellen genannt. Prokaryontische Zellen besitzen keinen Nukleus (Zellkern), und die DNS ist ein ringförmiger Strang, der einfach an einer Stelle im Zytoplasma auf einem Haufen liegt. Eukaryontische Zellen besitzen hingegen einen von einer Membran umschlossenen Nukleus, und die DNS ist mit verschiedenen Proteinen zu Gruppen von DNS, Chromosomen genannt, verbunden. Es gibt noch weitere Unterschiede, aber die bakterielle prokaryontische Zelle ist primitiver und deswegen der ältere Typus. Es gibt zwei Gründe für diese Behauptung. Zum einen sind die frühesten Fossilien nachweislich Prokaryonten, in etwa dreieinhalb Milliarden Jahre alt, während die ersten eukaryontischen Zellen als jünger datiert wurden, nämlich ungefähr zwei Milliarden Jahre alt. Der andere Grund ist, daß die Struktur einer eukaryontischen Zelle viel komplizierter ist als die einer prokaryontischen. Sie besitzt nicht nur einen Nukleus, sondern auch viele andere komplexe interne Einheiten. Eine von ihnen ist das Mitochondrium, welches in der eukaryontischen Zelle die Energie liefert, und es gibt gute Gründe dafür, anzunehmen, daß dies ein Abkömmling der Urbakterien ist, der in dem Innern der eukaryontischen Zelle wohnt (ähnlich der Symbiose zwischen der Alge und dem Pilz in Flechten), und über die Jahrmillionen hat es einige, aber nicht alle Eigenschaften der Bakterien verloren. Zum Beispiel enthält es noch einen ringförmigen Strang DNS, der der bakteriellen DNS sehr ähnlich ist.

Bevor ich mit meiner Schau niedriger Organismen beginne, möchte ich darauf hinweisen, daß sogar bei der geringen Zunahme in der Größe, die wir bei diesen Beispielen finden werden, eine Arbeitsteilung zwischen den Zellen anzutreffen ist: Nicht alle Zellen haben die gleiche Funktion. Arbeitsteilung ist eng gekoppelt an die Größe, etwas, das ich außerordentlich interessant finde. Dieses Prinzip gilt nicht nur für diese seltsamen Lebewesen, die Mikrokolonien bilden, sondern für alle Organismen, es erstreckt sich bis hinauf in das Verhalten höherer Organismen, einschließlich unserer selbst. Es ist sogar anwendbar auf die Institutionen, die wir errichten; je größer ein Unternehmen wird, desto größer wird die Anzahl der Individuen mit speziellen Aufgaben; je größer die Ansiedlung, desto größer wird die Arbeitsteilung in Gestalt von Schustern, Bäckern, Schlachtern, Ärzten, Schmieden (oder Automechanikern), Elektrikern, Klempnern, Zimmerleuten und so weiter. In kleinen Orten können und müssen die Leute alles selbst erledigen. In großen Tieren und Pflanzen besteht eine weitgehende Arbeitsteilung zwischen den Zellen: Wir haben Nervenzellen, Muskelzellen, Drüsenzellen verschiedenster Art, Zellen in der Augenlinse, Hautzellen und viele andere. Jeder Zelltyp vollbringt eine andere Aufgabe, aber mehr über dieses faszinierende Thema später. Hier möchte ich nur klarstellen, daß primitive Organismen dem gleichen Prinzip unterliegen.

Lassen Sie uns die vielzelligen Formen, die durch Wachstum entstanden, betrachten. Es gibt eine Anzahl von Beispielen bei Bakterien, die nur wenig mehr tun als eine flache, zusammenhängende Platte von Zellen bilden. Aber Bakterien sind nicht die einzigen Prokaryonten, es gibt auch die photosynthetischen Cyanobakterien, oder was man als Blau-Grüne Algen bezeichnete. Sie unterscheiden sich von normalen Bakterien durch ihre größere Größe, obgleich die innere Struktur ihrer Zellen klar prokaryontisch ist, einschließlich des Fehlens eines echten Kerns, anstelle dessen ein verknäulter Ring DNS vorliegt. Sie können wie andere Bakterien Kolonien in flachen Formen, manchmal sogar perfekt viereckig, was aber seltene Ausnahmen sind, bilden. Die meisten Cyanobakterien bilden gerade Filamente, in denen die Zellteilung immer in einer Reihe stattfindet, so daß eine einzige Reihe von Zellen entsteht (Bild 5).

Das Bemerkenswerte an Cyanobakterien ist ihre Widerstandsfähigkeit. Sie können in den ungastlichsten Umgebungen überdauern und sogar wachsen und leben recht vergnügt dort, wo sonst keiner überlebt. Ich entsinne mich, recht schockiert gewesen zu sein, als ich einen meiner Lehrer, der ein Experte für Cyanobakterien war, dabei beobachtete, wie er ein Büschel Cyanobakterien auf einer Herbariumskarte trocknen ließ. In dieser Form konnten sie am Leben erhalten werden. Alles was man später tun mußte, war, ein Stückchen abzukratzen, Wasser hinzuzufügen

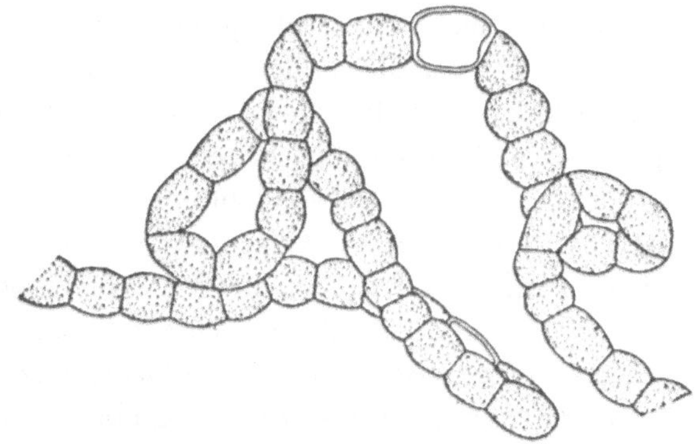

Bild 5: Ein Filament einer Cyanobakterienart zeigt die Arbeitsteilung zwischen den Zellen, in denen Photosynthese stattfindet, und den klaren Zellen, die darauf spezialisiert sind, Stickstoff aus der Atmosphäre zu fixieren und sie in Stickstoffkomponenten umzuwandeln, die für Wachstum und Atmung gebraucht werden. (Aus J. E. Tilden, *The Algae and their Relations*, University of Minnesota Press, 1935.)

und sofort (wenn man sie nicht zu lange auf dem Trockenen hatte sitzen lassen) sahen sie wieder normal aus und konnten weiterwachsen. So etwas dürfte man keinem anderen Lebewesen zumuten, es sei denn, man sammelte Pflanzensamen, oder man arbeitete mit Tieren in der Ruhephase.

Die Fähigkeit der Cyanobakterien, extreme Bedingungen zu überleben, kann in der Natur beobachtet werden: Sie werden in polaren Gewässern wie in Wüstenteichen gefunden, wo im wesentlichen nichts anderes wachsen kann. Man weiß auch, daß sie sehr alt sind, und diese Überlebensfähigkeit mag die Eigenschaft sein, die es ihnen erlaubte, die harten Bedingungen auf der Erde vor Milliarden Jahren zu überstehen. Als der Vulkan auf der Insel Krakatau im Jahre 1883 ausbrach, überlebte nicht ein einziger Organismus – alles Leben war von der Explosion getötet oder in der Hitze der Lava gekocht worden. In der Folgezeit begannen die Biologen, die Rückkehr des Lebens sorgfältig zu beobachten. Während die unfruchtbare Insel abkühlte, entdeckten sie, daß die ersten, die zurückkehrten, die hartgesottenen Cyanobakterien waren. Sie hatten die Fähigkeit, unwirtliche Umgebungen zu besetzen, nicht verloren.

Cyanobakterien können auch Arbeitsteilung praktizieren. Einige von ihnen besitzen gelegentlich dickwandige Zellen, welche scheinbar als Sporen dienen und dem Organismus über ganz besonders schlechte Bedingungen hinweghelfen. Sie besitzen auch Heterocysten, diese bemerkenswerten Zellen, die zwar klar und frei von Chlorophyll sind, aber eine sehr spezielle Funktion erfüllen. Wie alle Organismen brauchen Cyanobakterien Stickstoff, während sie wachsen, um die essentiellen Proteine und Nukleinsäuren (für DNS und RNS) zu bilden. Viele Organismen erhalten ihren Stickstoff aus Komponenten der Erde oder der Nahrung, die sie aufnehmen, wie das bei den Tieren der Fall ist. Aber Cyanobakterien müssen sich den Stickstoff aus der Luft einfangen und daraus Komponenten, die Stickstoff enthalten, machen. Diese sogenannte Stickstoffixierung enthält eine chemische Reaktion, die unter Sauerstoffausschluß stattfinden muß. Weil die Zellen der Cyanobakterien mit Chlorophyll beladen sind und das Kohlendioxyd aus der Luft in Zucker und Sauerstoff umwandeln, kann die Photosynthese nicht zeitgleich am selben Ort wie die Stickstoffixierung ablaufen. In primitiveren Cyanobakterien kann die Stickstoffixierung nur nachts stattfinden, wenn es dunkel und kein Sauerstoff vorhanden ist, da die Photosynthese ohne Licht unmöglich ist – vermutlich war es bei den einzelligen Vorfahren ebenso. Jedoch in den weiter-entwickelten filamentösen Formen produzieren die meisten Zellen Zucker in der Photosynthese, aber es gibt einige Zellen, die Heterocysten, die unfähig zur Photosynthese sind und spezialisierte Stickstoff-fixierende Zellen geworden sind (Bild 5). Hier liegt ein perfekter Fall von Arbeitsteilung vor, wobei zwei Funktionen, die nicht in einer Zelle vollzogen werden können, in zwei spezialisierten Zellen, die Seite an Seite liegen, vollbracht werden. Es ist, als ob man aus einer kleinen Gemeinde, in der einer als Bäcker und Schmied fungiert, in eine größere wechselt, in der diese beiden sehr verschiedenen Aufgaben durch zwei Individuen ausgeführt werden.

Ein anderer Versuch in Vielzelligkeit kann in einer Grünalge, *Hydrodictyon*, beobachtet werden. Sie besitzt einen so ungewöhnlichen Lebenszyklus, daß sie ein gutes Beispiel für die vielen verschiedenen Wege ist, auf denen die Vielzelligkeit entstand. Niemand, ausgenommen einiger naher Verwandter von *Hydrodictyon,* wurde auch nur annähernd auf eine ähnliche Art vielzellig.

Hydrodictyon ist ein Eukaryont, was für alle Beispiele, die ich für die Entstehung von Vielzelligkeit durch Wachstum anführen werde, gilt. Sie besitzt beides, einen echten Nukleus und Mitochondrien. Das Chlorophyll für die Photosynthese ist in speziellen Einheiten verpackt; diese werden Chloroplasten genannt, und man stellt sich vor, sie seien Abkömmlinge der Cyanobakterien, die als Symbionten im Zytoplasma begannen, genauso wie Mitochondrien von den nichtphotosynthetisierenden Bakterien abstammen. *Hydrodictyon* lebt in Süßwasserteichen, Seen und langsam fließenden Gewässern. Sie kann recht groß werden, wobei die Form immer dieselbe bleibt: ein wurstförmiges, spitzenähnliches Maschenwerk aus verlängerten grünen Zellen, daher der Name „Wassernetz" (Bild 6).

Jede Zelle wächst dabei mehr oder weniger kontinuierlich, wenn die Konditionen für ein größeres Netz günstig sind. Die Zellen beginnen mit einem Kern, aber während sie wachsen, fängt dieser an, sich zu teilen. Es werden jedoch keine Zellwände um die Kerne gebildet, so daß schließlich eine große vielkernige, wurstförmige Zelle entsteht, die ihre Enden gegen die Enden ähnlicher Zellen drückt, um zusammen die Maschen des Netzes zu bilden. Wenn die Reproduktion beginnt, läßt jeder Zellkern eine Zellwand, die ein wenig Zytoplasma umwächst, sprießen, genauso wie zwei peitschenähnliche Geißeln. Diese Zellen fangen an, in der Vakuole der größeren elterlichen Zelle zu schwimmen.

Nach einigen Drehungen kleben sie sich an die Innenwand ihrer Mutterzelle, kleiden sie aus, und die Geißeln verschwinden. Sie fangen an, zu wachsen, wobei sie gegen die ehemaligen Schwärmerzellen neben ihnen drücken, und jede zeigt bald Anzeichen, eine wurstförmige Tochterzelle zu werden. Während sie wachsen, teilen sich ihre Nuklei wiederholte Male. Dieses erneute Wachstum wird zuviel für die alte mütterliche Zellwand, sie bricht auf, um eine neue *Hydrodictyon*-Kolonie zu entlassen. Die neugeborene Kolonie ist wurstförmig, weil das die Form der Mutterkolonie, welche als Förmchen für die Schwärmer bei der Bildung der neuen Kolonie dient, war. Ich habe mir immer gewünscht, eine Idee zu haben, wie man die Schwärmer in eine kleine Kiste hineinbringt, um sie als würfelförmiges Netz schlüpfen zu sehen.

Es ist einfach zu erkennen, daß *Hydrodictyon* und seine kleineren Verwandten sich einen ungewöhnlichen, um nicht zu sagen seltsamen

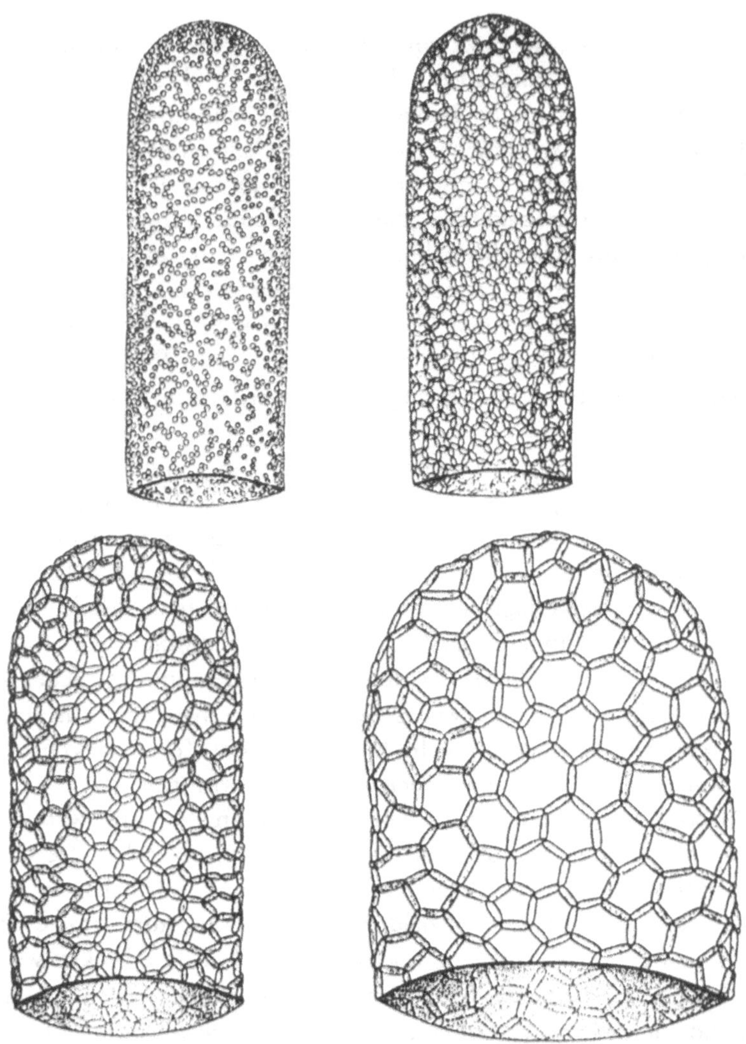

Bild 6: Das Wachstum einer neuen Kolonie von *Hydrodictyon.* Oben links haben die Schwärmer sich an der Innenseite der mütterlichen Zellwand festgesetzt, das Wachstum und die Verlängerung dieser Schwärmer bildet eine neue Kolonie, die bald aus der alten Zellwand ausbrechen wird. (Aus Bonner, *The Evolution of Development*, Cambridge University Press, 1958.)

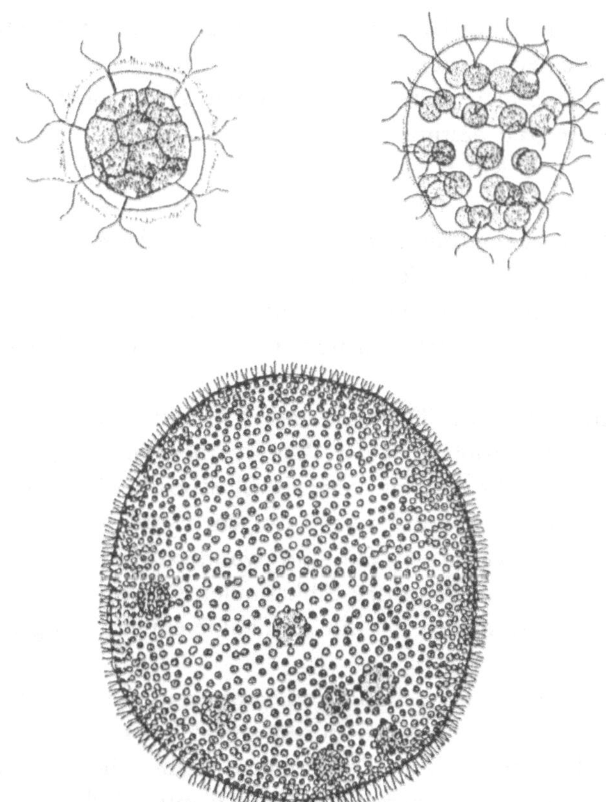

Bild 7: Drei verschiedene Kolonien von Volvocales unterschiedlicher Größe. Oben links: *Pandorina.* Oben rechts: *Eudorina.* Unten: *Volvox.* (Aus Bonner, *On Development,* Harvard University Press, 1974.)

Weg in die Vielzelligkeit ausgedacht haben. Er ist anders als die aller anderen Organismen; so sehr sogar, daß er unabhängig erfunden worden sein muß. Es ist unmöglich, sich etwas anderes vorzustellen.

Wir haben schon *Volvox* erwähnt, eine ganz andere Art von grüner Alge. Sie entwickelt sich auf eine viel konventionellere Weise, indem sich eine Zelle fortwährend teilt, um eine Kugel aus einkernigen Tochterzellen zu produzieren. Das Interessante an *Volvox* ist, daß heute noch einfachere

Formen existieren, mit kleineren Kolonien aus weniger Zellen (Bild 7). Bei diesen kleineren Arten kann jede Zelle in der Kolonie reproduktiv werden und eine neue Generation beginnen. Dies jedoch gilt nicht für *Volvox*; nur ein paar bestimmte, große Zellen können diese reproduktive Funktion erfüllen. Mit anderen Worten, die größere *Volvox* vollzieht eine Arbeitsteilung zwischen ihren Zellen, etwas, was den kleineren Verwandten fehlt. Eine höchst interessante Mutante von *Volvox* ist erst kürzlich entdeckt worden. Bei ihr können alle Zellen reproduzieren, und diese Mutation benötigt Änderungen in nur wenigen Genen. Vielleicht betrachten wir hier die ersten Schritte zur Erfindung der Arbeitsteilung bei diesen Organismen.

Diatomeen sind in Süßwasser und in Ozeanen weit verbreitet. Tatsächlich wird der größte Teil der Photosynthese in der Welt nicht auf dem Land vollbracht – etwas, was wir selbstverständlich annehmen, da wir von Gras, Büschen und Bäumen umgeben sind –, sondern im Meer von einzelligen Diatomeen. Sie sind wunderschöne Lebewesen, umschlossen von elegant geformten Silikathüllen von enormer Formenvielfalt. Fast alle Spezies leben frei mit Ausnahme einiger weniger, die Kolonien bilden.

Die bekanntere koloniebildende Diatomee ist eine, die sich mit Hilfe eines haftenden Stengels am Boden eines Teiches oder am Meeresgrund festhält. Wenn sich die Zellen teilen, bleiben die Tochterzellen am Stengel hängen, was manchmal wie ein eleganter Fächer aussieht (Bild 8A). Bei einer anderen Art findet sich etwas Besonderes. Die Zellen dieser mobilen Diatomee bilden einen hohlen Zylinder um sich herum, und wenn die Diatomeen sich durch Zellteilung in dieser verzweigten Röhre vervielfältigen, vergrößert sich die pflanzenähnliche Röhre, so daß sie schließlich wie ein Seegras aussieht (Bild 8B). Betrachtet man die Röhre unter dem Mikroskop, sieht man die Zellen in dem Haus, das sie sich gebaut haben, herumflitzen. Dies ist ein ganz besonderer Schritt in Richtung auf die Vielzelligkeit, und ein mysteriöser noch dazu.

Wir haben keine Ahnung, wie diese Röhren gebaut und geformt werden, und was ihr Vorteil für die einzelne Zelle sein mag. Eines ist jedoch klar, Diatomeen besitzen solch spezialisierte Konstruktionen, daß ihre vielzelligen Kolonien nur ihre eigenen Erfindungen sein können.

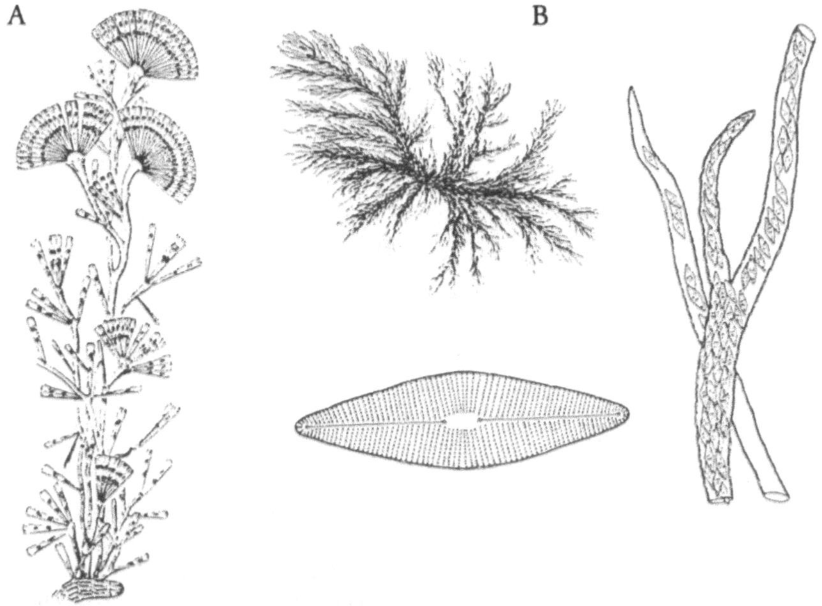

Bild 8: Zwei verschiedene Arten koloniebildender Diatomeen. (A) Eine Art, die einen Stengel aus Gelatine besitzt und deren Tochterzellen sich nicht voneinander trennen. (Aus Oltmanns, *Morphologie und Biologie der Algen*, Gustav Fischer, 1904.) (B) Oben links: Die gesamte Kolonie einer anderen Art (die Kolonie ist ungefähr 1 cm groß). Unten: Die stark vergrößerte Ansicht einer der Diatomeenzellen, die bei dieser Art in der Röhre herumwandern, welche sie selbst sekretieren (rechts). (Zeichnung von M. La Farge.)

Ciliaten (Wimperntierchen) sind sehr weit verbreitete Organismen, und keiner, der je einen Grundkurs in Biologie belegt hat, verpaßt die Gelegenheit, einmal *Paramecium* zu bewundern. Jeder, der ein wenig Teich- oder Sumpfwasser unter dem Mikroskop betrachtete, hat Ciliaten herumsausen gesehen. Sie sind merkwürdige große Zellen mit einem passend großen Nukleus, und ihre Oberfläche ist mit vielen kleinen Flagellen (besser Cilien) gesäumt, welche ihnen erlauben, mit großer Geschwindigkeit herumflitzen.

Wie die Diatomeen besitzen sie auch spezialisierte Zellen und gestielte Formen, die, im Gegensatz zu den freischwimmenden, ihre Wim-

Bild 9: Ein koloniebildender Ciliat (*Zoothamnion*). Bemerkenswert ist, daß alle Zellen mit einem Muskelfaden verbunden sind, der es ihnen erlaubt, die ganze Kolonie zusammenzuziehen. (Aus Bonner, *On Development*, Harvard University Press, 1974.)

pern dazu benutzen, Nahrung in ihren Schlund zu fächeln. Bei einigen dieser Arten trennen sich die Tochterzellen nicht, sondern bleiben an einem gemeinsamen Stengel hängen, wie bei manchen Diatomeen. Bei einigen Arten gibt es einen gemeinsamen Muskelstrang oder Faden, welcher in den Stengel herunterreicht und alle Zellen miteinander verbindet (Bild 9). Wenn man eine der Zellen mit einer Nadel berührt, läuft eine Kontraktionswelle durch die gesamte Kolonie, bis sie sich zu einem kleinen Haufen am festsitzenden Ende zusammengezogen hat. Möglicherweise dient dies dazu, Feinde zu verwirren oder zu vermeiden. Wieder stellt dies eine gänzlich andere Art der Vielzelligkeit dar, so daß sie nur unabhängig entstanden sein kann.

Es gibt weitere einzigartige Beispiele dafür, wie Kolonien durch Wachstum entstanden sind, aber ich habe vielleicht genug angeführt, um Sie zu überzeugen, daß die Vielzelligkeit auf diese Weise etliche Male während der Evolution entstand. Wenn wir uns der Vielzelligkeit durch Aggregation zuwenden, sehen wir auch dort, daß eine Anzahl verschiedener, unabhängiger Erfindungen zur Vielzelligkeit geführt haben.

Der außergewöhnlichste Fall findet sich bei niedrigen Bakterien. Es gibt hier eine ganze Gruppe aggregierender Bakterien, Myxobakterien genannt (was „Schleimbakterien" bedeutet). Sie wurden von Roland Thaxter um die Jahrhundertwende entdeckt und beschrieben. Er war der Doktorvater meines Doktorvaters, William Westons, gewesen, und so habe ich Thaxter immer als meinen Doktorgroßvater angesehen. Er war ein beeindruckender Mensch sowie ein beachtlicher Wissenschaftler. Thaxter entdeckte zwei wichtige Gruppen von Organismen, deren Existenz vorher unbekannt gewesen war. Die eine waren die Myxobakterien, die andere war eine Gruppe von Pilzen, die vorher für Haare auf den Körpern von Insekten gehalten und sorgfältig von einigen Entomologen in älteren Veröffentlichungen als Körperteil der Insekten beschrieben worden waren. Er entdeckte nicht nur, daß sie Pilze sind, sondern er beschrieb etwa fünftausend Arten, wobei er alle mit wunderschönen, eigenen Zeichnungen illustrierte. Er pflegte stundenlang mit seinem Federkiel und einem Vergrößerungsglas dazusitzen, um jedes Pünktchen an den rechten Platz zu setzen. Ich sehe ihn noch vor meinem inneren Auge, mit seinem ernsten, bärtigen Gesicht, mit gestärktem Kragen, wie er jedem Punkt seine volle Aufmerksamkeit schenkte. In seiner Welt gab es nichts, was nicht an seinem Platz war, und vielleicht konnte er deshalb Dinge sehen, die andere nicht sahen.

Er fand merkwürdige kleine Fruchtkörper in der Nähe seines Sommerhauses in Kittery in Maine, brachte sie mit ins Labor und entdeckte mit Erstaunen, daß sie weder Pilze noch Schleimpilze, sondern vielzellige Bakterien waren.

Er zeigte, daß sie stäbchenförmige Bakterien sind, die schwärmen. In dieser Phase vermehren die Zellen sich deutlich, sie sind fressende und wachsende Zellen. Nach einiger Zeit bilden diese Schwärme dichte Ag-

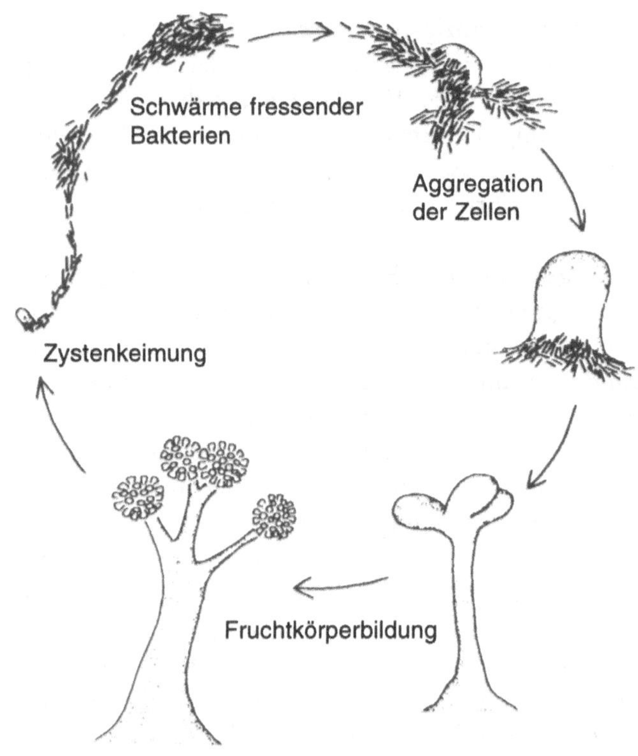

Bild 10: Der Lebenszyklus des Myxobakteriums *Chondromyces crocatus.* Der reife Fruchtkörper (unten links) trägt Zysten, wobei jede von ihnen zahlreiche Stäbchenbakterien entläßt, die allmählich zu größeren Gruppen zusammenfinden, um zuletzt wieder einen neuen Fruchtkörper zu bilden. (Aus Bonner, *On Development*, Harvard University Press, 1974.)

gregate, welche etwa einen Millimeter in die Luft hineinragen, und produzieren eine endständige, eingekaspselte Zyste, wobei jede von ihnen viele Stäbchenbakterien enthält, die bereit sind, die nächste Generation zu erzeugen, sollten sich die Bedingungen verbessern (Bild 10).

Es wird angenommen, daß der Stengel, der den Fruchtkörper in die Höhe hebt, von Zellen gebildet wird, die während der Bildung des Stengels absterben, also um der Zellen wegen, die an der Spitze in der Zyste eingeschlossen werden. Sollte sich dies als wahr erweisen, liegt hier ein weiterer Fall von Arbeitsteilung zwischen Zellen bei prokaryontischen Organismen vor. Nicht alle Myxobakterien bilden vollendete Stengel, eine Reihe von Spezies bilden einfache Hügel, in denen jedes Bakterienstäbchen in eine runde, einzellige Spore verwandelt wird. Auch bei diesen einfacheren Formen lassen sich Beweise dafür finden, daß nicht allen Zellen dieser Sprung in die Zukunft glückt. Eine ganze Reihe von ihnen sterben, und wieder könnte ihr programmierter Tod ein Beitrag zur Bildung des Hügels sein.

Es ist bemerkenswert, daß Schleimpilze einen ähnlichen Lebenszyklus wie die Myxobakterien durchlaufen, wobei der wichtigste Unterschied darin besteht, daß erstere eukaryontische Amöben und letztere prokaryontische Bakterien sind. Wieder ein klarer Beweis für die voneinander unabhängige Erfindung der Vielzelligkeit. Um noch einen Schritt weiterzugehen, sogar bei den zellulären Schleimpilzen gibt es zwei Gruppen, die sich aufgrund der Strukturen ihrer Amöben unterscheiden. Zu der einen Gruppe gehört *Dictyostelium* und all ihre schönen Kumpane, welche heutzutage weithin als experimentelles Objekt genutzt werden, während die anderen eher grobe und unregelmäßige Fruchtkörper bilden. Die Frage ist, ob die Amöben zunächst sozial wurden und daraufhin ihre Zellstruktur änderten, oder ob sie während der Evolution umgekehrt verfuhren. Es spricht einiges dafür, anzunehmen, die Zellstruktur sei von fundamentalerer Bedeutung und dem Zusammenkommen in sozialen Aggregaten vorangegangen. Dies wiederum läßt darauf schließen, daß es selbst bei den Schleimpilzen mindestens zwei Urprünge für die Vielzelligkeit gegeben hat.

Ein letztes Beispiel stellt die jüngste Entdeckung eines Ciliaten dar, der zu einem Fruchtkörper aggregiert. Die individuellen Zellen dieses Organismus sehen eher wie ein gedrungenes *Paramecium* aus und leben auf einem dünnen Wasserfilm auf Humus. Nach einer Periode des Fressens und der Vermehrung strömen sie an einem zentralen Sammelpunkt zusammen, stoßen eine Art Stengelmaterial aus, um sich in die Luft zu erheben, und jede Ciliatenzelle wird eingekapselt, um eine resistente Zyste zu werden (Bild 11). Auf mancherlei Weise ist dies den Frucht-

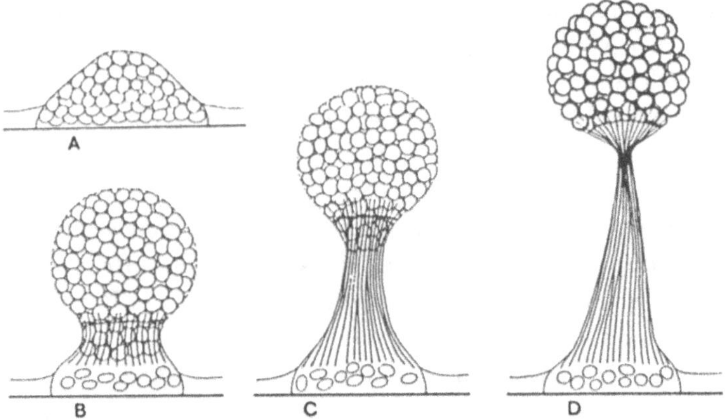

Bild 11: Die Formation einer Ciliatenkolonie: Die Zellen aggregieren und erheben sich auf dem Stengel, den sie ausscheiden. Schließlich wird jede Ciliatenzelle enzystiert. (Aus L. S. Olive, *Science* 202 (1978): 530.)

körpern der Myxobakterien und Schleimpilze bemerkenswert ähnlich; wir können also die Wimperntierchen auf die Liste der Organismen setzen, die durch Aggregation sozial wurden. Ich darf vielleicht einflechten, daß diese neuen Biester von einem Botaniker entdeckt wurden, aber bis jetzt hatte noch keiner die Traute, sie Pflanzen zu nennen. Möglicherweise sind wir Biologen weniger chauvinistisch geworden!

Ciliaten haben es mir immer besonders angetan. Sie erscheinen so verschieden von allen anderen Organismen, sogar von allen anderen Protozoen, obwohl ihre fundamentalen Prozesse gleich sind. Die Differenzen sind mehr Schein als reales Sein. Während meines ersten Freisemesters beschloß ich, über etwas, was so verschieden von Schleimpilzen wie möglich war, zu arbeiten, damit meine Sicht auf das Leben nicht zu eng würde. Aus mehreren Gründen eine glückliche Entscheidung, hauptsächlich jedoch, weil Prof. E. Frauré-Fremiet mich in sein Labor am Collège de France in Paris einlud. Wir zogen mit einigen Kleinkindern und ihrem Drum und Dran dorthin und fanden mit einigem Glück eine Wohnung in Spaziernähe des Labors – was für ein schöner Spaziergang unter anderem durch die Gärten des Palais du Luxembourg! „Monsieur Fauré", wie er im Labor genannt wurde, kennenzulernen, war für mich der bei weitem aufregendste Teil. Er war ein kleiner Mann (ich fand immer, daß er ein wenig wie Toulouse-Lautrec aussah, außer daß er beweglich und normal proportioniert war) und sehr leidenschaftlich mit seinen siebzig Jahren. Er war auch ein Mann von großem Charme und ausgesuchter Freundlichkeit. Jedermann im Labor verehrte ihn, was, sobald man es betrat, zu spüren war. Er hatte eine Reihe sehr fähiger Assistentinnen, die er „mes petites" nannte. Wann immer ich ein Problem hatte, wurde mir eine seiner „petites" zur Seite gesellt, um mir zu helfen, und daraus lernte ich, daß die Franzosen, zumindest in jenen Tagen, auf eine Weise Forschung betrieben, die mir gänzlich neu war. Wenn sie Nährmedien für ihre Ciliaten machten, maßen sie nie die Zutaten ab – sie nahmen eine Handvoll von dem einen, eine halbe Handvoll von dem anderen, eine Prise von diesem und jenem und füllten dann die Flasche mit Wasser. Mir war vorher nie bewußt geworden, wie sehr die amerikanische Wissenschaft auf der deutschen Tradition basierte, jedes Detail exakt zu bestimmen und jede Zutat bis auf die letzte Stelle hinter dem Komma genau auszuwiegen. In Frankreich kam die Labortradition aus der Küche, in der ein großer Koch sich auf sein geübtes, um nicht zu sagen, inspiriertes Auge verließ, das Laboratorium war einfach eine erweiterte Küche.

Monsieur Fauré war ausgesprochen freundlich zu mir, dem jungen, eifrigen Amerikaner, den man leicht hätte vernachlässigen können. Er nahm mich mit, in der Umgebung von Paris Ciliaten zu sammeln, und diese Touren waren für mich etwas ganz Besonderes. Er kannte meilenweit jeden Teich und Graben und Platz, wo wir einkehren sollten. Er entschuldigte sich jedesmal, indem er sagte, daß dieses Gasthaus „tout à fait en campagne" sei, aber diese Landküche war eine Freude. Er kannte nicht nur seine Biologie, sondern war deutlich auf vielen anderen Gebieten gut bewandert. Dies ist vielleicht verständlich, wenn man in Betracht zog, daß er der Sohn des Komponisten Fauré, der Enkel des Bildhauers Fremiet und ein Neffe des Dichters und Philosophen Sully-Prudhomme war. Er war sehr bescheiden bei diesem Hintergrund und Erfahrungen, aber er duldete keine Ungenauigkeiten. Auf einer unserer Exkursionen machten wir Halt, um Port Royale anzusehen, eine Festung der Jansenisten und die Behausung von Pascal. Wir folgten einer kleinen Gruppe, und immer wenn der Fremdenführer etwas erklärte, sagte Fauré: „Nein, nein, das ist nicht ganz richtig", und er gab eine kleine Erklärung mit den korrekten Details und Jahreszahlen. Die anderen Touristen blickten erstaunt und der arme Führer finster. Ich kann mich glücklich schätzen, da lebend herausgekommen zu sein. Aus all diesen Gründen bewahre ich Monsieur Fauré und seine geliebten Ciliaten in meinem Herzen.

Um auf das Thema, größer werden durch Aggregation, zurückzukommen, es gibt eine weitere, viel verbreitetere Methode zusammenzukommen. Sie wird im allgemeinen nicht als Aggregation betrachtet, aber genau das ist es. Es gibt eine Reihe von Formen, die eine zusammenhängende, vielkernige Masse von Zytoplasma besitzen, welche sich auf verschiedene Weisen über ein Areal erstreckt, um Nährstoffe aufzunehmen. Dies ist das Wachstumsstadium von Organismen, die sich von gelösten Substanzen und kleinen Organismen (so wie Bakterien) ernähren. Sie sind die Aasgeier der Mikrowelt. Wenn die Bedingungen stimmen, versammelt sich dieses vielkernige Zytoplasma zu Klumpen und bildet Fruchtkörper. Dieses Zusammenströmen des vielkernigen Zytoplasmas ist funktional das gleiche wie die Aggregation separater Zellen.

Eine sehr große Gruppe, die in feuchter Umgebung wie Humus oder verrottenden Baumstämmen auf dem Waldboden lebt, sind die Myxomyceten (manchmal „echte" Schleimpilze im Gegensatz zu „zellulären" Schleimpilzen genannt). Die Myxomyceten haben einen sexuellen Zyklus, in welchem eine Spore eine einzelne Zelle, die ein Geschlecht hat, freisetzt, zwei dieser Zellen mit gegensätzlichen Paarungstypus können verschmelzen und bilden das Äquivalent zu einem befruchteten Ei. Diese Zelle beginnt dann, aufgelöste Nahrung aufzusaugen, und der Kern teilt sich, während neues Zytoplasma im Wachstumsprozeß entsteht. Deshalb gibt es, anstelle eines vielzelligen Freßstadiums, ein vielkerniges, wobei sich alle Kerne in einem gemeinsamen Zytoplasma bewegen. Dieses sogenannte Plasmodium sieht wie eine visköse Flüssigkeit aus und kriecht wie eine riesige Amöbe langsam herum, um Futter zu suchen. Wenn die Bedingungen richtig sind, insbesondere wenn die Feuchtigkeit und die Nahrungsquelle ausreichend sind, kann dieses Plasmodium sehr groß werden, etwa handtellergroß oder sogar noch größer. Es ist kein ungewöhnlicher Anblick, einen schönen, schleimigen

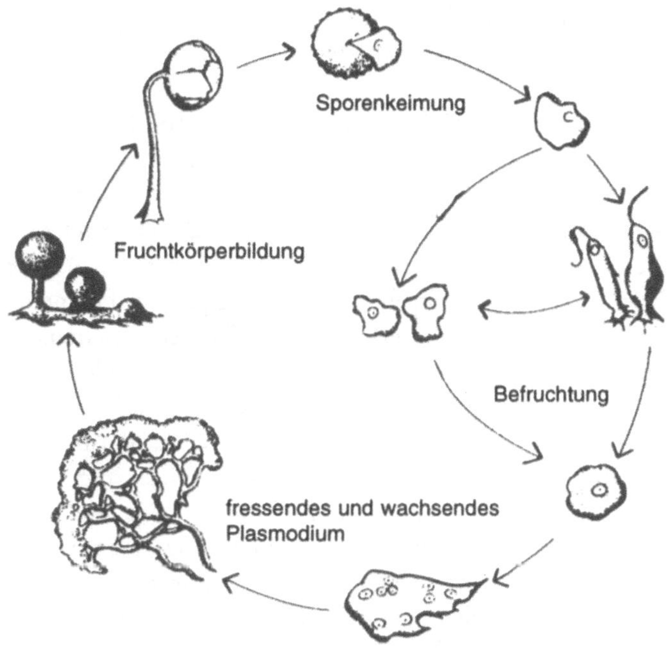

Bild 12: Ein verallgemeinerter Lebenszyklus einer Myxomycete. Die Spore keimt aus, um eine Zelle zu entlassen, die, abhängig von der Umgebung, entweder eine Amöbe (bei Trockenheit) oder eine begeißelte Schwärmerzelle (bei Feuchtigkeit) ist. Nach der Befruchtung wächst die resultierende Zelle zu einem großen, vielkernigen Plasmodium aus, das wiederum zu vielen Sporen tragenden Fruchtkörpern wird. (Aus Bonner, *On Development*, Harvard University Press, 1974, gezeichnet nach Alexopoulos und Koevenig.)

Klacks in strahlendem Orange auf einem verrottenden Holz glitzern zu sehen.

Wenn die Ernährungslage sich verschlechtert, wird diese flüssige Masse Zytoplasma plötzlich kleine Häufchen bilden, und, abhängig von der Art, zahlreiche Stengel bilden, die als Fruchtkörper in die Luft hineinragen (Bild 12). Während dieses Vorgangs machen die Kerne eine Meiose durch, um für die Befruchtung bereit zu sein (die der Sporenreifung folgt), und jeder Nukleus wird in einer Spore eingekapselt, die dann für die Verteilung bereit ist. Aus Sicht der Aggregation ist dieser Vorgang grundsätzlich der gleiche wie der bei den zellulären Schleimpilzen.

Eine funktionell ähnliche Situation entsteht bei den Pilzen, und jetzt reden wir nicht mehr über Organismen, die entweder unauffällig oder selten sind, sondern auf der Oberfläche des Globus weitverbreitet sind und aus mehreren tausend Arten bestehen. Hier verbreitet sich der Pilz durch die Erde oder verrottendes Holz, was immer die löslichen Nährstoffe für die herannahenden und sich verzweigenden Filamente des Pilzes bereithält. All diese sich verbreitenden Filamente werden verbunden und wieder, wenn die Bedingungen recht sind, werden sie plötzlich Fruchtkörper bilden, die die Sporen zur Verteilung in die Luft heben.

Lassen Sie uns ein einfaches, weit verbreitetes Beispiel betrachten, das Wachstum und die Fruchtbildung eines Hutpilzes in der Erde. Wenn die Spore eines gewöhnlichen Waldpilzes auf der Erde landet und keimt, bildet sie ein Filament aus, welches an seiner Spitze weiterwächst. Sie ernährt sich, indem sie winzige Mengen Zucker, Aminosäuren und anderer gelöster Nährstoffe aus der Erde aufnimmt. Während sie dies tut, synthetisiert sie mehr und mehr Zytoplasma, und die Nuklei teilen sich wiederholt wie die Kerne der Myxomyceten. Das vielkernige Zytoplasma eines Pilzes ist jedoch an die Grenzen der verzweigten Filamente, die es gebildet hat, gebunden. Diese Filamente können sich nicht nur in der Erde gleichmäßig verteilen, sondern, wenn sie sich näher kommen, können sie auch verschmelzen. Auf diese Weise können sich die Kerne von verschiedenen Sporen, also genetisch verschiedenen Stämmen, mischen.

Wenn die Verbreitung der wachsenden Filamente von einem Punkt ausgeht, wird sie sich kreisförmig ausbreiten.Wieder, angenommen, die Bedingungen seien gerade richtig, werden an dem äußerem Rand die kleinen Köpfchen, die die Anlage der eigentlichen Pilzkörper sind, entstehen. An diesem Punkt passiert die Aggregation, denn buchstäblich über Nacht mag es dort einen plötzlichen Schwall von Zytoplasma aus den fressenden Filamenten in die entstehenden Köpfchen gegeben haben. Sie werden sich wie ein Ballon anfüllen, weil ihre Zellwände dehnbar sind, und das Ergebnis ist die Erscheinung eines großen Hutpilzes (Bild 13). Mit anderen Worten, Pilze schießen nicht über Nacht aus dem Bo-

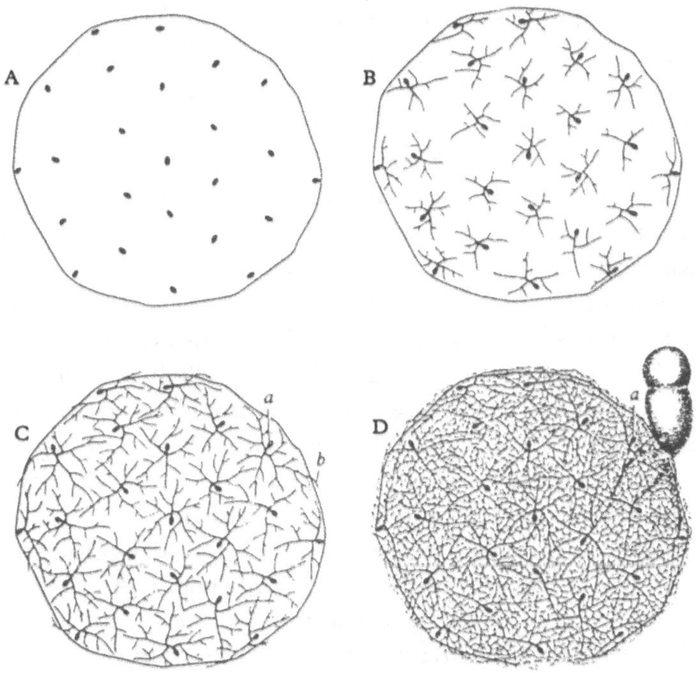

Bild 13: Die Entwicklung des kleinen Pilzes *Coprinus*. Die Sporen keimen (A), und, während die Filamente die Nährstoffe aus dem Agar aufnehmen, wachsen sie und vernetzen sich miteinander (B, C). Zuletzt fließt das ganze Zytoplasma und die Zellkerne in dem Netzwerk der verbundenen Filamente zusammen in eine kleine Knospe, um dort einen Pilzkörper zu bilden. (Aus A. R. H. Buller, *Researches on Fungi*, Longmans, Green, 1909.)

den, wie allgemein angenommen. Sie haben ihr Wachstum schon lange Zeit vorher begonnen, und ihre Erscheinung und rasche Vergrößerung ist das Ergebnis einer Aggregation von Zytoplasma mit Kernen darin, welches in sie einfließt.

Weil die Nährfilamente kreisförmig in der Erde wachsen und weil die Pilzköpfe am äußeren Rand erscheinen, zeigen sie oft einen perfekten Ring, ein häufiger Anblick. Er ist bekannt als „Feenring", weil man glaubt, daß die Feen auf den Pilzen in der Runde sitzen und sich unterhalten. Das ist zweifelsfrei richtig, allein der wissenschaftliche Beweis steht noch aus.

Dasselbe Muster wird nicht nur bei großen Pilzen, welche eine riesige Menge Sporen für die nächste Generation bilden, gefunden, sondern auch bei den einfachsten, bei denen nur ein einziges Filament in die Luft hineinragt und bei denen eine relativ geringe Anzahl von Sporen um die Nuklei, die sich in dieser aufsteigenden Spitze der einfachen Chitinröhre befinden, gebildet werden. Zwischen diesen zwei Extremen in der Menge des aggregierenden Zytoplasmas existieren viele Formen, so daß sie eine aufsteigende Reihe bilden wie die Orgelpfeifen.

So viel zu meinem Kurzprogramm über die Welt der unterentwickelten Organismen. Ich habe die Hoffnung, meine Leser davon überzeugt zu haben, daß es eine außergewöhnlich große Bandbreite an erfolgreichen, voneinander unabhängigen Methoden gibt, auf welche Organismen größer durch Vielzelligkeit geworden sind. Wir müssen uns jetzt der wichtigen Frage zuwenden, warum dies so ist und welche Vorteile damit in der natürlichen Selektion gewonnen werden.

Ich habe bereits darauf hingewiesen, daß es viele mechanistisch verschiedene und deswegen unabhängige Erfindungen der Vielzelligkeit gibt, und deswegen muß es einen starken Selektionsdruck für die Vielzelligkeit geben. Gleichzeitig geht der Selektionsdruck für die kleineren Formen nicht verloren und sie existieren weiter. Das Argument besagt, daß Vielzelligkeit eine einfache Art für die Mikroorganismen darstellt, ihre Größe zu erweitern, und daß ein fortwährender und signifikanter Selektionsdruck für Größe besteht. Dies bringt die größeren Organismen in eine andere Größenwelt, und sie scheinen nicht, jedenfalls nicht in den meisten Fällen, die kleineren Vorläufer auszustechen. Eine neue, größere Welt ist durch diese Invasion in eine neue ökologische Nische kreiert worden, wodurch die Großen und die Kleinen koexistieren können.

Wenn auch nichts an diesen Gedanken falsch sein mag, sind sie doch zu allgemein, um vollends befriedigend zu sein. Man erwartet Antworten auf die nächsten Fragen – warum gibt es eine Selektion auf die Vergrößerung? Hier liegt die Antwort für jeden Weg in die Vielzelligkeit nicht immer gleich. Schließlich muß sie dem Reproduktionserfolg dienen. Wie wir sehen werden, läßt sich das auf zwei spezifische Vorteile zurückführen. Der erste ist, bei der Futtersuche erfolgreicher zu sein, was einen in die Lage versetzt, mehr Nachkommen zu produzieren. Der zweite ist, die Fähigkeit, Sporen oder Geschlechtszellen zu verteilen, zu erhöhen, so daß die Nachkommenschaft auf neuen nahrungsreicheren Plätzen landen kann und sich dort weitervermehrt. Wir werden erkennen, daß diese beiden Vorteile der Vergrößerung auf alle Beispiele, die ich für die Erfindung der Vielzelligkeit angeführt habe, anwendbar sind.

Vor gar nicht langer Zeit, als ich zum ersten Mal das ganze Problem der Vielzelligkeit in Betracht zog und eine Vorlesung vorbereitete, erlitt ich einen peinlich naheliegenden Geistesblitz, einen, der wahrscheinlich auch schon den Leser ereilt hat. Alle Organismen, die durch Wachstum vielzellig wurden, deren Zellen als Ergebnis aufeinanderfolgender Teilungen zusammenbleibend eine vielzellige Kolonie bilden, leben im Wasser, während die Organismen, die durch Aggregation größer werden, Erdbewohner sind.

Wenn wir zunächst die im Wasser lebenden Formen, die durch Wachstum größer werden, in Betracht ziehen, fällt es schwer, sich Gründe, warum dies von Vorteil sein sollte, einfallen zu lassen. Heutzutage ist es ein Lieblingssport, Witze über Hypothesen, warum ein Tier oder eine Pflanze eine bestimmte Form oder, wie in diesem Fall, Größe erlangt hat, zu machen. Sie werden als „Genauso war's“ - Geschichten erzählt, will sagen, jede Hypothese über den Selektionsvorteil einer bestimmten Anpassung kann genauso wunderbar absurd sein wie Kiplings Erklärung für den Rüssel der Elefanten oder die üppige und lose Haut des Rhinozeros. Sie fallen alle in die Kategorie unbewiesener Phantasie. Es ist sogar möglich, daß einige Dinge einfach durch eine zufällige Mutation entstanden und daß sie in der Selektion passiv oder neutral sind und so erhalten geblieben sind, weil keine Selektion gegen sie stattfand. Dies könnte auch auf den Größenzuwachs zutreffen, und dieser Gedanke sollte immer als alternative Hypothese erwägt werden. Trotz der Einladung an die werten Kollegen zu ein bißchen Spott, scheint mir die Erfindung von „Genauso war's“-Geschichten weder eine gefährliche Beschäftigung, noch eine überflüssige. Die einzige Regel, die es zu beachten gilt, ist, deutlich zu machen, es handele sich um eine Hypothese; es kann keine Sicherheit geben, es sei denn, man hätte Beweise. Aber wo wären wir in der Biologie, wenn uns nicht erlaubt wäre, Hypothesen aufzustellen, und wenn wir uns durch den Ruf, wir hätten die Untat einer „Genauso war's"-Geschichte begangen, stören ließen?

Unglücklicherweise habe ich keine gute Hypothese, um zu erklären, warum Cyanobakterien größere Zellen als Bakterien haben und warum sie ausgedehnte Filamente bilden. Es wäre denkbar, daß ihre Größe etwas mit ihrer Fähigkeit, Photosynthese zu betreiben, insbesondere in schwierigen und harten Umgebungen, zu tun hat. Aber es fällt mir schwer zu raten, wo die Vorteile liegen.

Die nächste Schwierigkeit besteht darin, die Vorteile der Größe von *Hydrodictyon* zu erklären; vielleicht ist es sogar noch schwieriger, da sie nicht in unwirtlichen Gegenden lebt. Im Falle photosynthetisierender Organismen kommt es darauf an, die Sonne einzufangen, und alle Sorten verschiedener Formen sind gleich effizient, die Sonnenenergie aufzunehmen.

Vielleicht ist die Vergrößerung dieser Organismen ein Weg, das Gefressenwerden durch Organismen, die zwar leicht Bakterien und sogar kleine eukaryontische Zellen fressen können, aber nichts Größeres wie zum Beispiel vielzellige Filamente oder Wassernetze, zu vermeiden. Dies ist sicher eine vernünftige Überlegung. Es könnte sein, daß einige, aber nicht alle vielzelligen Filamente aus diesem Grund entstanden, andere mögen zufällig entstanden sein, ohne eine Selektion für oder gegen sie.

Volvox ernährt sich auch durch Photosynthese, aber sie hat eine weitere Eigenschaft, sie ist mobil. Dies bedeutet, daß sie nicht auf die Sonne warten muß, sie kann (und sie tut es) auf den sonnigen Punkt in einem Teich zuschwimmen. Aber es gibt viele einzellige, eukaryontische Organismen, die das gleiche tun. Der einzige Unterschied besteht darin, daß *Volvox* schneller schwimmen kann, weil es in etwa so ist, daß die Geschwindigkeit proportional zur Länge eines Organismus ist, und *Volvox* ist sicher viel länger als eine einzellige Form.

Es gibt keinen Beweis dafür, daß die Vergrößerung *Volvox* erlaubt, Verfolgern effektiver als kleinere Formen zu entkommen. Das könnte nur funktionieren, wenn sie einen Verfolger erkennen könnten, was höchst unwahrscheinlich erscheint. Graham Bell hat einen interessanten Vorschlag gemacht, daß jegliche Organismen mit einer Größe über einer bestimmten Grenze nicht von den vielen filtrierenden Organismen gefressen werden können, die sich von den kleinen Lebewesen in Süß- und Salzwasser ernähren. Diese wären die Venusmuscheln, Austern, Miesmuscheln und viele andere Invertebraten. Die Schwierigkeit mit dieser Idee liegt darin, daß wir die *ersten* Formen betrachten, die vielzellig wurden, und nicht die, die dies nach dem Erscheinen der großen vielzelligen Filtrierer taten. Wir müssen schließlich einsehen, daß die Gründe, die ursprünglich in der frühen Geschichte der Besiedlung der Erde zur Vielzelligkeit führten, schwer zu begreifen sind. Es bleibt sogar schwierig, eine überzeugende Hypothese aufzustellen.

Darüber hinaus muß noch ein weiterer Punkt bedacht werden, es gibt seßhafte Formen unter den Ciliaten und Diatomeen, wie wir gesehen haben. Wie erklären wir diese, wenn wir annehmen, Mobilität sei ein so großer Vorteil beim Suchen nach Licht und anderer Nahrung? Vielleicht leben sie an Orten, an denen es die beste Strategie der Futtersuche ist, es sich von der Strömung vorbeibringen zu lassen, anstelle hinter ihm herzueilen. Im Falle der Diatomeen, die photosynthetisch leben, ist der Vorteil der Seßhaftigkeit gegenüber dem freien und mobilen Leben ein Rätsel und bedarf weiterer Forschung über die relativen Vorteile in den verschiedenen Habitaten. Vielleicht können die Formen, die am Boden verankert sind, es vermeiden, in ungünstigere Gegenden gespült zu werden. Mit Sicherheit wissen wir nur, daß beide Formen heute existieren und auf ihre eigene Weise erfolgreiche Überlebende der Evolution durch natürliche Selektion sind.

Die Gründe dafür bleiben eine Herausforderung. Hypothesen für den Vorteil der Vergrößerung bei terrestrischen Organismen aufzustellen, ist einfacher. Fangen wir mit dem Fressen an; alle Formen, die ein vielkerniges Wachstumsstadium haben, die Myxomyceten und Pilze, können größere Brocken verdauen als einzelne Zellen. Dies ist möglich, weil sie Verdauungsenzyme in ihre unmittelbare Umgebung ausscheiden, welche große Nahrungspartikel in ihre Bestandteile zerlegen, insbesondere in Zucker und Aminosäuren, welche sie wiederum durch ihre Membrane aufnehmen. Weil sie vielkernig und groß sind, können sie hohe Dosen dieser externen Enzyme ausscheiden und große Nahrungspartikel verdauen, größere als eine Einzelzelle je bewältigen könnte. Dies ist die „Wolfsrudel"-Methode des Fressens genannt worden, um den Vorteil zu betonen, den die Größe und die Anzahl bei Erweiterung des Nahrungsangebots bieten. Dies liegt in klarem Gegensatz zu den zellulären Schleimpilzen, deren kleine, einzellige Amöben sich einzeln von verschluckten Bakterien ernähren. Für sie ist es nicht von Vorteil, in der Freßphase vielzellig zu sein, für sie ist es hilfreich, wenn sie Fruchtkörper ausbilden.

In den Beispielen für die Aggregation bei terrestrischen Organismen habe ich beschrieben, wie sie alle ohne Ausnahme eine Art Fruchtkörper produzieren, der zweifellos zu der effektiven Verbreitung der Sporen beiträgt, so daß sie entferntere Stellen mit ausreichender Nahrung besiedeln können. Dies generelle Prinzip ist nicht nur auf mikroskopisch kleine Fruchtkörper, sondern auch auf große Pilze und sogar auf höhere Pflanzen aller Größen anwendbar. Im letzteren Fall sind allerdings eher Samen als Sporen beteiligt; eine der wichtigen Funktionen der Gräser, Büsche und Bäume ist die Samenverteilung. Der Mechanismus der Verteilung beteiligt oft Tiere, die die Samen mit der Frucht schlucken und sie mit ihrem Kot verteilen, während sie herumziehen. Nichtsdestoweniger ist klar, daß die Höhe von Bäumen die Verteilung erleichtert, insbesondere wenn sie vom Wind unterstützt wird. Wer hat noch nicht bemerkt, daß die Zapfen von Koniferen in der Nähe der Spitze produziert werden, wodurch die größtmögliche Entfernung des fallenden Samens vom Baum erreicht wird und damit die beste Chance, ein neues Gebiet, in dem wieder Wachstum möglich ist, zu erreichen?

Es ist offensichtlich, daß ein Organismus, der an einen Punkt gebunden ist, Möglichkeiten haben muß, einige seiner Vermehrungszellen an andere Orte zu schicken, um sie zu besiedeln. Sein Vermehrungserfolg hängt von der Verteilung ab; ohne ein effektives System der Verteilung würde er aussterben, besonders wenn er in Konkurrenz steht mit anderen Formen, die erfolgreich mit ihren Sporen alle fruchtbaren Orte in der Nachbarschaft besetzen.

Aquatische Organismen müssen sich aus den gleichen Gründen verteilen, aber sie haben ein kleineres Problem damit. Erstens sind viele der einfachen, vielzelligen, aquatischen Formen mobil und können sich durch Schwimmen verteilen, wie *Volvox*. Sogar stationäre Formen, wie die koloniebildende Ciliate *Zoothamnion*, geben eine besondere Zelle ab, die, befreit von der elterlichen Kolonie, davonschwimmt, um eine neue Kolonie zu gründen. Zweitens wird die Verteilung in Flüssen, Ozeanen und Seen von der Strömung vorgenommen, die jede sich vermehrende Zelle über große Entfernungen hinweg trägt. Für diese Passagiere in der Strömung ist die eigene Mobilität nicht unbedingt nötig.

Terrestrische Mikrokolonien, mit ihren Gruppen von Sporen an der Spitze, verlassen sich auch in manchen Fällen auf Strömungen, aber auf Luftströmungen. Die Sporen vieler Pilze und Myxomyceten werden vom Wind verteilt. Einige Myxomyceten besitzen sogar ein spitzenähnliches Netzwerk zwischen den Sporen aus nichtlebendem Material, das sich beim Trocknen ausbreitet, welches die Sporen dem kleinsten Lufthauch zugänglicher macht. Bei anderen Arten, wie zum Beispiel bei den Schleimpilzen, sind die Sporen klebrig und kleben so an vorbeikommenden Insekten, die sie auf diese Weise forttragen. Wenn man die Pilze betrachtet, sind die Methoden zur Verteilung klug eingerichtet und auf wundervolle Weise verschieden. Zum Beispiel *Pilobolus,* welcher mit dem Brotschimmel verwandt ist, schießt seinen Bolus mit Sporen über eine beträchtliche Distanz. Er macht dies, indem er seine Sporen unter einer Kuppe hält, den Druck sich aufbauen läßt, so daß sie explosionsartig abgesprengt wird, wenn sie dem Druck nicht länger standhalten kann. Die Sporenmasse wird einige Zentimeter weit herausgeschleudert, und darüber hinaus ist sie so klebrig, daß sie an allem, was sie trifft, hängenbleibt. Ich könnte weitermachen mit unzähligen Beispielen (C.T. Ingold hat diesem Thema ein ganzes Buch gewidmet), aber ich möchte die „Vogelnestpilze“ als letztes erwähnen. Anstelle eines Stengels mit einer endständigen Sporenmasse haben diese Pilze winzige Tassen mit der Sporenmasse auf dem Grund, was für alle Welt wie ein winziges Vogelnest mit Eiern aussieht. Zunächst schien so ein Fruchtkörper unmöglich zu sein – er widersprach allen Regeln. Man entdeckte jedoch, daß diese Nester „Spritztassen“ sind. Wenn ein Regentropfen sie genau richtig trifft, werden die Sporen über einige Entfernung verspritzt. Abgesehen davon, daß diese Methode als ungewöhnliches Beispiel einer Verteilungsmethode dient, illustriert sie, daß der Regen wie der Wind generell als effektives Verteilungsmedium genutzt wird.

Die Tatsache, daß wir heute so viele verschiedene Verteilungsmechanismen bei einfachen terrestrischen Organismen finden und daß deren

Methoden so weit voneinander differieren, ist an sich bedeutsam. Wenn wir zurückschauen auf diesen Teil der Evolution, können wir zwei Schlüsse ziehen. Der eine besagt, daß es bei terrestrischen Formen einen außerordentlich starken Selektiondruck für eine effektive Verteilungsmethode gegeben hat; darüberhinaus war die Antwort aus diesen Druck extrem variabel, so daß es eine ganze Anzahl voneinander unabhängig konstruierter Mechanismen ergeben hat.

Erfolg in der Vermehrung heißt auch Futter finden und es auf effektive Weise fangen und verdauen. Dies gilt gleichermaßen für Tiere wie für photosynthetisierende Pflanzen. Passive Verteilung und aktive Bewegung sind die zwei Wege, Futter zu finden, wobei erstere charakteristisch für die terrestrischen, aggregierten Formen ist. Keine dieser frühen terrestrischen Formen sind photosynthetisch gewesen. Diesen Prozeß scheint man am besten im offenen Wasser, wo die Sonnenstrahlen leicht hindurchtreten, bewerkstelligen zu können. Aquatische Formen können sich aktiv oder passiv mit der Strömung verteilen, und eine Vergrößerung trägt nur unwesentlich zu einer effektiveren Verteilung bei. Eher hat ihre Vergrößerung durch Wachstum andere Vorteile oder es gibt keine Selektion für oder gegen sie, also hätte sie neutralen Charakter.

Eine bestimmte Aussage kann über die evolutionären Linien, die zu höheren Tieren und Pflanzen geführt haben, gemacht werden. Beide stammen eindeutig von Vorfahren ab, die vielzellig durch Wachstum wurden und deswegen einen aquatischen Ursprung hatten. Es muß eine strenge Begrenzung in der Größe geben, die durch Aggregation erreicht werden kann. Stellen Sie sich einen Elefanten vor, der durch Aggregation entsteht – eine absurde Idee. Aber durch Wachstum, durch die langsame, fortschreitende Zunahme der Zellen ist es möglich, all das unterstützende Gewebe wie Knorpel und Knochen zu produzieren, oder Holz im Falle der großen Bäume. Ein großer Hutpilz scheint in etwa die Größenobergrenze eines aggregierenden Organismus darzustellen, wobei die meisten viel kleiner bleiben. Deswegen wirft jedes Experiment zur Vielzelligkeit zwei Fragen auf: (1) nach dem Überleben der Urform und (2) nach seinem Potential, Nachkommenschaft zu produzieren, die über die langen Zeiträume der Evolution hinweg eine sehr große Größe erreichen kann.

Wie der Leser jetzt schon erkannt haben mag, habe ich eine unmäßige Vorliebe für großartige Ideen, mögen sie auch zunächst nur aus dem einfachen Lebenszyklus eines primitiven Schleimpilzes entsprungen sein. In meinen frühen Tagen als Assistent in Princeton, rief mich ein Freund an, um mir zu sagen, er habe Prof. Einstein von einem Schleimpilzfilm, den ich als Student gedreht hatte, erzählt, und ob ich gewillt sei, ihn ihm zu zeigen. Freudig erregt erschien ich mit Film und Projektor am verabredeten Treffpunkt. Wir hatten Schwierigkeiten, eine geeignete Leinwand zu finden, und nahmen am Ende eine Landkarte der Vereinigten Staaten, die wir umdrehten. Nach der Vorführung bat mich Prof. Einstein in sein Arbeitszimmer, um das, was wir gesehen hatten, zu besprechen. Wir wurden von dem gemeinsamen Freund, der dieses Treffen arrangiert hatte, und Miss Dukas, Prof. Einsteins Sekretärin, begleitet. Wir sprachen eine ganze Weile, und ich war besonders von der Tiefe seiner Fragen beeindruckt. Er wollte sofort die Antworten auf all die Fragen, die mich mein Leben lang verfolgt haben: Wie wird der Lebenszyklus kontrolliert, so daß er in jeder Generation gleich ist? Warum existiert ein Organismus wie dieser überhaupt? Wo paßt er hinein zwischen andere Tiere und Pflanzen? Ich wünschte, mir wäre ein weiteres Treffen mit ihm vergönnt; ich hatte inzwischen soviel mehr Zeit, über diese Fragen nachzudenken.

Prof. Einstein war zu mir Anfänger außerordentlich freundlich, und er schien keine Schwierigkeit zu haben, mich zu verstehen. Gelegentlich machte er eine Pause, um nachzudenken, während die anderen, die dachten, er habe nicht verstanden, ihm auf Deutsch erklärten, was ich gesagt hatte. Jedesmal funkelte er sie an und bat sie, nicht zu unterbrechen: Selbstverständlich verstehe er mich! Nach dem Gespräch waren wir aufgestanden und ich erzählte ihm, daß ich den Philosophen Alfred North Whitehead kenne und ihn einmal gefragt hatte, ob er je Einstein getroffen habe. Whitehead hatte geantwortet, er habe, unter höchst peinlichen Umständen. Lord Haldane, ein sehr tatkräftiger Mann, hatte beide zum Abendessen eingeladen. Nach dem Essen habe er sie in seine Bibliothek geführt und sie dort mit den Worten, sie hätten sich sicher viel zu sagen, allein gelassen. „Wir beide, Prof. Einstein und ich, sind scheu, und es war eine gräßliche Zeit, keiner von uns wußte ein Wort zu sagen." Ich fragte Prof. Einstein, ob seine Erinnerung an dieses Treffen dem gleiche. Er schenkte mir ein Lächeln und bestätigte, dies sei in der Tat ein quälender Abend gewesen. „Verstehen Sie." sagte er, „Ich konnte nie irgend etwas, was Whitehead geschrieben hat, verstehen, über was hätte ich also reden sollen?"

Indem wir die frühen Versuche der Vielzelligkeit betrachten, schauen wir auf die frühen vielfältigen Wege, den Lebenszyklus einer Einzelzelle zu organisieren. Den Teil jedes Zyklus, in dem der vielzellige Status erreicht wird, nennen wir Entwicklung. Es ist die Aufbauphase, die Periode der Vergrößerung, und wir wollen die Mechanismen dieser Entwicklung verstehen. Heute ist dies eine der zentralen Fragen der Biologie. Bei primitiven, koloniebildenden Organismen sehen wir nicht nur den Ursprung der Vielzelligkeit, sondern auch den Ursprung der Entwicklung.

4
Wachsen durch Entwicklung

Ich möchte in diesem Buch die verschiedenen Phasen des Lebenskreises einzeln diskutieren. In diesem Kapitel werde ich mich auf die Periode der Vergrößerung in jedwedem Zyklus konzentrieren, mit anderen Worten auf die Periode der Entwicklung. In dem darauffolgenden Kapitel werde ich beleuchten, wie sich diese Periode der Vergrößerung verändern kann und allmählich länger (oder kürzer) im Verlauf der Evolution wird; es wird eine Betrachtung darüber sein, wie die Periode der Entwicklung sich über einen langen Zeitraum hinweg während vieler aufeinanderfolgender Lebenszyklen evolviert. Schließlich möchte ich in den verbleibenden Kapiteln die Periode des Erwachsenseins betrachten, mit all den bemerkenswerten Dingen, die Erwachsene tun können, um in der Reproduktion erfolgreich zu sein.

Ich habe schon den Punkt hervorgehoben, daß Lebenszyklen generell ein Einzelzellstadium besitzen, welches eine Voraussetzung für die Sexualität ist, und daß Organismen durch die Vergrößerung der Erwachsenen, die die Eier und Spermien tragen, Konkurrenz vermeiden, oder besser, mit niedrigeren Formen koexistieren können; sie erheben sich über ihre Konkurrenten. (Dies ist eine vereinfachte Betrachtung, denn sogar die größten Pflanzen und Tiere können durch kleinste Parasiten oder Schädlinge zu Fall gebracht werden.) Die Periode der Entwicklung aus dem Einzelzellstadium variiert in Abhängigkeit von der Größe des Tieres oder der Pflanze. Die ersten vielzelligen Varianten, die wir im vorherigen Kapitel über den Ursprung der Vielzelligkeit gesehen haben, sind größtenteils klein, und die Entwicklung ist dementsprechend einfach und schnell. Wenn wir aber die ganze Vielzahl der Organismen aller Größen betrachten, entdecken wir nicht nur längere und mühseligere Perioden der Entwicklung, sondern auch die Vielzahl ihrer Mechanismen. Es ist nicht verwunderlich, daß eine Pflanze mit ihren steifen Zellwänden sich anders entwickelt als ein Tier, dessen Zellen nur von einer Membran umgeben sind und welches in der Lage ist, sich herumzubewegen.

Es sind drei grundlegende, konstruktive Prozesse, die stattfinden, wenn sich ein Ei in einen Erwachsenen verwandelt. Einer davon ist Wachstum – Zellteilung (wie wir gesehen haben, ist es in einigen Fällen nur eine Kernteilung, die einhergeht mit der Vergrößerung des dazugehörenden gemeinsamen Zytoplasmas). Wachstum beinhaltet die Synthese neuen Zellmaterials, wobei Energie benötigt wird. Zunächst kann diese aus dem Eiweiß im tierischen Ei oder aus den Nährstoffvorräten im pflanzlichen Samen gezogen werden. Haben die tierischen Embryonen erst einmal eine bestimmte Größe erreicht und ein Verdauungssystem entwickelt, können sie selbst Energie aufnehmen, um die Periode der Vergrößerung zu vollenden. Der gleiche Moment ist bei Pflanzen erreicht, wenn die ersten Blätter, die Photosynthese betreiben können, erscheinen. Danach werden alle Nährstoffe für die Aktivitäten und den Erhalt des Erwachsenen gebraucht, was der Grund für unseren täglichen Nahrungsbedarf ist.

Bei Tieren gibt es neben dem Wachstum einen weiteren konstruktiven Prozeß: die Bewegung von Zellen aus einem Teil des Embryos in einen anderen. Diese sogenannte morphogenetische Bewegung spielt eine entscheidende Rolle bei der Formung des Tierembryos, genauso wie bei Schleimpilzen, wo die Aggregation die Zellen zu einer „Schnecke" formiert, diese dann eine Bewegung ausführt, die schließlich den Fruchtkörper formt.

Der dritte konstruktive Prozeß ist die Differenzierung, die ich bereits erwähnt habe. In ihr werden die Zellen zu einer Arbeitsteilung spezialisiert. Sie ist ein wichtiger Vorgang in der Entwicklung und eines der interessantesten Probleme in der Entwicklungsbiologie. Was entscheidet darüber, daß eine bestimmte Zelle eine Muskelzelle oder Leberzelle wird, eine Blüten- oder Blattzelle, eine Stengelzelle oder eine Spore? Dieser Frage werden wir uns genauer zuwenden.

Ich werde meine Betrachtung in zwei Teile teilen. Zunächst möchte ich mich den Ergebnissen der „alten" Embryologie zuwenden; mit ihren Informationen bin ich aufgewachsen. Dann werde ich weitergehen zu der „neuen" Entwicklungsbiologie. Ich werde nicht einfach alles Alte hinauswerfen und am Neuen festhalten, weil das Neue gänzlich auf dem Alten aufbaut. Die alte Entwicklungsbiologie bestand hauptsächlich aus Beobachtungen und klugen Experimenten. Auf diese Weise waren die wichtigen Fragen und Probleme offengelegt worden. Die neue Embryologie versucht, die molekularen Grundlagen dieser alten Fragen zu verstehen, wobei sie eine Vielzahl neuer Techniken nutzt. Sie brachte uns ein großes Stück voran, mit allen möglichen Reichtümern am Horizont, aber sie ist der Überbau, der auf den alten Arbeiten vom Ende des letzten und Anfang dieses Jahrhunderts aufbaut. Selbst heute noch setzen einige lieber die biologischen als die molekularbiologischen Experimente zur Untersuchung der Entwicklung fort. Weil ich einer von ihnen bin, glaube ich fest daran, daß diese Experimente in Verbindung mit den neuen, aufschlußreichen molekularen Methoden weitergeführt werden sollten. Die alten Methoden erfüllen die wichtige Funktion, die Fragestellung zu definieren, und sie spielen eine Schlüsselrolle bei der Interpretation der Ergebnisse der molekularbiologischen Experimente. Tatsächlich zeigen neuere Studien, daß sich kein sehr breiter Graben zwischen ihnen auftut, und nur mit Hilfe beider können wir erwarten, einen bedeutenden Fortschritt zu erlangen.

Ich werde nicht zu den ganz frühen Tagen der Embryologie zurückgehen, zurück zu Aristoteles und all den alten Streitigkeiten, mögen sie noch so faszinierend sein. Ich erinnere mich an eine Doktorprüfung, in der der Kandidat gefragt worden war, was die frühesten Theorien zur Übertragung der Nervenimpulse gewesen seien, worauf jener das zur Diskussion brachte, was Galen, der griechische Gelehrte in Medizin, zu diesem Thema zu sagen hatte. Darauf folgte ein erstauntes Schweigen, denn die Frage war sicher korrekt beantwortet, bis der Prüfer unruhig wurde und sagte: „Ich meinte nicht ganz so früh – könnten Sie im 19. Jahrhundert anfangen?“ Hier will ich das beherzigen und im späten 19. Jahrhundert anfangen.

Zu jener Zeit gab es eine große Ansammlung von Beschreibungen der Entwicklung vieler verschiedener Tier- und Pflanzenarten, und man war sich der Vielfalt der verschiedenen Konstruktionspläne bewußt. Diese Varietät ist nicht verwunderlich für den, der die Form eines Baumes, eines Frosches, eines Insekts und all der anderen verschieden geformten

Invertebraten und niedrigen Pflanzen miteinander vergleicht. Wie könnte es keine riesigen Unterschiede geben in der Art, wie sie sich aus einer einzigen Zelle aufgebaut haben? Das Aufregende begann mit der Durchführung von Experimenten. Auf beiden Seiten des Atlantiks waren zwei voneinander unabhängige Befunde gemacht worden, die sich zu widersprechen schienen. In Amerika begann Dr. Conklin, der seine Doktorarbeit bei Professor Brooks an der John Hopkins Universität anfing, sich für die Entwicklung einer Molluske, die im Ozean bei Woods Hole in Massachusetts vorkam, zu interessieren. Man konnte die Zellen während der ersten Teilungen leicht beobachten, und er konnte zeigen, daß jede Zelle ausgelegt war, zu einem bestimmten Teil der Larve zu werden. Der ganze Plan der Entwicklung war von Anfang an vorbestimmt. Später konnte er zeigen, daß der Larve, wenn er eine bestimmte Zelle entfernt hatte, einfach diese Zellen oder das Gewebe, zu der sie gehört hatte, fehlten.

Er pflegte uns von seiner großen Aufregung über diese Entdeckung zu erzählen und von seiner noch größeren Aufregung, als er einen Sonntag mit E.B. Wilson verbrachte, der zur gleichen Zeit über die Entwicklung eines Ringelwurms arbeitete. Wilson wurde später Amerikas – vielleicht sogar der Welt – berühmtester Zellbiologe. Er war viele Jahre lang Professor an der Columbia Universität, und sein Vermächtnis ist das Buch *The Cell in Development and Heredity*, welches auch heute noch mit Gewinn gelesen wird. Als er und Conklin sich trafen, waren sie wie vom Donner gerührt, als sie entdeckten, daß sich die beiden Arten, obwohl nur ganz entfernt miteinander verwandt, auf die gleiche Weise entwickelten, welche „Mosaik"-Entwicklung genannt wurde. Das Schicksal der Zellen war durch einen Satz von Regeln festgelegt, wie die Gebote von Moses, aber im Gegensatz zu diesen Geboten, schienen jene genau bis in jedes Detail hinein befolgt zu werden.

Professor Conklin pflegte noch eine weitere Geschichte in Zusammenhang mit seiner Arbeit zu erzählen. Als er schließlich seine Entdeckungen zu einer Doktorarbeit zusammengeschrieben hatte – übrigens ein Meilenstein in der Geschichte der Embryologie – las sie Professor Brooks, sein Mentor an der John Hopkins Universität, und war wenig begeistert. Er gab sie einige Tage später an Conklin zurück mit den Worten: „Nun denn, Conklin, da diese Universität schon Doktortitel für das Zählen von Worten antiker Sprachen vergeben hat, habe ich beschlossen, kann sie ebensogut einen Titel für das Zählen von Zellen vergeben."

Der andere Spieler in dieser Geschichte war der vielschichtige und einfallsreiche Embryologe Hans Driesch in Deutschland. Er fand heraus, daß er Hydren (sie sind mit den Seeanemonen verwandt) zerschneiden konnte, und jeder Teil regenerierte sich zu einem perfekt proportionierten, neuen Individuum. Noch aufregender waren seine Experimente mit Embryonen des Seeigels. Wenn er sie in einem frühen Stadium in der Mitte durchschnitt, erhielt er zwei kleine, aber genau geformte Embryos, komplett bis in alle Einzelheiten. Diese sogenannte regulative Entwicklung scheint genau der Gegensatz zu dem zu sein, was Conklin und Wilson bei Mosaikembryos, wo zwei halbe Embryos das Ergebnis eines solchen Schnittes gewesen wären, gefunden haben. Die menschliche Natur findet in diesen Geschichten immer wieder einen interessanten Niederschlag. Driesch war so beindruckt von dem, was, wie er fühlte, eine übernatürliche Kraft in seinen Embryos sein mußte, wodurch sie die fehlende Hälfte restaurieren konnten, daß er eine mögliche Erklärung der Regulation auf materielle oder mechanische Weise ausschloß. Er kam zu der Überzeugung, daß es eine Art vitale Kraft, einen Geist in dem Embryo geben muß, der den amputierten Teil wiederherstellt – wie sonst hätte er ein solches Wunder erklären können? Als ich einmal einen Sommer in Conklins Labor arbeitete, fragte ich ihn nach Hans Driesch und dessen Arbeit, und es wurde deutlich, daß ihre Persönlichkeiten nicht besser zusammenpaßten als ihre Entdeckungen.

Es dauerte nicht lange, bis die Embryologen sich mit diesen offensichtlich verschiedenartigen Entwicklungen aussöhnten und die Frage auftauchte, was denn der fundamentale Unterschied zwischen ihnen sei – wie konnte jede erklärt werden? Driesch gab eine Erklärung, ein Diktum, daß das Schicksal einer Zelle eine Funktion ihrer Position im ganzen ist. Deshalb wird eine Zelle, die sich an der Außenseite eines Embryos befindet, automatisch zu einer Epidermiszelle. Dies war seine Annahme dafür, wie jeder halbe Embryo sich in einen kleinen, intakten Embryo rekonstituieren konnte: Die Zellen auf der durchgeschnittenen Seite waren plötzlich an der Außenseite, und als Folge davon differenzierten sie sich zu Epidermiszellen. Diese Erklärung, mit ihrem Diktum, beeinflußte den Fortgang der Embryologie im 20. Jahrhundert stark.

Drieschs Einfluß wird an der Geschichte von H.V. Wilson und seiner Rekonstitution von Schwämmen, sowie seinen Erklärungen dieses Vorgangs, verdeutlicht. In dem ersten Jahrzehnt dieses Jahrhunderts arbeitete Wilson in einer Meeresstation in Nord-Carolina, wo er aus irgendeinem Grund beschloß, einen kleinen Schwamm durch ein feines Seidentuch, das wie ein Sieb wirkte, zu drücken. Der Effekt war, daß alle Zellen des Schwammes voneinander getrennt wurden und einen Zellhaufen am Grund des Gefäßes bildeten. Zu seinem freudigen Erstaunen begann der Haufen sich nach ein paar Tagen zu reorganisieren, und nach sieben Tagen hatte er kleine wiederhergestellte Schwämme. Drieschs Einfluß war zu jener Zeit so groß, daß Wilson sein Experiment dahingehend interpretierte, daß das Trauma, durch das Tuch passiert worden zu sein, alle Zellen in den Embryonalzustand zurückversetzt hätten, und daß, als die getrennten Zellen zusammenkamen, diejenigen auf der Außenseite die Außenwand bildeten, während die auf der Innenseite zu begeißelten Zellen wurden, die die Strömung herbeifächeln, um mit ihr Nahrung zu erhalten.

Daß diese Interpretation nicht richtig war, konnte abschließend in den frühen zwanziger Jahren Julian Huxley zeigen. Huxley war der Enkel von T.H. Huxley und der Bruder von Aldous Huxley und ist bekannt für seine Arbeiten über die Evolution. Er arbeitete mit einer Art Schwamm, bei denen man die begeißelten Zellen rein isolieren konnte, frei von allen anderen Zelltypen. Falls Wilsons Interpretation richtig gewesen wäre, hätte seine Ansammlung von einem Zelltyp doch einen vollständigen, kleinen Schwamm ergeben, aber sie tat es nicht – sie blieb einfach eine Gruppe begeißelter Zellen. Es gab keine Umkehr der Differenzierung. Als Ergebnis folgerte Huxley, daß das Schicksal einer Zelle keine Folge ihrer Position sei, sondern umgekehrt, die Position eine Folge ihres Schicksals. Mit anderen Worten, in Wilsons Experiment änderten die Zellen ihre Differenzierung nicht, sondern die begeißelten Zellen wanderten zur Innenseite, und die ehemals abdeckenden Zellen wanderten auf die Außenseite in dem anfänglichen Häufchen vermischter Zellen. Diese Erklärung ist auch heute noch richtig, und diese Art der Sortierung von Zellen kommt nicht nur bei

Schwämmen vor, sondern grundsätzlich bei allen Tieren mit beweglichen embryonischen Zellen.

Die Erklärung hierfür lieferte mit wunderbarer Einsicht mein alter Freund und Kollege Malcolm Steinberg, der zeigen konnte, daß Zellen an ihrem eigenen und an anderen Zelltypen mit unterschiedlicher Kraft kleben und daß diese Unterschiede in der Stärke der Adhäsion die Muster des Sortierens der Zellen bestimmen. Wenn die begeißelten Zellen stärker aneinander kleben als an den äußeren Deckzellen und auch stärker als diese untereinander, dann kann man das Ergebnis genau vorhersagen: Die bedeckenden Zellen werden zur Außenseite wandern und die begeißelten an die Innenseite. Steinberg hat die meisten seiner Experimente an Zellen von Wirbeltierembryonen durchgeführt, wo er zeigte, daß die theoretischen Vorhersagen der Ergebnisse dieser rein physikalischen Kräfte eindeutig in sorgfältigen Experimenten bestätigt werden konnten. Heute isolieren und studieren zahlreiche Laboratorien die Moleküle an der Oberfläche der Zellen, die für diese unterschiedlichen Adhäsionskräfte verantwortlich sind; dabei stellen sie das ganze Thema auf eine solide, molekulare Basis.

Der Leser könnte aus dem, was ich bisher erzählt habe, schließen, daß Conklin recht und Driesch unrecht gehabt habe. Glücklicherweise ist es nicht so. Beide hatten recht, Mosaikentwicklung, Sortieren und regulative Entwicklung, *alles* findet statt, oft im selben Organismus. Betrachten wir zum Beispiel Conklins Seescheiden, die sich so schön im Mosaik entwickeln. Trotzdem besitzen einige Seescheiden, die sich auf diese Weise entwickeln, später im Leben eine außerordentliche Fähigkeit zur Regeneration. Bei den koloniebildenden Seescheiden, die durch eine wurzelartige Röhre aus Zellen miteinander verbunden sind, kann jeder Teil dieser Röhre einen vollkommen neuen erwachsenen Körper bilden, wenn ein Stück abgeschnitten wurde. In einem Lebenszyklus beginnen sie anfangs streng mit Mosaik- und enden mit regulativer Entwicklung. Bei allen vielzelligen Organismen gibt es eine erstaunliche Anzahl von Abweichungen.

Ich wurde in dieses Problem verwickelt, weil Schleimpilze auch eine Mischung von Mosaik- und regulativer Entwicklung zeigen. Ursprünglich nahmen wir an, daß sie sich, wie die Schwämme, strikt regulativ entwickelten. Kenneth Raper hatte in seinen ersten Arbeiten gezeigt, daß, wenn er eine wandernde „Schnecke“ in einzelne Teile schnitt, jedes Segment unter geeigneten Umständen normal proportionierte Fruchtkörper bildete. Wenn die abgeschnittene Portion vom vorderen Ende stammt, sind alle Zellen werdende Stengelzellen, und trotzdem verwandeln sich die Zellen am hinteren Ende dieses Segments deutlich zu Sporenzellen – es besteht eine erzwungene Umstellung zwischen den beiden Zelltypen, je nachdem von wo sie stammen.

Ende der fünfziger Jahre, als ich Waddingtons Abteilung für Genetik an der Universität in Edinburgh besuchte, machte ich, wie mir schien, eine überraschende Entdeckung. (Waddington war ein bekannter Embryologe, der viel dafür getan hatte, Entwicklung, Genetik und Evolution zusammenzubringen.) Ich benutzte mutierte Zellen als Markierung und fand heraus, daß die markierten Zellen sich nicht gleichmäßig in der „Schnecke“ verteilten, was ich erwartet hatte, da sie vor der Aggregation wie zufällig verteilt waren. Ich wiederholte die Experimente mit Zellen, die mit Vitalfarbstoffen markiert waren, und am Ende der Aggregation erhielt ich eine Mischung aller Zellen. Diese Beobachtungen wurden nicht nur von einigen anderen bestätigt, sondern um einige Erkenntnisse erweitert, so daß wir heute wissen, daß sich die Zellen schon vor der Aggregation entweder in Richtung auf die Sporenzelle oder zur Stengelzelle hin entwickeln. Darüberhinaus wissen wir einiges darüber, was diese Tendenzen festlegt. Die Zellen, die anfangen, Stengelproteine zu bilden, werden so aussortiert, daß sie am vorderen Ende der „Schnekke“ liegen, und solche, die Sporenproteine produzieren, werden hinten versammelt. Aber diese ersten Schritte in Richtung auf die Sporen oder Stengel sind reversibel, wie Rapers alte Schneideexperimente zeigen. Also liegt hier eine Mischung von „das Schicksal einer Zelle wird von ihrer Position bestimmt“ und dem Umgekehrten vor, und das alles in einem Organismus. Lassen Sie mich erwähnen, daß dieses schottische Labor einen bestimmten Vorteil für das Arbeiten mit Schleimpilzen bot. Die Raumtemperatur betrug um die 20° C , was ideal ist; aber die Zentralheizung wurde am Sonnabend mittags abgeschaltet und am frühen Montagmorgen wieder angestellt. Alle meine Schleimpilze blieben also am Samstagabend stehen und wurden nicht vor Montagmittag wieder munter. Jeder hatte ein freies Wochenende.

In der alten Embryologie steckt noch viel mehr, als ich hier einfließen ließ, aber ich muß der Versuchung widerstehen, mich über meine Lieblingsthemen zu verbreiten. Lassen Sie mich nur einen wichtigen Prozeß erwähnen, den der Induktion, durch den ein Teil des Embryos ein Signal an einen anderen sendet, der sich daraufhin in einer bestimmten Weise entwickelt. Dieser Prozeß ist zuerst von Hans Spemann in den zwanziger Jahren in Deutschland beschrieben worden, und die chemische Signalübertragung ist noch heute ein zentrales Thema der modernen Embryologie, wie wir sehen werden.

Der große Schritt in der „neuen" Entwicklungsbiologie liegt in der Verbindung von Entwicklung und Genetik. Es war immer Allgemeingut, daß Gene „agieren", und wenn sie das taten, waren sie verantwortlich für „Eigenschaften". Dies ist die Basis der klassischen Arbeiten Gregor Mendels im letzten Jahrhundert und ein Thema, das durch die Arbeit von Thomas Hunt Morgan und seinen Mitarbeitern an der Columbia Universität zwischen 1910 und 1930 seinen ersten Höhepunkt erlebte. Sie bewiesen, daß die Gene auf den Chromosomen linear angeordnet sind, und es wurde zum ersten Male deutlich, wie sie während der Meiose vermischt und rearrangiert werden konnten, so daß Eier und Spermien neue Genkombinationen erhalten konnten. Es war auch zum ersten Mal klargeworden, daß ein Gen mutieren konnte und dieses veränderte Gen eine neue Eigenschaft verursacht. Für diese Arbeit erhielt Morgan den Nobelpreis, und aus eigenem Entschluß teilte er das Geld mit den bemerkenswerten Wissenschaftlern, die er in seinem Labor versammelt hatte. Viele Jahre später, als ich ein Anfänger am College war und Morgan der große alte Mann in der Genetik, gab mir sein Neffe, ein Freund meiner Eltern, ein persönliches Einführungsschreiben. Damals verbrachte ich einen Sommer am Marine Biological Laboratory in Woods Hole, um an einigen Kursen teilzunehmen, und Morgan weilte ebenfalls dort. Ich sandte ihm den Brief, erhielt aber keine Antwort. Ich erkundigte mich daheim und meine Mutter versicherte mir, es sei gesellschaftlich korrekt, ihn trotzdem anzurufen. Dies tat ich mit einer Mischung aus Furcht und jugendlichem Elan, und ich wurde mit einem wunderbaren Abend bei der Familie Morgan belohnt. Sie spielten gerade Bridge, als ich ankam und ließen sich durch meine Anwesenheit nicht stören. Sie beendeten den Robber, weil, wie Morgan mir erklärte, er am Gewinnen sei. Die Helden der Kindheit zu treffen, stellt sich oftmals als eine Entzauberung heraus, aber nicht so in diesem Fall. Ich hatte viel mehr Schwung hinterher.

Der Aufstieg der Genetik in diesem Jahrhundert und die Geburt der Molekulargenetik ist, wie heute jedermann weiß, eine der größten Erfolgsgeschichten in der Wissenschaft. Weil ich noch jung war, als ich Morgan traf, wurde ich Zeuge des ganzen Dramas, welches sich in all den Jahren während meiner Laufbahn um mich herum entfaltete. Ich nahm nie daran teil, weil an mir nichts ist, was mich wie ein Genetiker denken läßt. Es erfordert eine besondere Art von Gehirn, so wie bei Mathematikern oder Musikern, und ich bin eher glücklos in diesen mentalen Übungen. Trotzdem dämmerte mir langsam die Bedeutung der erstaunlichen Fortschritte in der Genetik, und es ist jetzt offensichtlich, daß die Zukunft der Entwicklungsbiologie in den Händen der modernen Molekulargenetik liegt. Ich möchte kurz darstellen, welche Fortschritte das waren und wo ihre Bedeutung für die Entwicklungsbiologie jetzt und in Zukunft liegt.

Jeder hat schon von der DNS gehört und weiß ein paar Dinge über ihre Magie. Aus vielerlei Gründen wird sie öfter in Zeitungen erwähnt. Es existieren jetzt Wege, die Genstruktur von Organismen zu verändern, so daß zum Beispiel die Möglichkeit besteht, krankheitsresistente Nutzpflanzen zu entwickeln. Es ist auch möglich, wichtige biologische Substanzen zu produzieren, die auf andere Weise in der Menge nicht zu gewinnen wären, so wie ein Blutgerinnungsfaktor für diejenigen, die an der Bluterkrankheit leiden, oder ein Wachstumshormon zur Behandlung eines bestimmten Zwergwuchses. Kürzlich ist die Idee, DNS, die einzigartig für jedes Individuum ist, bei der Beweisführung gegen Kriminelle als „Fingerabdruck" zu benutzen, mit Interesse aufgenommen worden. Enorme Summen werden in die Erforschung der gesamten Genstruktur des Menschen gesteckt. Dies könnte zu einem besseren Verständnis der genetisch bedingten Krankheiten führen und zu möglichen Wegen, sie zu vermeiden. Ich will hier einige einfache Dinge über die DNS sagen und dabei die mannigfaltigen Details, die heute unser Wissen ausmachen, auslassen. Ich werde bei den wichtigen Prinzipien bleiben.

DNS ist aus vier Bausteinen (kleine Moleküle, Nukleotide genannt, oder einfacher Basen) aufgebaut, und diese sind zu einer langen Kette miteinander verbunden. Bei kleinen Organismen, wie Bakterien, bildet die DNS jeder Zelle einen Ring aus ungefähr zehn Millionen Nukleotiden; der Mensch besitzt in etwa eine Milliarde, eine ungeheuer große Anzahl. Im allgemeinen liegt die DNS nicht in einem einzelnen Strang vor, sondern in zwei Strängen, in denen die Nukleotide des einen Stranges die des anderen komplementieren. Die Basen werden so zu „Basenpaaren", wobei bestimmte Basen sich chemisch verbinden. Dieser Doppelstrang ist die berühmte Doppelhelix von James Watson und Francis Crick, die sie zuerst 1953 beschrieben haben, eine Arbeit, für die sie den Nobelpreis erhielten. Diese Entdeckung ist zum Teil deshalb so bekannt geworden, weil Watson die erstaunliche Geschichte seiner Forschung in dem Bestseller *The Double Helix* veröffentlichte. Dies war das erste Mal in der Geschichte der Wissenschaft, daß einer beides, die Fähigkeit und den Mut, besaß, über eine bedeutende Entdeckung mit der Offenheit und entwaffnenden Ehrlichkeit eines erstklassigen Schriftstellers zu schreiben. Vielleicht das Bemerkenswerteste ist, daß sein Selbstporträt, Hauptakteur des Buches, so wenig schmeichelhaft ist, daß es ihm einen Freibrief ausstellt, bissige Bemerkungen über alle anderen Beteiligten zu machen. Mir wurde von einem Freund, der den ersten Entwurf gelesen hatte, erzählt, daß die veröffentlichte Version, verglichen damit, Milde ausstrahle. Auch wenn Watson den Weg zur wissenschaftlichen Biographie gewiesen hat, hat sich kein Trend daraus entwickelt – nur wenige Wissenschaftler besitzen die innere Stärke zur Selbstentblößung.

Die Haupteigenschaft der Doppelhelix ist, daß ein Strang, wenn er von seinem Partner getrennt vorliegt, einen neuen komplementären Strang bilden kann. Freie Basen aus der Umgebung des offenen Stranges binden sich an eine komplementäre Base am Einzelstrang. Dieser Prozeß ist eine Replikation, das heißt, neue DNS kann als Kopie an Hand des alten DNS-Stranges als exakte, komplementäre Vorlage gebildet werden. Hier liegt der Schlüssel zur genetischen Vererbung, weil Gene Sektionen langer Stränge von DNS sind und diese mit großer Genauigkeit kopiert werden, wenn sie von einer sich teilenden Zelle zur nächsten weitergegeben werden oder von einer Generation zur nächsten, da DNS jedes Elternteils in dem Ei oder Sperma vorhanden ist.

Eine der wichtigsten Elemente in Darwins Theorie der Evolution durch natürliche Selektion ist, daß Organismen variieren und daß diese Variationen vererbt werden müssen. Die Frage, die wir uns jetzt stellen, lautet: Was bedeutet diese Variation auf der Ebene der DNS, da sie das Molekül ist, aus dem die Gene gemacht sind? Der einfachste Weg zu einem Wandel, einer Variation, kann durch den zufälligen Austausch eines Nukleotids beschritten werden. Diese Art von Fehler, oder Mutation, ist ein häufiges Ereignis.

Eine andere Art, Variationen zu produzieren, ist die Neuverteilung der DNS während der Meiose, die stattfindet, wenn Eier oder Spermien gebildet werden. Teil dieser Neuverteilung ist der Fähigkeit der DNS zu verdanken, auseinanderzubrechen und mit einiger Leichtigkeit an den gebrochenen Enden neu verkleben zu können. Mit dieser besonderen Fähigkeit beschäftigen sich einige der jüngeren Forschungen über die Variationen. Es ist zum Beispiel möglich, daß ein Stück DNS ganz herausfällt (und die beiden verbleibenden Enden verbinden sich), und solche Deletionen würden in der Regel eine sichtbare Mutation ergeben, obwohl die Wahrscheinlichkeit, daß ein essentielles Stück DNS verloren geht und der Organismus während der frühen Entwicklungsphase stirbt, beträchtlich ist. Es ist auch möglich, daß kleine Stücke DNS, Plasmide genannt, im Kern der Zelle frei werden und an anderer Stelle in die chromosomale DNS eingefügt oder hinzugefügt werden, wobei der Organismus ein neues Gen erhält, das seine Struktur oder Erscheinung verändert. Darüberhinaus gibt es Beweise dafür, daß diese kleinen, ringförmigen Fragmente von DNS von Zellen eines Organismus an die eines anderen weitergegeben werden können, indem sie die normale Meiose durch Weitergabe während der Befruchtung als selbständige Einheiten unterlaufen.

Noch bemerkenswerter sind Gene, die sich von einem Platz in der DNS zu einem anderen bewegen. Zuallererst wurde dieses Phänomen vor etlichen Jahren von Barbara McClintock in sehr eleganten, genetischen Experimenten am Mais demonstriert, aber es wurde nicht allgemein gewürdigt und verstanden; nicht bevor wir sahen, wie leicht DNS-

Stränge sich trennen und wiederverschmelzen können. Dies ist eine ungewöhnliche Geschichte, weil McClintock über lange Jahre unterschätzt wurde, abgesehen von ein paar Maisgenetikern, die ihre Arbeit bewunderten, sich aber doch über ihre seltsamen Ergebnisse und die Schlüsse, die sie zog, wunderten. Ein Grund für ihre Sonderstellung war, daß ihre Veröffentlichungen, außer für einige wenige Eingeweihte, außerordentlich schwierig zu verstehen waren; ein weiterer war ohne Zweifel die Tatsache, daß sie eine Frau war, in einer Zeit, in der ihnen in der Wissenschaft weit weniger zugehört wurde. Aber dann geschah ein Wunder. Die Molekulargenetiker entdeckten ein mobiles DNS-Stück, das von einem Teil des Genoms zu einem anderen wandern konnte, und plötzlich wurde McClintocks Arbeit geschätzt als das, was sie war: ein außergewöhnlich kluger, genetischer Beweis für etwas, das jetzt leicht mit molekularen Methoden nachgewiesen werden konnte. Sofort wurde sie zu einer weitsichtigen Prophetin, und zu Recht, hatte sie doch ein wichtiges Gebiet der Genetik vorhergesehen, Jahrzehnte bevor es zu voller Blüte gelangte. Das glückliche Ende war, daß sie für ihre Arbeiten, die sie in den 30er und 50er Jahren durchgeführt hatte, 1983 den Nobelpreis erhielt.

Es ist wichtig, daran zu erinnern, daß, trotz all dieser Beweise für die Mobilität und Umstellung der Gene, diese nicht nur eine Masse von chaotischen Prozessen sind, sondern oft sorgfältig kontrolliert werden. Wie alle Mutationen sind einige von ihnen zufällige Ereignisse. Ein Chaos bleibt aus, da die Mutationen in solch niedriger Frequenz erscheinen, daß solche, die sich als ungünstig erweisen, aussortiert werden, da die Organismen, die sie tragen, nicht überleben. In anderen Fällen gibt es Enzyme oder sogar DNS-Segmente, die den Grad der Mobilität und den Austausch der Gene regulieren. Diese Kontrolle fügt sich in das generelle Gesetz ein, daß, soll die natürliche Selektion den Wandel bestimmen, die Variation nicht zu groß und nicht zu klein sein darf – es muß ein Kompromiß gefunden werden.

Jetzt ist Zeit zu fragen: Was tun die Gene? Wie geben sie die Instruktionen, in jeder Generation einen neuen Organismus zu bilden, weiter? Chemisch gesehen, produziert die DNS zunächst RNS, die ihrerseits Proteine produziert. Francis Crick stellte ein zentrales Dogma auf, welches beinhaltete, daß die drei Schritte nur in der oben beschriebenen

Richtung vollzogen werden. Wir wissen heute, daß dieses Dogma auf bestimmte Viren (Retroviren) nicht zutrifft; einige von ihnen verursachen schwere Krankheiten, einschließlich einiger Krebsarten und AIDS. Sie geben als einfache RNS-Stränge die Vorlage zu einer DNS-Replikation. Diese neugeformte DNS organisiert den zukünftigen Erfolg des Virus auf Kosten des Wirtes.

DNS produziert die RNS direkt an den Chromosomen im Kern. Diese Replikation der Vorlage wird „Transkription" genannt. Der Prozeß ist möglich, weil DNS und RNS sich chemisch sehr ähnlich sind; sie differieren hauptsächlich in der Art des Zuckers, der mit den vier Basen verknüpft ist. Die gebildete „Boten"-RNS trennt sich von der elterlichen DNS und gesellt sich zu einem merkwürdigen, in sich verkneulten Molekül, Ribosom genannt. Dieser Komplex liegt in einem Meer von Aminosäuren und einer Anzahl kleiner RNS-Moleküle, die „Transfer"-RNS genannt werden. Es gibt für jede der zwanzig verschiedenen Aminosäuren eine eigene Transfer-RNS-Sorte, und sie verbinden sich nur mit ihrer spezifischen Aminosäure. Dieses Doppelmolekül bindet sich an den Ribosom-Boten-RNS-Komplex, und auf wunderbare Weise wird die transportierte Aminosäure in eine Proteinkette eingebaut, deren Sequenz zu dem Kode der Boten-RNS (welcher ursprünglich vom DNS-Kode des Gens abgelesen worden war) korrespondiert.

All das bringt uns zum genetischen Kode. Wie kann die DNS die Sequenz der Aminosäuren in einem Protein bestimmen? Proteine können aus zwanzig verschiedenen Aminosäuren bestehen, und diese können in beliebiger Reihenfolge in Ketten ganz unterschiedlicher Länge arrangiert sein. Das Ergebnis ist eine enorme Varianz in der Struktur dieser Proteine, eine wichtige Eigenschaft, die sie so unentbehrlich für den lebenden Organismus macht. Alle Lebensprozesse werden von einer großen Anzahl verschiedener Proteine gesteuert, und alle sind in der DNS festgelegt. Aber wie wird das bewerkstelligt, wenn die DNS aus nur vier Basen besteht, so wenig im Vergleich zu den Proteinen, die aus zwanzig Aminosäuren zusammengesetzt sind? Das Problem stellte sich buchstäblich so: wie war der Kode zu knacken? Es konnte nachgewiesen werden, daß eine Aminosäure immer durch eine Sequenz von drei Basen bestimmt wird. Um zum Beispiel die Aminosäure Alanin zu kodieren, werden in der Boten-RNS drei Basen in festgelegter Reihenfolge benötigt, Guanin, Cytosin, Uracil. Wenn diese an die Oberfläche gebracht werden, wenn die Boten-RNS an der ribosomalen RNS gehalten wird, wird ein Alanin-Molekül an die wachsende Kette der Aminosäuren gebunden. Auf diese Weise können die vier Basen der DNS (und RNS) in eine der zwanzig Aminosäuren „übersetzt" werden. Bemerkenswert ist, daß in dieser Übersetzung das Vokabular vervielfältigt worden ist – von vier Basen zu zwanzig Aminosäuren, was die enorme Vielfalt und den Reichtum an Abweichungen der Proteine unserer Körper erklärt.

Wenn wir jetzt diese wichtigen Informationen und die Werkzeuge, die uns damit gegeben wurden, auf die Entwicklung ansetzen, dann sehen wir, daß wir schnell die fundamentalen Fragen der alten Entwicklungsbiologie erreichen. Wir wissen, daß in bestimmten Zellen ein bestimmtes Gen in einem besonderen Moment sein Protein synthetisiert, und das Protein wird seine Rolle spielen, wird einen Schritt in der Entwicklung des Organismus unternehmen. Dies kann man deutlich sichtbar vorführen, wenn man ein Protein markiert und verfolgt, wo es in der Zelle oder im Embryo liegt. Darüberhinaus ist es möglich, die Sequenz der Nukleotide eines bestimmten Gens zu bestimmen sowie die Aminosäuresequenz des Proteins (da wir den Kode kennen). Durch die Kombination etlicher Methoden können wir nicht nur herausfinden, welche Zellen welche Proteine produzieren, sondern auch wie die Genprodukte einer Zelle die Aktivität von Genen der Nachbarzelle beeinflussen. Manchmal stimulieren diese Produkte die Nachbarzellen, in anderen Fällen inhibieren sie sie. Die Möglichkeiten, mit denen lokal begrenzte Genaktivitäten im Embryo andere Regionen beeinflussen, sind reichhaltig und variabel. Bei einigen Schritten in der Entwicklung gewisser Embryos wissen wir heute, wie die Gene induzieren – wie eine Zelle oder Gruppe von Zellen anderen signalisiert, einen bestimmten Weg einzuschlagen.

Die beiden Organismen, denen bei diesen Studien die meiste Aufmerksamkeit geschenkt worden ist, sind die Fruchtfliege *Drosophila* und ein in der Erde lebender Fadenwurm *Caenorhabditis.* Ihre Genetik ist heute bekannt und sehr gut verstanden. Es ist leicht, bei der Vielzahl der Mutanten, genetische Kreuzungen zu unternehmen, und durch die Analyse der Mutanten können die Gene, die dabei eine Rolle spielen, isoliert werden, sie können auf dem Chromosom lokalisiert und, wie bereits erwähnt, ihre Nukleotidstruktur aufgeklärt werden. Im Falle des Fadenwurms, der eine festgelegte Mosaikentwicklung zu haben schien, hat eine Untersuchung kürzlich ergeben, daß das Schicksal der Zellen im Endstadium der Differenzierung keineswegs festgelegt und vorherbestimmt ist, sondern größtenteils durch eine Kommunikation mit den unmittelbaren Nachbarn entschieden wird. Mit Hilfe von sehr feinen Laserstrahlen kann man eine bestimmte Zelle abtöten, und wenn dies geschehen ist, ändern die benachbarten Zellen oft ihre endgültige Differenzierung, so daß eine von ihnen ihren Platz einnehmen kann. Also, sogar eine Mosaikentwicklung erhält sich einen gewissen Grad an Regulation.

Auch die Fruchtfliege zeigt diese Art der Kommunikation zwischen sich entwickelnden Zellen, die sich gegenseitig berühren, so zum Beispiel bei der Ausbildung der Feinstrukturen ihrer Augen. Besondere Aufmerksamkeit wird der frühen Entwicklung der Embryos zuteil. Eine Reihe von Genen sind dafür bekannt, die Charakteristika des vorderen und hinteren Endes, des Rückens und des Bauches, und schließlich den ganzen Bauplan des segmentierten Körpers der Insekten zu etablieren. Diese frühen Gene besitzen zwei besonders interessante Eigenschaften. Die eine ist, daß viele von ihnen in den Eiern als mütterliche Boten-RNS vorhanden sind und expremiert werden. Anders gesagt, dem frühen Embryo wird von seiner Mutter gesagt, welche Schritte er zunächst tun soll, bevor er seine eigenen Proteine machen kann.

Die zweite interessante Eigenschaft steht in Beziehung zu der ersten. Die Botschaften liegen nicht überall im Embryo vor, sondern an einem Ende. Dies ist so, weil die Zellen des Eierstocks der Mutter, die die RNS-Botschaften an die zukünftige Nachkommenschaft abgeben, an einem Ende des wachsenden Eis liegen, und so liegen die mütterlichen Instruktionen in dieser asymmetrischen Verteilung vor. Der frühe Embryo besitzt keine Zellwände, sondern ist vielkernig wie das Plasmodium der Myxomyceten. In der Folge können die Proteine, die an einem Ende gemacht werden, frei durch das Innere des frühen Embryos diffundieren, was einen Konzentrationsgradienten des betreffenden Proteins aufbaut. Das bedeutet, daß die Kerne, und schließlich die Zellen des Embryos, von unterschiedlichen Konzentrationen des Signalproteins umgeben sind. Um die Sache noch komplizierter zu machen, kann es beträchtliche Interaktionen zwischen diesen Genprodukten geben, und zusammen planen sie eine perfekte Larve.

Ich bin mir bewußt, daß meine Leserinnen und Leser jetzt eine Verschnaufpause nötig haben. Wie Mark Twain habe ich zu viele Fakten ausgeschwitzt. Die Schwierigkeit besteht darin, daß, wenn ich irgendein Verständnis oder Gefühl für das, was die moderne Entwicklungsbiologie darstellt und ihre ungeheure Bedeutung für die Biologie allgemein, wecken möchte, ein gewisser Grad an Informationen unvermeindlich ist. Ich erinnere mich lebhaft an eine Vorlesung, die ich in meinem ersten Jahr als Dozent vor Anfängern und Fortgeschrittenen hielt. Ich versuchte verständlich zu machen, was mir in bezug auf die Beziehungen der einzelnen Pflanzenteile untereinander wichtig zu sein schien; insbesondere Goethes Vorstellung über die enge Beziehung zwischen Blättern und Blüten, was er Metamorphosen der Pflanzen nannte. In dieser sicherlich geistreichen Vorlesung zeigte ich auf, wie entscheidend der Einfluß der *Naturphilosophie* auf die Entwicklung des biologischen Denkens am Ende des achtzehnten Jahrhunderts gewesen war. Nach der Vorlesung kam ein Student auf mich zu, und ich hoffte bereits, ich hätte wenigstens eine Person überzeugt. Er fragte mich, wie lange es dauern würde, bis jemand, dessen Venen man durchschnitten hätte, stürbe. Ich widerstand der Versuchung, ein diesbezügliches Experiment an ihm durchzuführen, und löste mein Problem, indem ich diese Vorlesung nie wieder gehalten habe.

Viele Leute, mich eingeschlossen, waren schnell dabei, den Prozeß, mit dem Gene Proteine produzieren, als entscheidende, zentrale Komponente in der Entwicklung anzusehen, aber er ist nur ein Teil der Geschichte. Er allein könnte nicht für ein erwachsenes Tier oder eine Pflanze oder einen Schleimpilz verantwortlich sein. Sogar wenn wir unsere Aufmerksamkeit nur den Genen und ihren Produkten schenken würden, würden wir immer noch herausfinden müssen, wie sie ein gleichbleibendes Muster und einheitliche Proportionen von einer Generation zur nächsten aufrechterhalten. In einem vielzelligen Organismus hat jede

Zelle die gleichen Gene. Sie können nicht alle gleichzeitig in jeder Zelle auf die gleiche Weise angeschaltet sein – das würde weder Differenzierung noch ein Muster ergeben. Es muß irgendeinen Weg geben, regionale Unterschiede zu machen, so daß die Gene, die in einem Teil des Embryos expremiert werden, verschieden sind von denen in einem anderen Teil. Dabei müssen diese Unterschiede einer strengen Kontrolle unterliegen. Im Fall der Achse zwischen Vorder- und Hinterteil des Fruchtfliegeneies war die Polarität des Embryos durch die Mutter übermittelt worden, indem sie spezifische Boten-RNS an einem Ende des reifenden Eies im Eierstock hinterlassen hat. Das ist jedoch nur ein kleiner Teil der Anfangsinformation, und nicht alle Eier werden mit einer Polarität, von der Mutter hinterlassen, geboren.

Neben dem genetischen Bauplan oder Programm für die Entwicklung gibt es andere Faktoren, die eine ganz entscheidende Rolle spielen. Diese Faktoren sind zunächst physikalische Kräfte, die bestimmte Bedingungen schaffen, welche die morphogenetische Bewegung leiten und Muster bilden. Es gibt Leute, die soweit gehen würden, die Rolle der natürlichen Auslese der Gene zu verneinen; diese sogenannten Strukturalisten bestehen darauf, daß es bestimmte Bedingungen der Materie gebe, die sowohl Entwicklung als auch Evolution auf eine Weise regeln, die mir mysteriös und schleierhaft erscheint. Einige hegen den starken Wunsch, den Darwinismus zu zerschlagen, möglicherweise weil er das allgemein akzeptierte Dogma darstellt und alles, was ihn ersetzen sollte, irgendwie vage und unbefriedigend erscheint. Es war bislang nicht möglich, die strukturellen Kräfte, die Entwicklung und Evolution dirigieren sollen, nachzuweisen.

Es geht klar aus dem bis jetzt Geschriebenen hervor, daß die Entwicklung nicht nur aus der Synthese neuer Proteine besteht, sondern daß viele andere nachfolgende Prozesse eine große Rolle spielen. Dies habe ich bereits in früheren Schriften, wie viele andere, die an der Entwicklungsbiologie interessiert sind, betont. Lassen sie mich hier einige dieser Prozesse kurz beschreiben.

Die Proteine, die durch die Genaktivität gebildet worden sind, sind häufig Enzyme, die eine bestimmte chemische Reaktion kontrollieren oder katalysieren. Diese Reaktion produziert einen neuen Satz von Chemikalien – entweder große oder kleine Moleküle – die wiederum eine Rolle in der Entwicklung spielen können. Dieser zweite Satz an Molekülen können Signalmoleküle unterschiedlicher Art sein, wie Hormone oder embryonische Induktoren. Sie können eine weitere chemische Antwort stimulieren oder, wie in einigen Fällen, eine zweite oder dritte Reaktion, die abläuft, inhibieren. Während der Entwicklung finden komplizierte Netzwerke chemischer Reaktionen statt, die initiiert worden sind von den Genen und ihren ersten Produkten, die sich jedoch später von ihnen trennen und ein interagierendes, verzahntes Eigenleben führen werden. Die chemischen Reaktionen und Reaktionsketten, manchmal außerordentlich komplex, werden dann das Produkt der Eigenschaften dieser Substanzen sein. Die Struktur dieser Moleküle erlaubt die lange Folge chemischer Reaktionen, aber die ursprünglichen Instruktionen für diese Kette liegen bei den Genen.

Die Abfolge chemischer Reaktionen erklärt nicht allein die Muster sich entwickelnder Organismen; etwas mehr wird gebraucht. Eine Antwort auf diese Frage kam von den Mathematikern, die zeigen konnten, daß mit einer Kombination von chemischen Reaktionen und physikalischen Kräften, wie der Diffusion von Molekülen und den Fließeigenschaften von Flüssigkeiten, theoretisch alle Arten von Mustern produziert werden können. Ich weiß nicht genau, wie die mathematischen Modelle ihren Anfang nahmen. Ich kam in Kontakt mit ihnen durch die Bücher von N. Rashevsky in den 30er und 40er Jahren. Er wird heutzutage nie in der Literatur erwähnt, vielleicht weil seine formalen mathematischen Formulierungen so weit von den empirischen Beobachtungen entfernt zu sein scheinen, und ohne Zweifel war seine Forderung nach einer „mathematischen Biologie" eher extrem und unbescheiden. Ich habe ihn nie selbst getroffen, aber ich hörte, daß er eine schillernde Persönlichkeit war (mit einem langen roten Bart), der seine Vorlesung mit der Bemerkung anfing, die Physik sei ein furchtbares Durcheinander gewesen bevor Isaak Newton aufgeräumt hätte, und die Biologie hätte sich in einem ähnlich chaotischen Zustand befunden, bis er glücklicherweise vorbeigekommen sei. Vielleicht hat das gereicht, um Biologen ihm den Rücken zukehren zu lassen, aber vielleicht war er seiner Zeit voraus und die Welt seinen Ideen gegenüber noch nicht aufgeschlossen.

Die Person, die es fertigbrachte, den Reaktions-Diffusions-Ansatz in eine genießbare und akzeptable Form zu gießen, war Alan Turing in seiner bekannten und einflußreichen Schrift über biologische Muster, publiziert 1952. Turing war ein brillianter Mathematiker, der als junger Mann den Kode der Deutschen Armee im zweiten Weltkrieg geknackt hatte. Danach wurde er einer der Väter der Computer und ihrer künstlichen Intelligenz. Aufgrund seiner Veröffentlichung von 1952 wird er als eine zentrale Figur in der Biomathematik angesehen. Trotzdem war sein Leben voller Tragödien, und es wurde zum Thema einer Biographie und eines Bühnenstückes. Er war ein bekennender Homosexueller in einer Periode, als Homosexualität in Großbritannien noch illegal war und meistens verheimlicht wurde. Daraufhin wurde er verhaftet und gezwungen, sich einer Behandlung mit männlichen Hormonen zu unterziehen, die seine Gesundheit allmählich untergrub und ihn in sehr jungen Jahren in den Selbstmord trieb.

In seiner Veröffentlichung von 1952 schrieb er, wenn man Diffusionsgradienten der Schlüsselsubstanzen hätte, die wichtig für die Entwicklung wären (er nannte sie Morphogene), und wenn diese Substanzen auf verschiedene Weisen reagieren, nicht nur in ihrer Produktion und in ihrem Abbau, sondern auch in ihrer Fähigkeit, einige Entwicklungsprozesse zu beschleunigen oder zu verhindern, dann kann man mit diesen vernünftigen Bedingungen alle Arten von Mustern generieren, die tatsächlich bei lebendigen Organismen gefunden werden. Er konnte zum Beispiel zeigen, wie man Wellen von Morphogenen erzeugen kann, die für die Position der Tentakeln der Hydren um ihren Schlund herum verantwortlich sein können. Turings Initiative ist zu zwei führenden Ideen weiterentwickelt worden: Eine verfolgt die „Reaktions-Diffusions"-Idee, die andere beschäftigt sich mit den physikalischen Bedingungen und der Fließdynamik der Zellen. Tatsächlich ist die Mathematik beider sehr ähnlich, und ihre Ansätze haben uns erlaubt, neue Ideen zur Entwicklung zu entwickeln, so daß sie sich, obwohl rein hypothetisch, als sehr stimulierend und erfolgreich erwiesen haben. Es führte unter anderem zu einer intensiven Suche nach den Morphogenen bei sich entwickelnden Systemen. Das Problem besteht nun darin, daß mehr Morphogene gefunden wurden, als für die einfachsten mathematischen Modelle nötig gewesen wären; aber das war vorauszusehen, und es bedeutet, daß die Modelle und die Experimente zusammen verfeinert werden müssen. Wenn wir jetzt die Reaktion-Diffusion bei der Entwicklung als Folge der Geninformation betrachten, werden wir gezwungen, anzunehmen, die Schritte zwischen den unmittelbaren Genprodukten und den Mustern seien zahl- und die Wege dorthin dornenreich.

Eine andere Möglichkeit, wie Gene sekundäre Effekte von enormer Tragweite verursachen können, liegt darin, Proteine der Außenseite der Zellmembran zu produzieren, was die Adhäsion der Zellen betrifft. Dies wird vielleicht am besten bei höheren Pflanzen deutlich, deren Zellen von einer festen Zellulosewand umgeben sind, wobei während der Reifung der Zellen die Zellulosekiste der einen fest an der der Nachbarin klebt. Diese Eigenschaft erlaubt es Bäumen zu so enormer Höhe emporzuwachsen, den Winden und der Gravitation zum Trotz. Es sind nicht die Gene, die die Zellen in dieser starken Struktur zusammenhalten, sondern ihre Produkte, wie Zellulose und viele andere Polysaccharide und Proteine, verstärken die Wände und kleben sie wie Zement zusammen. Es gibt eine Reihe von Gen-induzierten chemischen Reaktionen, die den physikalischen Zustand der Zellen ausbilden. Zum Beispiel werden die älteren Teile der Pflanzen so hart, daß sie nicht mehr wachsen können, so daß Pflanzen in weicheren Wachstumszonen wachsen, wie den Spitzen der Wurzeln oder Triebe, oder dem zylinderförmigen Kambium, gerade innerhalb der Borke, welches verantwortlich für das Dickenwachstum des Baumes ist.

Wir haben schon gesehen, daß bei Tieren die Adhäsion zwischen den Zellen des Embryos eine bedeutende Rolle bei der Verteilung der Zellen während der Entwicklung spielt. Ich habe als ein Beispiel die Rekonstitution eines Schwammes, nachdem seine Zellen auseinandergetrennt worden waren, angeführt. Die externen bedeckenden Zellen wanderten zur Außenseite und die begeißelten Zellen zur Innenseite, was sie taten, weil ihre Zellen unterschiedlich adhäsive Kräfte auf der Oberfläche besaßen. Die endgültige Wiederherstellung war nicht als Vorlage in den Genen festgelegt, aber die Gene hatten die Zellen mit unterschiedlichen adhäsiven Eigenschaften ausgestattet. Wie Steinberg auf so elegante Weise demonstrierte, waren diese Unterschiede in den Adhäsionskräften der verschiedenen Zelltypen allein ausreichend, um das endgültige Muster wiederherzustellen. Wieder ist das Endergebnis in einiger Entfernung vom ursprünglichen Genprodukt zu finden, denn das endgültige Muster kann durch verschiedene Oberflächeneigenschaften der mobilen Zellen und durch die physikalischen Konsequenzen dieser Unterschiede, welche ursprünglich durch die Gene festgelegt wurden, erreicht werden.

Eine der überraschendsten neueren Befunde ist, daß elektrische Felder eine Rolle in der Entwicklung spielen können. Die Idee der Bioelektrizität ist alt, aber sie ist nie gut aufgenommen worden, weil sie mit Spinnereien verwoben war, wie zum Beispiel mit der Aussage, Elektrizität sei die Basis, wenn nicht das Geheimnis des Lebens, und allermöglicher anderer Unsinn. Es ist lange bekannt, daß Spannungsunterschiede zwischen den verschiedenen Teilen des Organismus bestehen, aber daß diese Unterschiede in den meisten Fällen nicht die Ursache, sondern das Ergebnis chemischer Reaktionen, die auf den beiden Seiten undurchlässiger Membranen stattfinden, sind.

Es war deshalb ein großer Schock, als Lionel Jaffe in den 60er Jahren unzweifelhaft nachwies, daß sich entwickelnde Organismen nicht nur Spannungsunterschiede zwischen den Teilen zeigten, sondern auch elektrischen Strom in einer Stärke generierten, die ausreichend war, einen positiven, auslösenden Beitrag zur Entwicklung zu leisten. Er zeigte dies an dem keimenden Ei des Seetangs, einer braunen Alge, die die Gezeitenzone unserer Küsten säumt. Seetang hat ein wunderschönes rundes Ei, dessen erstes Anzeichen von Entwicklung das seitliche Ausstülpen einer kleinen Wurzel, besser eines Rhizoids, ist. Es ist möglich, mit Licht zu beeinflussen, auf welcher Seite des Eis die Rhizoidanlage erscheint: Sie wird immer auf der dunklen Seite herauswachsen, der Seite, die vom Licht abgewandt liegt. Jaffe legte eine Anzahl Eier in eine kleine Glaskapillare und beleuchtete sie von einer Seite, so daß alle Rhizoide in der gleichen Richtung herauswuchsen. Er steckte eine Elektrode an jedes Ende der Röhre und, siehe da, konnte einen ständig steigenden Strom messen, der durch die gesamte Röhre floß, während die Rhizoide sich entwickelten. Wenn er den Strom durch die Anzahl der sich entwickelnden Eier teilte, konnte er die Stromstärke, die ein einzelnes Ei generiert hatte, ermitteln, was sich als ganz erheblich herausstellte. Es war genug, um für ein Phänomen in der Rhizoidspitze verantwortlich zu sein: eine zonale Auftrennung verschiedener Komponenten, insbesondere Proteine, die auftritt, wenn die Spitze sich entwickelt und wächst. Die Stromstärke eines Eis reicht aus, um Proteine und andere große, elektrisch geladene Moleküle auszusortieren (jedes Protein verhält sich im elektrischen Feld anders, abhängig von seiner Anzahl an geladenen Gruppen, die es an seinen außenliegenden Aminosäuren besitzt). Mit anderen Worten, der Strom ist ausreichend, um ein Muster im Rhizoid zu erzeugen.

In ein paar genialen Experimenten fand Jaffe heraus, wie der Strom generiert wird. Ein Fluß geladener Calciumionen fließt in die Rhizoidspitze, passiert sie und fließt an der anderen Seite des Eis wieder aus. Dies wird von Proteinen an der Oberfläche erreicht, welche die Calciumionen aktiv durch die Membran transportieren – von außen nach innen am Rhizoidende und umgekehrt an der gegenüberliegenden Seite.

In diesem Fall scheinen die Effekte auf die Entwicklung recht weit entfernt von der unmittelbaren Genaktivität zu liegen. Wieder sind die Schlüsselproteine direkte Genprodukte, hier zum Beispiel diejenigen, die die Calciumionen transportieren; der Strom jedoch, den sie generieren, ist ein Schritt darüberhinaus und das Ordnen der Rhizoidproteine in Zonen ein weiterer Schritt. Die Gene machen nicht die ganze Arbeit, aber sie schaffen die Bedingungen, unter denen eine Serie von Abläufen unweigerlich stattfinden wird.

Stuart Newman hat einen wichtigen Beitrag zu der Beziehung der Gene zu den verschiedenen physikalischen Kräften, die in der Entwicklung eine Rolle spielen, geleistet: Wenn die physikalischen Kräfte das Zepter übernehmen und fortwährend spezifische Entwicklungsschritte von einer Generation zur nächsten verursachen, können einige der Schritte Gene benötigen, die diese Schritte zusätzlich dirigieren. Sie sind nicht notwendig, aber sie scheinen sich unausweichlich einzustellen, ein bißchen wie bei meinem alten Chemielehrer in der Schule, der gleichzeitig Gürtel und Hosenträger zu tragen pflegte. Das bedeutet nicht, daß auf Gene, die die Musterbildung beeinflussen, notwendigerweise selektioniert wird. Sie können neutrale Mutationen sein, für die es keine Selektion gibt. Wenn sie neutrale Mutationen sind, schleichen sie sich ein, einfach weil keine Selektion gegen sie stattfindet. Newman schlägt vor, sie könnten einige Vorteile bieten, indem sie den Entwicklungsprozeß stabilisieren und dabei vor den Fluktuationen der Umwelt, welche leicht einige Wirkung auf rein physikalische Kräfte hätten, schützen.

Diesen Prozeß, daß Gene sich einmischen oder assimiliert werden, um etwas zu verstärken, was schon stattfindet, nennt man den Baldwin-Effekt. J. Mark Baldwin, der diese Idee entwickelte, als er Ende des letzten Jahrhunderts in Princeton lehrte, hatte keine Ahnung von Genetik (wie alle Welt seinerzeit), aber ihn interessierte die Idee, daß die Evolution bei Tieren durch Verhaltensweisen gesteuert wird und daß ein wiederholtes und durchgängiges Verhalten vererbbar würde. Dies ist im Grunde die gleiche Idee, die hier für die Entwicklungsprozesse vorgeschlagen wird. Wir werden später zu diesem Punkt zurückkehren, da ich glaube, daß es sich hier um ein wichtiges und allgemeines Prinzip der biologischen Evolution handelt.

Ein letztes Element in der Entwicklung verdient erwähnt zu werden: Gene produzieren nicht zu jeder Zeit Proteine, noch produzieren sie sie selektiv nur unter bestimmten Bedingungen. Der letztere extreme Faktor spielt eine Schlüsselrolle in der Entwicklung, aber es gibt noch ein weiteres Kontrollelement: der zeitliche Faktor. Es scheint eine Art innerer Uhr zu geben, die darüber entscheidet, wann bestimmte Gene expremiert werden.

Vielleicht der erste, der dies deutlich machte, war J.B.S. Haldane 1932 in einer bekannten Schrift. Haldane war ein einfallsreicher und brillanter britischer Biologe, der die Aussage machte, daß es eine Reihe von Genen gibt, deren Effekte zu verschiedenen Zeiten während der Entwicklung und später im Lebenszyklus in Erscheinung treten. Als junger Mann hielt ich einige Vorlesungen am University College in London, wo er Professor für Genetik war, und nach der ersten Lesung traf ich ihn im "gents". Ich kannte ihn kaum, aber während ich mir die Hände wusch, donnerte er mich an: „Bonner, wir reißen in diesem Lande keine Witze in Vorlesungen!" Ich versank beinahe im Ausguß und fand gerade noch die Kraft zu antworten: „Das waren keine Witze, ich war nur nervös." Das war der Anfang einer interessanten (und nie langweiligen) Freundschaft mit einem bemerkenswerten Mann, denn er hatte wunderbar originelle Ideen zu vielen Aspekten der Biologie.

Haldane machte klar, daß es Mutationen gibt, die in der frühen Entwicklung in Erscheinung treten und Defekte in der Furchung oder der Gastrulation verursachen. Diese Mutationen sind ohne Ausnahme lethal, und die Entwicklung kommt in einem frühen Stadium zum Stillstand. Viele Mutationen erscheinen erst in späteren Stadien der Entwicklung und sind lebensfähig. Bei Fruchtfliegen oder Menschen könnten sie solche Eigenschaften wie Augenfarbe, Haar- oder Bartfarbe, oder bei Fliegen die Zeichnungen in der Flügelstruktur betreffen; es gäbe unzählige weitere Beispiele. Bei Menschen gibt es Mutationen, die nur im Alter oder während der Reife zum Tragen kommen. Ich habe bereits das Beispiel dieser schrecklichen genetischen Krankheit, Chorea Huntington, erwähnt, die eine massive und lethale Degeneration des Nervensystems zur Folge hat und nur in einem Alter jenseits der vierzig ausbricht.

Wie wir schon gesehen haben, gehen einige Pflanzen und Tiere, wie die Eintagsfliege und der Pazifische Lachs soweit, einen programmierten Tod nach der Reproduktion zu sterben. Es gibt eine Pflanze im tropischen Regenwald von Panama, die viele Jahre zu einer stattlichen Größe heranwächst, ohne sich zu reproduzieren, und dann produziert sie in einer Saison eine riesige Menge Samen und stirbt selbst sofort danach, wobei sie Platz schafft, auf dem die Keimlinge wachsen können. In diesen Fällen scheint es einen genetisch festgelegten Tod zu geben.

Schließlich konnte Haldane nachweisen, daß einige Gene ihren Effekt erst in der nächsten Generation zeigen. Zunächst scheint das unmöglich zu sein, aber es gibt ein paar Mutationen, die während der Bildung der Eier im Weibchen auftreten und deshalb erst in der nächsten Generation zum Ausdruck kommen. Es gibt zum Beispiel bei Fruchtfliegen ein Gen, das wird „grandchildless" (Enkellos) genannt, es verursacht einen Wandel in den sich entwickelnden Eiern, die danach zu sterilen Individuen werden. Solch ein Gen wird sofort ausselektioniert, aber es gibt andere, die sind überlebensfähig und kommen in der Natur vor. Eines der bekanntesten Gene betrifft die Drehung in den Häusern von Teichschnecken. Sie können entweder rechts- oder linksherum gewunden sein, diese Eigenschaft ist genetisch festgelegt. Diese Ausprägung wird jedoch erst während der Formation der Eier festgelegt, so daß ein Individuum, das in seinen Eiern die Gene trägt, eine rechtsgewundene Spirale zu bilden, selber linksgewunden sein kann, weil die Gene sich nur in den

Eiern ausbilden, nicht jedoch in den Trägern derselben. Weil diese Gene nur das sich entwickelnde Ei beeinflussen, sieht man ihre Auswirkungen nicht vor der nächsten Generation.

Wenn wir uns einen Überblick über das, was wir über die Entwicklung wissen, verschaffen, erkennen wir, daß ihre Mechanik nur durch eine Kombination von Faktoren zu erklären ist. Es gibt die Gene, die die auslösenden Boten-RNS-Moleküle und -Proteine produzieren; sie bringen den ganzen Prozeß ins Rollen. Diesen ersten Schritten folgt ein riesiger Komplex von chemischen und physikalischen Ereignissen, die sich unausweichlich den Bedingungen, die die ersten Genprodukte geschaffen haben, unterordnen müssen. Und diese Geschehnisse folgen in einer Reihenfolge, welche durch die ursprünglichen Genprodukte bestimmt wird, um ihrerseits wieder Substanzen in Verbindung mit den physikalischen Gegebenheiten, die ins Spiel kommen (wie Diffusion, Adhäsion, elektrische Felder und Anderes, was die chemischen Substanzen zu Mustern ordnet), im darauffolgenden zu produzieren. Wenn diese Reaktionen und Kräfte Generation auf Generation gleichbleiben, werden Gene in das System eingeschaltet, die diese Prozesse fixieren und stabiler machen (der Baldwin-Effekt). Es gibt deutliche Anzeichen für Mechanismen einer inneren Uhr (und die sind sehr wahrscheinlich zahlreich und variiert), die dafür sorgt, daß dieser Komplex von Ereignissen zur rechten Zeit abläuft, so daß die Periode der entwicklungsbedingten Vergrößerung ordentlich vonstatten geht. Auf diese Weise wird ein einheitliches Muster in jeder der aufeinanderfolgenden Generationen erreicht.

Wie ich in den späteren Kapiteln zeigen werde, ist es möglich, eine noch größere Entfernung zwischen den ersten Geninformationen und dem Endergebnis zu finden. Dies ist deutlich bei Verhaltensweisen, insbesondere beim Lernen. Ein Tier mit Gehirn kann Dinge tun, die zunächst von den Genen, die während der Entwicklung aktiv waren, abhängig sind, aber nachdem sich das Gehirn entwickelt hat, gehen die Aktivitäten des Tieres weit über das hinaus, was man von der ursprünglichen Geninformation erwarten durfte. Aber bevor wir diese Materie untersuchen, möchte ich zeigen, daß der Teil des Lebenszyklus, den wir Entwicklung nennen, selbst evolvieren kann.

5
Wachsen während der Evolution

Die große Lehre, die aus dem Gedanken, daß Organismen Lebenskreise sind, zu ziehen ist, besagt, daß der ganze Lebenszyklus evolviert, nicht nur der erwachsene Organismus. Insbesondere wird die Aufbauperiode, die Entwicklung, durch die natürliche Selektion über die Zeit hinweg verändert. Es ist klar, daß die einzige Möglichkeit, die Eigenschaften des Erwachsenen zu verändern, darin besteht, seine Entwicklung zu ändern.

Lassen Sie mich ausführlicher untersuchen, wie die natürliche Selektion die Entwicklung beeinflußt. Ich habe schon deutlich gemacht, wie die Selektion auf das System der Vererbung wirkt, auf die Gene; sie sind letztlich das Objekt der Selektion, obwohl die Selektion sie nur über die Auswahl des Individuums, das die Gene trägt, erreicht. Wie können wir dann erklären, daß die Entwicklung nur partiell aus Gensignalen besteht und auf diesen Signalen ein Überbau von chemischen Reaktionen und physikalischen Kräften ruht, die die gesamte Entwicklung ausmachen? Die Antwort muß sein, daß diese sekundären Reaktionen und Prozesse Gene benötigen, um in die richtige Richtung in Gang gesetzt zu werden, und um von ihnen kontrolliert zu werden, während die Entwicklung fortschreitet. Mit anderen Worten, Gene fungieren als Kontrollelemente für die wichtigen chemischen und physikalischen Abläufe in der Entwicklung; wenn die Gene nicht das Sagen hätten, würde ein Chaos entstehen. Die Gene sorgen dafür, daß die Entwicklung eines Fadenwurms verschieden von der einer Fruchtfliege oder von der einer Eiche ist, und es sind die Gene, die darauf achten, daß die Entwicklung für jeden dieser Organismen gleichbleibend von einem Lebenszyklus zum nächsten abläuft.

Weil soviel mehr als nur die Expression der Gene zu der Entwicklung gehört, widersprechen einige Biologen der Aussage, die Entwicklung sei von einem genetischen Programm festgelegt. Das stört mich nicht, solange sie nur zugeben, daß diese Gene die Kontrollsignale vorgeben, wobei die Mehrheit der Prozesse in der Entwicklung nicht die unmittelbaren Genprodukte benötigt. Daß viele der Geschehnisse bei der Entwicklung, besonders bei großen, komplexen Organismen, sehr weit von dem ursprünglichen Signal entfernt ablaufen, heißt nicht, daß diese Signale nicht wichtig sind. Sie sind unentbehrlich; sie sind der Weg, auf dem alle Bedingungen für das, was folgt, festgelegt werden. Wäre dies anders, wäre der ganze Mechanismus der Evolution durch natürliche Selektion unmöglich. Die Gene sind der Architekt und der Polier, die den Bautrupp dirigieren; ohne sie gäbe es keine Aufsicht über die Konstruktion. Es ist wahr, einige Schritte der Konstruktion folgen automatisch aufeinander, aber wenn es kein geordnetes Programm gäbe, könnte das ernste Folgen haben – man könnte keine Betonsohle eingießen ohne die umgebende Schalung. Diejenigen, die nicht glauben, daß Entwicklung ein in den Genen festgelegtes Programm ist, betonen, es gäbe soviel mehr als nur Geninstruktionen in der Entwicklung. Wie wir gesehen haben, haben sie darin recht, aber es ist wichtig, sich nicht zu vergaloppieren: Beides, die Gene, das Baumaterial und dessen Beschaffenheit sind essentiell für die Entwicklung. Es würde keine Entwicklung, keinen Lebenszyklus, keine Evolution geben, wenn eine dieser Voraussetzungen fehlte.

Nichtsdestoweniger gibt es Fragen, insbesondere wenn man die Entwicklung eines großen, komplexen Organismus betrachtet. Wenn eines dieser Genprodukte viele sekundäre und tertiäre Effekte (und darüber hinaus) hat, kann es sehr schwierig werden, das Gen durch Mutation zu verändern, weil dieses Herumwerken an seiner Botschaft angelegt wäre, alle Reaktionen und Abläufe, die nun folgen, zu beeinträchtigen, und aus diesem Grund wäre es für jede Veränderung sehr schwierig, keine schädlichen Folgen zu verursachen. Es scheint so, daß Gene für die unterschiedlichen Aufgaben in der Entwicklung, so wie die Bildung der verschiedenen Organe bei Wirbeltieren, unabhängig von den Genen für andere Aufgaben agieren können. Auf diese Weise ist es möglich, einen Wandel in einem Teil oder Organ zu verursachen, ohne schwere Konsequenzen für den ganzen Organismus. Ich habe dieses System, Gene zu Einheiten zu isolieren, die sich unabhängig voneinander verhalten können, „Gennetze“ genannt.

Ein gutes Beispiel dafür, wie sich ein Gennetz ändern kann, ohne andere Gennetze zu beeinträchtigen, zeigen die zeitlichen Unterschiede, wann bestimmte Organe während der Entwicklung entstehen. Zum Beispiel reifen bei einigen Amphibien die Eierstöcke und Hoden in der Larve und nicht erst bei den Erwachsenen, so daß bei bestimmten Salamandern die sexuell ausgereiften Individuen noch die Kiemen der Larven besitzen. Die Entwicklung jedes Organs wird von einem anderen Gennetz kontrolliert, und als Ergebnis ist das zeitliche Auftauchen der Organe unabhängig voneinander. Solch ein zeitlicher Versatz wird „Heterochronie" genannt. In diesem Fall ist die zeitliche Steuerung der Gene, die die Bildung der Sexualdrüsen veranlassen, getrennt von der zeitlichen Steuerung der Metamorphose, also dem Übergang von den kiemen- (Wasseratmung) zu den lungentragenden (Luftatmung) Individuen.

Ohne die Trennung der Gengruppen zu Gennetzen wäre es schwierig, ein Tier oder eine Pflanze von einiger Komplexität zu bauen. Das gleiche kann von der Konstruktion eines Gebäudes gesagt werden. Der Polier kann entscheiden, ob der Elektriker sein elektrisches System einbaut, bevor oder nachdem der Klempner seine Leitungen gelegt hat. Die beiden Systeme können in jeder Reihenfolge eingebaut werden, ohne daß dem Gebäude ein Schaden droht. Auf der anderen Seite stößt das auf Grenzen, das Dach kann nicht vor dem Keller gebaut werden, genauso wie die Augen bei einem Wirbeltierembryo nicht angelegt werden können, bevor nicht die Hauptachse des Embryos festgelegt wurde. Gennetze haben ihre Grenze – nur einige Vorgänge in dem sich entwickelnden Embryo sind dissoziierbar und können einem Wandel in ihrem zeitlichen Erscheinen oder einer Heterochronie unterliegen. Dies ist etwas, was man von jedem Prozeß erwarten würde, der sich in einer Aufeinanderfolge entfaltet. Bei der Entwicklung sind alle Abfolgen, die durch die Expression von Genen in Gang gesetzt wurden und zu einer ganzen Kette von chemischen Reaktionen und Folgen physikalischer Veränderungen führen, dazu angelegt, eine beträchtliche Inflexibilität, im Hinblick auf Wandel, zu besitzen. Aber wo immer es möglich ist, durch Mutationen induzierte Veränderungen einzuflicken, ohne den sich entwickelnden Organismus zu schädigen, wird sich im Verlauf der Evolution solch ein

Wandel einstellen und durch ein System von Gennetzen weitgehend unterstützt. Aus diesem Grund werden die Gennetze von der natürlichen Selektion bevorzugt.

Eine der größten Sünden in der Evolutionsbiologie ist es, sich dem Fortschritt (oder der Höherentwicklung) in der Evolution zu verschreiben. Doch dies ist gerade die Sünde, die ich jetzt begehen möchte – nämlich zu behaupten, die Evolution würde zu einem Fortschritt führen. Lassen Sie mich beweisen, warum beide Seiten bei diesem Streit Recht haben.

Die Begründung, warum die Idee des Fortschritts unakzeptabel für die Theorie der Evolution ist, geht mindestens bis zu Aristoteles zurück. Seine alte Vorstellung, welche keine Ahnung von der Evolution hatte, besagte, daß alle Tiere und Pflanzen nicht gleichermaßen komplex sind, und daß an einem Ende der Skala die Pflanzen und niederes Gewürm stehen und am anderen Ende der Mensch. Diese sogenannte Skala der Natur war so ausgelegt, einen Fortschritt zur Perfektion, das bedeutete zum Menschen hin, zu verdeutlichen. Es braucht nicht betont zu werden, daß dieses Schema heute nicht mehr gilt, egal wie zufrieden wir mit uns selbst sein mögen.

Die modernere Form dieser Progression ist eine, in der die Evolution als gerichtet beschrieben wird. Wenn man Fossilien betrachtet, findet man deutliche Tendenzen, welche eine Zunahme in Größe und Komplexität belegen. Diese Fakten werden heute nicht bestritten, aber wir stimmen der früheren Interpretation nicht mehr zu. Im letzten Teil des vorigen Jahrhunderts hatten die Paläontologen, die die wichtigsten Evolutionsbiologen waren, viele dieser Tendenzen bei ihren Fossilien entdeckt. Es wurde angenommen, daß es eine Art von Kraft in der Natur gibt, die zur Evolution führt, eine Kraft, die den großartigen Namen „Orthogenese“ erhielt, um die gerade Linie einer vorwärtsgerichteten Evolution anzudeuten. Es gibt heute niemand mehr (vielmehr ich kenne niemanden), der die mystische Idee unterschreiben würde, die Evolution sei zielgerichtet. Diese Art von Fortschritt lehnen alle Biologen ab, das geht soweit, daß es dem Wort „Höherentwicklung“ einen schlechten Beigeschmack gegeben hat. Der Grund für diese Ablehnung ist sehr einfach. Die orthogenetischen Tendenzen können leicht durch die natürliche Selektion erklärt werden, warum sollte man also an einer Erklärung festhalten, die keine ist? Orthogenese nimmt einen inneren Antrieb, eine vitale Kraft an, die die Evolution in eine bestimmte Richtung drängt. Es gibt weder Beweise für solch eine Kraft, noch einen Versuch, sie zu finden. Sie ist reine Mystik, und aus diesem Grunde allein verdient sie die völlige Ablehnung, die sie heute erfährt. Kein Wunder, daß „Höherentwicklung" in der Evolution zu einem „Unwort" wurde.

Nun zur anderen Seite der Geschichte: Ich benutze das gleiche Argument wie bei der Evolution der Vielzelligkeit. Wenn man die Fossilien betrachtet, wird klar, daß die ersten Lebewesen auf der Erde eine Art einzelliger Bakterien waren. Von da an gab es eine ständige Zunahme in der Obergrenze der Größe und Komplexität der Organismen, so daß wir heute Gehölze von der Größe eines Mammutbaumes und Säugetiere von der Größe eines Blauwals haben. Wer will behaupten, diese Zunahme sei keine Höherentwicklung? Die Bakterien und all die mittelgroßen Organismen existieren auch heute noch, so daß es keinen fortschreitenden Ersatz des einen Größenniveaus durch das nächste gegeben hat. Eher war es einfach ein fortgesetztes Höherschrauben der oberen Grenze. Ich werde weitere Beweise, daß dies so ist, anführen und dann den Leser überzeugen, daß die Expansion der Größenobergrenze durch die natürliche Selektion entstanden ist. Es ist ein weiteres Beispiel für die außergewöhnliche Bedeutung von Darwins Ideen.

Ich kann mir einen kleinen Schlenker nicht verkneifen, er hat mit meiner andauernden Faszination von Charles Darwin zu tun, mit der ich im übrigen nicht allein dastehe. Kürzlich machte ich eine interessante Entdeckung. Ich las noch einmal Mrs. Gaskells *Wives and Daugthers*, wohl mein liebster viktorianischer Roman, und plötzlich dämmerte mir, daß Mrs. Gaskell Darwin zum Helden ihres Romans erwählt hatte. Der Held geht als junger Mann auf eine Reise zu fernen Orten und kehrt gereift, braungebrannt zurück, und plötzlich steht er im Mittelpunkt des Interesses der großen Naturforscher und Wissenschaftler jener Zeit. Sogar seine Persönlichkeit paßte zu meiner Vorstellung von der Sorte Mensch, die Darwin gewesen sein könnte. Ich besuchte unsere Englischabteilung und erntete ein mildes Interesse an meiner Hypothese, aber keiner wußte, ob dies jemals zur Zeit der Veröffentlichung des Buches oder später erwähnt worden war. Einige Zeit später erwähnte ich einer jungen Englischstipendiatin, die mit einem Biologen verheiratet war, gegenüber, daß ich ein Fan von Mrs. Gaskell sei. Sie fragte mich, ob ich wüßte, daß Mrs. Gaskell eine Kusine von Charles Darwin gewesen sei und sich die beiden Familien oft besucht hätten! Das hat mich völlig davon überzeugt, daß mein Held und der von Mrs. Gaskell ein und derselbe waren.

All die Jahre fand ich die Idee interessant, die Maximalgröße aller Organismen, die in einem bestimmten Zeitalter auf der Erde leben, steige kontinuierlich an. Mit freundlicher Hilfe einiger Paläontologen konnte ich eine Kurve aufzeichnen, die den Anstieg der Maximalgröße über die geologische Zeit zeigt (Bild 14). Die ältesten bekannten Fossilien sind bakterienähnliche Organismen, die in Gestein, 3,4 Milliarden Jahre alt, gefunden wurden, ein wenig über eine Milliarde Jahre jünger als die Zeit, in der das Leben selbst entstanden ist. Keine anderen Fossilien sind in diesen alten Steinen gefunden worden. Der nächste Schritt war die Ankunft größerer, vielzelliger Cyanobakterien, die wir schon kennengelernt haben, weil sie zu den Pionieren der Vielzelligkeit auf dem Weg zur Vergrößerung gehören. Eukaryonten erscheinen nicht vor 2,1 Milliarden Jahren als kleine filamentöse Algen. Die lange Periode bis zum Präkambrium (ungefähr vor 600 Millionen Jahren) blieb sehr arm an Fossilien. Aber dann finden sich eine ganze Reihe fossiler Überreste, wobei die bemerkenswertesten die berühmten Schieferablagerungen von Burgess in Kanada und ähnliche Vorkommen in China und anderswo sind. Diese Fossilien von wirbellosen Tieren haben durch die Abdrücke ihrer weicheren Teile viel Aufmerksamkeit erregt. An ihnen können wir einfach erkennen, daß zu jener Zeit viele fremdartige Tiere existiert haben, die keine offensichtlichen Ähnlichkeiten mit heute lebenden haben. Unter diesen frühen Organismen waren Trilobiten, segmentierte, krebsähnliche Tiere, die sehr erfolgreich und häufig waren. Die Panzer ihrer äußeren Schalen sind in den Steinen gut erhalten.

Günstige Bedingungen für die Versteinerung und die steigende Anzahl von Tieren mit einer Art Skelett zeigen die kontinuierliche Ablage-

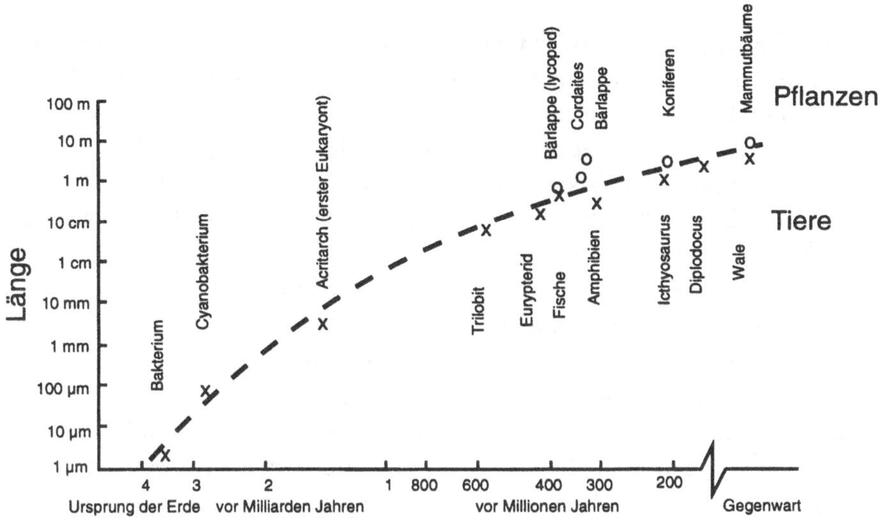

Bild 14: Eine Graphik, die eine grobe Schätzung der Maximalgrößen der Lebewesen in verschiedenen Zeitaltern zeigt. Zu beachten ist, daß die Länge (Höhe) der Organismen sowie die Zeit logarithmisch aufgetragen sind. (Aus Bonner, *The Evolution of Complexity*, Princeton University Press, 1988.)

rung von vielen verschiedenen Tierarten während der letzten 500-600 Millionen Jahre, und zumindest für die letzten 400 Millionen Jahre existiert auch ein guter Nachweis für die Evolution der Pflanzen (Bild 14). Aus diesem reichhaltigen fossilen Angebot können wir jeweils die größten Pflanzen und Tiere jeder Epoche herauspicken. Obwohl die Graphik zeigt, daß die größte Pflanze etwas größer ist als das größte Tier, ist das etwas irreführend, weil die *Länge* als Maß genutzt wird – das einzige, was bei Fossilien exakt zu messen ist. Wenn wir das *Gewicht* der Organismen bestimmen könnten, würden sich Tiere mindestens als gleich groß, wenn nicht größer, erweisen.

Bild 14 zeigt auch, daß die größte Pflanze, die je existiert hat, der Mammutbaum, heute noch lebt. Genauso schwimmt auch das größte Tier, der Blauwal, noch durch unsere Meere, obgleich in reichlich reduzierter Anzahl.

Die Bandbreite der Größe in diesem Bild ist sicher riesig – ungefähr 20 Größenordnungen, wenn man das Gewicht als Maß nimmt. Kleine

Bakterien wiegen rund 10^{-12} Gramm, während der Blauwal ungefähr 10^{8} Gramm wiegt, was bedeutet, daß die Skala von 0,000 000 000 001 bis 100 000 000 Gramm reicht. Wenn wir die Länge anstelle des Gewichtes als Maß nehmen, scheint die Spannweite nicht ganz so groß, aber immer noch erstaunlich. Ein Bakterium mag 10^{-4} cm lang und ein Wal über 10^{3} cm lang sein (0,000 1 bis über 1 000 cm), was immer noch etwa sieben Größenordnungen sind.

Diese Größenunterschiede existieren heute noch. Wenn wir zum Beispiel in die Wälder Nordamerikas blicken, finden wir eine kontinuierliche Größenverteilung. Am unteren Ende befinden sich die allgegenwärtigen Bakterien. Amöben und andere Protozoen leben von ihnen, und sie werden wiederum von Nematodenwürmern und anderen Invertebraten gefressen. In der Nahrungskette stehen Invertebraten von steigender Größe, wie Insekten und ihre Larven, die wiederum Nahrung für Spitzmäuse, Mäuse und kleine Vögel sind, und am oberen Ende gibt es dann Eichhörnchen, Kaninchen, Füchse, Bären, Hirsche und Elche. Man kann eine ähnliche Spreizung der Größen von Pflanzen aufstellen, von Algen und Pilzen zu Moosen und kleinen Gräsern, zu Büschen und schließlich zu großen Bäumen. Seen und Ozeane besitzen den gleichen Reichtum an unterschiedlich großen Tieren und Pflanzen, die größten sind die Wale und der Seetang (die riesige braune Alge, die über 30 Meter lang werden kann).

Ich könnte detailliert die größte Blume, das kleinste Insekt, den größten Wirbellosen, das kleinste Wirbeltier beschreiben, aber es liegt nicht in meiner Absicht, einen Blick in die Wundertüte der Natur zu gewähren. Lieber möchte ich erklären, daß die Größe eines Organismus einen prägenden Einfluß auf seine Form, seine Bewegung, sein Freßverhalten und alle anderen physiologischen Funktionen hat. Die Größe selbst ist ein wichtiger Faktor dabei, wie Tiere und Pflanzen aussehen und arbeiten, und es ist interessant zu erfahren, warum. Es ist eine Erforschung der Baupläne der Organismen und die Rolle der Größe bei ihrer Formgebung.

Diese Fragestellung ist nicht neu – tatsächlich geht sie auf Galileo Galilei und andere Gelehrte der Renaissance zurück. Vor kurzem erlebte sie eine erneute Renaissance, und ich werde mich auf diese revolutionären Ideen und Entwicklungen konzentrieren. Die früheren Arbeiten sind in D'Arcy Thompsons großartigen Buch *On Growth and Form* hervorragend zusammengefaßt.

Zunächst möchte ich ein paar Worte über D'Arcy Thompson und sein Werk verlieren. Er war ein überragender Mann, physisch wie intellektuell. Er war viele Jahre lang an der St. Andrews University in Schottland und lebte vom Ende des letzten Jahrhunderts bis weit in dieses hinein. Abgesehen davon, daß er ein Biologe war, war er auch ein ausgezeichneter Mathematiker und ein begabter Kenner der Klassik. Seine Übersetzung von Aritoteles' *History of Animals* ist noch immer ein Standardwerk. Er schrieb auch ein *Glossary of Greek Birds* und ein weiteres über griechische Fische, in denen er alle Zitate über diese Tiere aus der klassischen griechischen Literatur anführt, die Spezies identifiziert und beschreibt, was die moderne Zoologie über sie weiß. Seine große Errungenschaft war *On Growth and Form*, eine außergewöhnliche Fusion von Wissenschaft und Geschichte; es enthält beider Beiträge zu dem, was wir unter biologischer Form verstehen. Darüberhinaus ist es mit einer Eleganz geschrieben, die wir heute verloren haben. Ich werde ein Beispiel geben, um den Leser anzuregen, es zu lesen – eine Passage aus der philosophischen Einleitung. Man mag mit seiner Meinung nicht übereinstimmen, aber man muß zugeben, er stellt seine Haltung wundervoll dar.

> Wie weit die Beschreibungen der Mathematik einmal reichen werden, und die Erklärungen der Physik für den Bau des Körpers, kann kein Mensch vorhersehen. Es könnte sein, daß alle Gesetze der Energie, alle Eigenschaften der Stoffe, all die Chemie der Kolloide so kraftlos sind, den Körper zu erklären, wie sie beim Verstehen der Seele versagen. Ich für meinen Teil glaube das nicht. Die Physik lehrt mich nichts darüber, wie die Seele den Körper erfüllt; daß die lebendige Materie vom Geist beeinflußt sei, ist ein Mysterium ohne den geringsten Beweis. Bewußtsein wird meiner Meinung nach nicht durch all die Nervenstränge und Neuronen der Physiologen erklärt; noch frage ich die Physik, warum Güte aus dem Gesicht des einen Mannes strahlt, das Böse sich in einem anderen verrät. Aber bei der Konstruktion und dem Wachstum und dem Arbeiten des Körpers, wie von allem, was auf der Erde endlich ist, ist die Physik meiner bescheidenen Meinung nach unser einziger Lehrer und unsere Führung.

Ich werde in eigenen Worten die wichtigen Punkte aus seinem Kapitel „Über Größe" zusammenfassen und dann zu den heutigen Überlegungen übergehen.

Das erste Prinzip ist, daß die Oberfläche eines Organismus als Quadrat der linearen Länge (l^2) und das Volumen kubisch (l^3) gebildet wird. Wenn man sich zwei kugelförmige Organismen vorstellt, der eine mit einem Durchmesser von einem Millimeter, der zweite zehnmal dicker (das ist ein Zentimeter Durchmesser), haben beide die gleiche Formel für das Verhältnis von linearer Dimension (Radius) zu ihrem Volumen oder zu ihrer Oberfläche:

$$\text{Volumen} = 4/3\pi\ r^3 \quad (v \propto l^3)$$
$$\text{Oberfläche} = 4\pi\ r^2 \quad (s \propto l^2)$$

Wenn wir von der kleinen Kugel zu der großen gehen, steigt das Volumen kubisch, während die Oberfläche im Quadrat der linearen Dimension ansteigt. Das bedeutet, ein größerer Organismus hat ein größeres Verhältnis von Volumen zu Oberfläche als ein kleinerer Organismus. Diese einfache Tatsache hat enorm weitreichende Konsequenzen.

Stellen Sie sich vor, daß unsere beiden Organismen zum Leben Sauerstoff benötigen und daß der Sauerstoff im Verhältnis zum Volumen der Kugel verbraucht wird. Sauerstoff können unsere hypothetischen Tiere nur per Diffusion durch die Oberfläche bekommen. In einer kleinen Kugel kann der Sauerstoff leicht durch die Oberfläche nach drinnen diffundieren, ausreichend, um den Bedarf des kleinen Organismus zu decken. Aber bei einem großen Lebewesen wäre die verhältnismäßig geringere Oberfläche zu klein, um das größere Volumen zu versorgen; ohne zusätzliche Hilfe würde der größere Organismus schnell verschwinden. Das Problem könnte gelöst werden durch die Reduzierung des Metabolismus und damit der Reduzierung des Bedarfs an Sauerstoff; aber das wäre eine inadäquate Methode, weil eine Kugel von zehn Zentimeter Durchmesser so dick wäre, daß es eine lange Zeit dauern würde, bis der Sauerstoff in den zentralen Teil diffundiert wäre – zu lange, um den zentralen Teil vor dem Absterben zu bewahren.

Lebende Organismen haben eine Reihe von genialen Problemlösungen gefunden. Eine ist, die Oberfläche zu vergrößern, so daß sie keine ordentlichen Kugeln mehr sind, sondern eine Struktur mit einer Haut, die in großen Faltungen in das Innere hineinreichen. Dadurch wird nicht nur eine größere Oberfläche, durch die der Sauerstoff hindurchtreten kann, erreicht, sondern die Falten liegen in einer Weise, bei der kein Teil des Innern zu weit von der sauerstoffbringenden Oberfläche entfernt ist. Unsere eigenen Körper besitzen mehrere Oberflächen, die für die Diffusion von Substanzen benötigt werden. Sauerstoff diffundiert zu unserem Blut in den Lungen, und weil die Lungen aus Millionen von kleinen Kompartimenten (Alveolen) bestehen, ist ihre Oberfläche stark vergrößert, und deshalb ist ihre Fähigkeit, Sauerstoff aufzunehmen, verstärkt. Darüberhinaus bewegt sich der Blutstrom kontinuierlich durch das Pumpen des Herzens, wobei Sauerstoff in den Lungen aufgenommen und in den Geweben, wo er gebraucht wird, wieder abgegeben wird. Ohne diese Vorrichtungen könnten wir nicht größer als ein Millimeter sein. Umgekehrt, ein einzelliger Protozoe kann glücklich als ein winziges Tröpfchen einfachen Protoplasmas existieren, nur weil er so klein ist.

Wir absorbieren durch Oberflächen noch andere Dinge neben dem Sauerstoff. Die Nahrung, zum Beispiel, die wir zu uns nehmen, wird zu kleinen Molekülen, wie Zucker und Aminosäuren, abgebaut, die durch die Wand unseres Darms aufgenommen werden. Wegen der Oberflächen-Volumen Relation kann man vorhersagen, daß, je größer das Tier ist, der Darm um so länger sein und um so mehr innere Windungen haben muß, so daß die Oberfläche mit der Zunahme des Volumens Schritt halten kann. Es ist genau so. Die kleinsten Fadenwürmer besitzen einen Darm, der einfach eine gerade Röhre ist, während wir einen enorm langen Darm mit einer fantastischen Zahl von Ausbeulungen besitzen, der die Oberfläche für unser stark vergrößertes Volumen erweitert.

Um zur Frage der Stärke zu kommen; wir finden, daß die Oberfläche nicht der einzige Teil eines Lebewesens ist, der sich im Quadrat der linearen Dimension verändert. Die Stärke jedes Teils des Körpers ändert sich mit dem Durchschnitt dieses Teils (l^2). Wenn ein Mann zum Beispiel einen sehr dicken Bizeps hat, nehmen wir ganz richtig an, er sei stark, und ein spindeldürrer Arm ist ein Zeichen für Schwäche. Die gleiche Annahme trifft auch auf Knochen zu – den dicken Beinknochen eines Ochsens kann man nicht zerbrechen, während der eines Hühnchens leicht in zwei Teile zerknackt ist.

Trotzdem, das Gewicht eines Tieres oder Arms oder Knochens variiert mit dem Volumen und daher kubisch in Abhängigkeit von der linearen Ausdehnung (l^3). Das bedeutet, wenn die Tiere größer werden, nimmt ihr Gewicht viel stärker zu als ihre Kraft. Wenn wir einen Stift halten, indem wir seine Enden auf einen Finger jeder Hand legen, bemerken wir, daß er stark genug ist, diese Distanz ohne Durchsacken zu überspannen. Wenn wir uns nun vorstellen, der Stift sei vergrößert, so daß er groß genug wäre, den Hudson River zu überbrücken, wäre uns sofort klar, daß er unter seinem eigenen Gewicht kollabieren würde, weil sein Gewicht viel schneller zugenommen hätte als seine Stärke. Das erklärt, warum die George Washington Bridge nicht wie ein Bleistift aussieht!

Beim Brückenbau wird tatsächlich alles so konstruiert, daß die Stärke erhalten bleibt und das Gewicht reduziert wird. Dies ist der Grund für die dünnen Trossen, die vernetzten Balken, alles Kniffe der Ingenieure, das Verhältnis von Stärke zu Gewicht in dem sicheren Bereich zu halten. Hohle Zylinder mögen so stark sein wie ein solider Stab, aber sie wiegen viel weniger, ein Prinzip, daß uns der Bambus deutlich vorführt. Bei der Konstruktion bringt ein Doppel-T-Träger die Stärke eines großen Stahlrechtecks, aber er besitzt nur den Bruchteil seines Gewichtes.

Um biologischere Beispiele anzuführen, Früchte wie Äpfel und Kirschen, werden von Stengeln gehalten, deren Durchmesser stark genug sein muß, um ihr Gewicht zu halten. Deswegen liegen Melonen und Kürbisse am Boden und hängen nicht am Baum. Ein Stengel, der dick genug wäre, um eine dicke Wassermelone in der Luft zu halten, wäre vermutlich genauso dick wie sie selbst – ganz zu schweigen von dem Stamm des Baumes, der sie tragen müßte.

Wie bereits erwähnt, im Falle von Brücken und anderen Taten der Ingenieurskunst wird das Stärke-Gewicht Problem hauptsächlich durch eine Reduktion des Gewichtes gelöst. Diese Möglichkeit haben Tiere und Pflanzen, die ihre Größe erweitern, nicht, weil ihr Gewicht mitsteigt. Deshalb haben die Organismen verschiedene Methoden erfunden, ihre Stärke zu vergrößern, um ihre Gewichtszunahme zu unterstützen. Um ein gutes Beispiel zu nennen, das direkt von D'Arcy Thompson stammt, man kann den Prozentsatz des Knochengewichts verschieden großer Tiere in Relation zu ihrem Gesamtgewicht bestimmen und dabei zeigen, daß mit steigender Größe der Prozentsatz des Knochengewichts zunimmt. Bei einer Maus oder einem Zaunkönig, beträgt der Knochenanteil 8 %; bei Hunden oder Gänsen 13-14 %; beim Menschen 17-18 %. Zu schade, daß Thompson keine Information diesbezüglich über den Elefanten hatte.

Wenn das Gewicht sich erhöht, kommt es zu einer deutlich unproportionalen Zunahme der Dicke der stützenden Strukturen, wie starke Knochen. Unser Versuch, diese Relationen zu verstehen, hat das Studium der Körpergrößen bei Lebewesen zu einer lebendigen und interessanten Disziplin werden lassen. Wir nehmen an, daß die Zunahme der Stärke, die zur Unterstützung der Gewichtszunahme nötig ist, ein Ergebnis der natürlichen Selektion ist, denn nur Tiere und Pflanzen, die wettbewerbsfähig durch Größenzunahme bleiben, konnten überleben und waren erfolgreich, Nachkommenschaft zu produzieren. Die Frage lautet: Auf welche Eigenschaft des Organismus wird selektioniert? Selektion arbeitet mit einem einfachen Prinzip, nämlich Versuch und Irrtum, so müssen wir die nächste Frage stellen: Gibt es eine Möglichkeit, die Konstruktion mit der besten Stärke-Gewicht Relation vorherzusagen, so daß sie unweigerlich der Gewinner in dem Prozeß der natürlichen Selektion wäre? Eine der interessanteren jüngeren Hypothesen ist von Thomas McMahon vorgeschlagen worden und wird weithin unterstützt. Er behauptet, die elastischen Eigenschaften eines Organismus seien entscheidend für seine optimale Form. Mit anderen Worten, die Proportionen von Tieren und Pflanzen verschiedener Größe sollten die Vorhersage erfüllen, sie hielten die gleichen elastischen Eigenschaften und vermieden auf diese Weise, sich auf Grund ihres Gewichtes zu verbiegen.

Es ist seit Jahrhunderten bekannt, daß größere Bäume unproportional dick sind. Es ist eine vertraute Beobachtung: Ein junger Keimling ist dünn und biegsam, eine große Eiche jedoch dick und massiv. Unser größter Baum, der Mammutbaum, sieht in seinen Proportionen plump aus, verglichen mit einer kleineren Kiefer.

Auf Grund rein theoretischer Überlegungen sagte McMahon voraus, daß, wenn die Elastizität bei Bäumen verschiedener Größe beibehalten würde, die Höhe der Bäume sich proportional zu dem Durchmesser des Stammes in einer 2/3 Potenz verhält ($h \propto d^{2/3}$). Diese Relation kann bequem auf logarithmisch eingeteiltem Papier aufgezeichnet werden, was eine

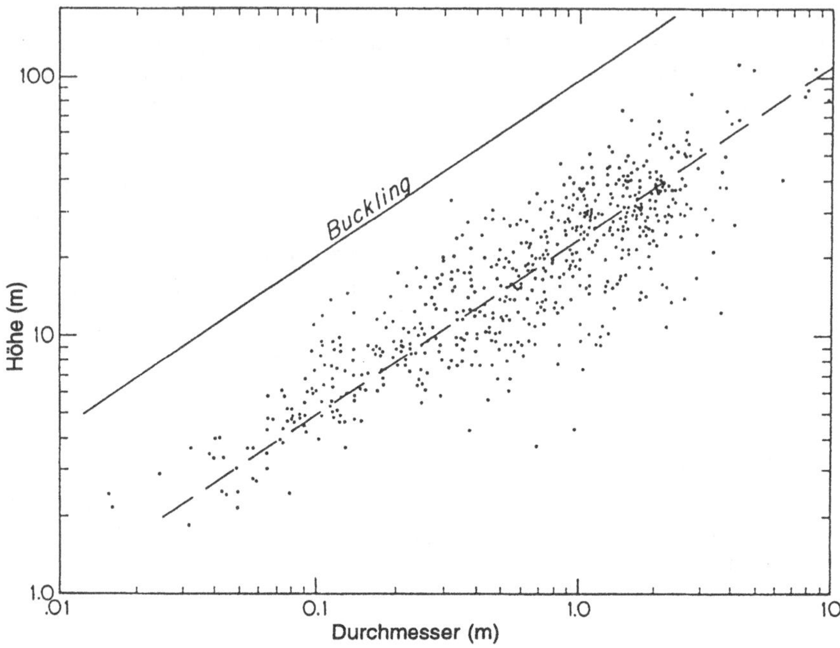

Bild 15: Der Durchmesser der Baumstammbasis in Abhängigkeit von der Gesamthöhe auf einer logarithmischen Skala. Die 576 Punkte stellen die Rekordhalter der einzelnen Baumarten dar, also jene, die als höchste und breiteste ihrer Art in den Vereinigten Staaten angesehen werden. (Aus T. A. McMahon und R.E.Kronauer, *J. of. Theor. Biol.* 59 (1976): 443.)

gerade Linie ergibt. Das ist so, weil $h \propto d^{2/3}$ dasselbe ist wie log $h \propto 2/3$, was dann eine gerade Linie ist. McMahon fand ein Buch mit dem unwahrscheinlichen Namen *The Social Register of Big Trees* und er trug alle diese Bäume auf einem logarithmischen Papier auf (Bild 15). Sie lagen (mit einer beträchtlichen Streuung) sehr nahe der Zweidrittel-Linie. Darüber hinaus konnte er berechnen, an welchem Punkt die Bäume die Grenze ihrer Elastizität erreichen und zusammenbrechen würden. Dabei stellte sich heraus, daß sich alle weit auf der sicheren Seite unterhalb der Grenze ihrer Stärke befinden. Bäume biegen sich im Wind und schwanken in einem Sturm hin und her wie ein umgedrehtes Pendel. Sie bewältigen das sehr gut, obwohl sie die Grenzen ihrer Biegsamkeit in einem Tornado oder Wirbelsturm auch einmal erreichen und überschreiten können.

Die Idee, daß Ähnlichkeit in der Elastizität entsteht, wenn die natürliche Selektion Standfestigkeit verschieden hoher Bäume bevorzugt, wird bestätigt, wenn man große Bäume mit den winzigen, baumähnlichen Fruchtkörpern vergleicht, die auch in die Luft hineinragen und ebenfalls der Gnade der Elemente ausgeliefert sind. Wie ich schon früher beschrieben habe, findet man diese bei vielen winzigen Pilzen, wie niederen Pilzen und Schimmeln und bei den Schleimpilzen. Letztere sind ein brauchbares Beispiel, weil sie in ihrer Größe variieren und man ihre Proportionen wie bei den Bäumen vergleichen kann. Sie differieren erstaunlich von den Bäumen, weil ihre Proportionen mit steigender Größe gleich bleiben; sie werden nicht unproportional dick. Mit anderen Worten, das Verhältnis ihrer Durchmesser zu ihren Höhen bleibt konstant, unabhängig von der Größe ($h \propto d$). Das ist genau das, was man erwarten durfte von diesen winzigen Bäumchen, die nur wenige Millimeter hoch sind. Ihr Gewicht ist zu vernachlässigen, und deshalb wird ein kleines, verglichen mit einem großen, in gleicher Weise von der Schwerkraft nicht beeinflußt; es gibt also keinen Grund, unproportional dick zu werden. Die natürliche Selektion brauchte die Proportionen der Fruchtkörper nicht in diese Richtung zu drängen.

Tiere bewegen sich, und die Geschwindigkeit, mit der sie sich bewegen, ist im allgemeinen direkt proportional zu ihrer Länge (Geschwindigkeit Länge). Dies stimmt sowohl für schwimmende als auch für laufende Tiere. Die Beziehung ist etwas abweichend für fliegende Tiere ($v \ l^{1/3}$), aber es trifft weiterhin zu, daß eine Wespe schneller fliegt als eine kleine Fruchtfliege und ein Schwan schneller fliegt als ein Spatz (Bild 16). Im Falle der laufenden Tiere wären die kleinsten die etwa einen Millimeter langen Milben und die größten die Säugetiere, die über einen Meter lang sind. Wieder sind Milben langsamer als größere Ameisen, Eichhörnchen langsamer als Füchse, und ein Gepard ist der schnellste von allen. Die Kurve fällt ab bei den größeren Säugetieren, denn Elefanten sind nicht schneller als Geparde, noch nicht einmal schneller als Pferde. Die Beziehung gilt auch nicht bei den Schwimmern am oberen Ende, denn ein Thunfisch ist schneller als ein Wal. Aber die Relation stimmt

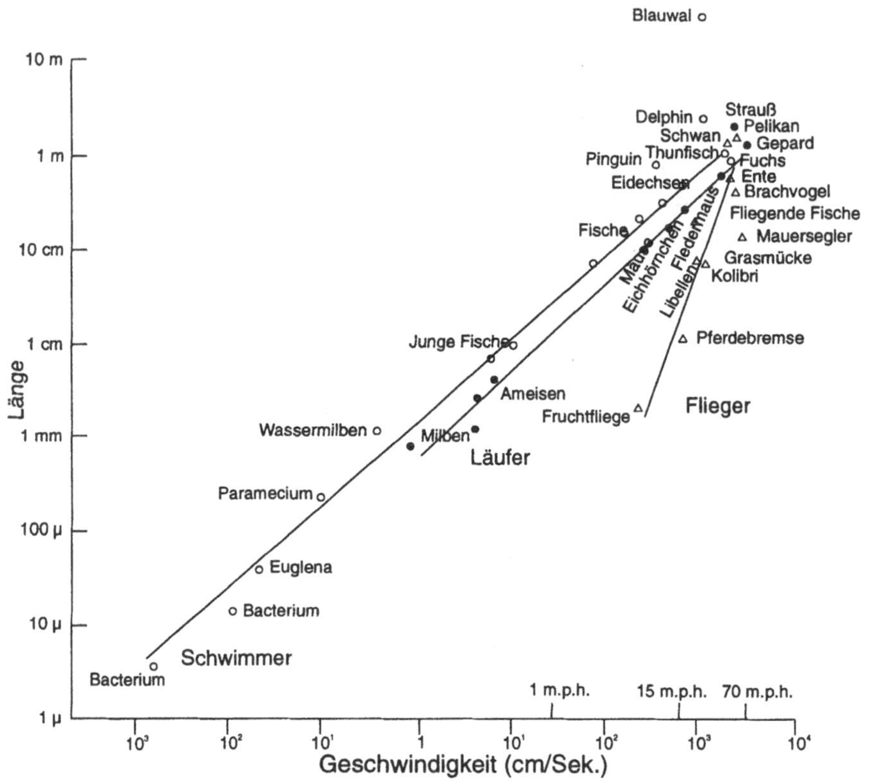

Bild 16: Die maximalen Schwimm-, Renn- und Fluggeschwindigkeiten von Lebewesen verschiedener Größen. Die Beweglichkeit ist abhängig von der Länge der Organismen auf einer logarithmischen Skala aufgetragen. Die Daten sind ausgewählt worden, um möglichst verschiedene Typen von Organismen zu zeigen und dort jeweils die schnellsten ihrer Gruppe. (Aus Bonner, *Size and Cycle*, Princeton University Press, 1965.)

bei den Fischen, sogar die Fischbabies sind langsamer als die Erwachsenen ihrer Art, und wenn sie wachsen, erhöht sich auch ihre Geschwindigkeit linear mit ihrer Länge. Die Relation gilt auch unten bei den kleinen Protozoen und den kleinsten, beweglichen Bakterien – eine enorme Bandbreite, die über sechs Größenordnungen umspannt.

Ich möchte einschieben, daß ich eine sehr interessante Zeit damit verbrachte, all die Daten über den Zusammenhang von Größe und Geschwindigkeit zu sammeln. Ich konnte partout nichts über Milben finden, und so veranstaltete ein großer Milbenexperte einige Rennen für mich mit verschiedenen Arten und sandte mir die Ergebnisse; den Rest fand ich beim Durchkämmen der Literatur. Ich entdeckte, daß zum Beispiel die Geschwindigkeiten einiger Ameisenarten von dem großen Astronomen Harlow Shapley bestimmt und veröffentlicht worden waren. Er hatte herausgefunden, daß die Geschwindigkeiten der Ameisen auf dem Mount Wilson in der Nähe des Observatoriums genau mit der Temperatur schwankten, so daß er tatsächlich die Temperatur des Tages bestimmen konnte, indem er die Ameisenzeiten nahm. Diese Veröffentlichung hat mich überrascht, und mir wurde plötzlich klar, wie wenig Astronomen am Tage zu tun haben.

Die Beziehung zwischen Größe und Geschwindigkeit ist bemerkenswert, wenn wir uns klarmachen, daß wir es mit einer Reihe von verschiedenen Fortbewegungsarten zu tun haben, insbesondere, wenn wir das Schwimmen mit dem Laufen vergleichen. Sogar das Schwimmen wird, wie wir noch sehen werden, auf die unterschiedlichsten Arten vollzogen. An jedem Laufen sind Beine beteiligt, aber ihre Anzahl ist unterschiedlich: Milben haben acht; Insekten sechs; die meisten Säugetiere vier; Vögel und Menschen zwei, wie die Känguruhs, die sie jedoch zum Hüpfen benutzen. Die meisten neueren Arbeiten, welche wir jetzt in Betracht ziehen wollen, beschäftigen sich mit Vierbeinern.

In einer wichtigen Schrift von 1950 behauptete A.V. Hill, ein bekannter Muskelphysiologe (der für sein Werk den Nobelpreis erhalten hat), alle vierbeinigen Säugetiere müßten gleich schnell laufen, unbesehen ihrer Größe. Seine Begründung war, kurz gefaßt, daß wenn ein Tier zehnmal größer in der Höhe war als ein anderes, seine Schritte zwar zehnmal länger wären, seine Muskeln aber, die auch zehnmal größer wären, zehnmal langsamer. Deshalb würde eine Maus zehn schnelle Schritte machen in der gleichen Zeit, in der ein Hund (zehnmal größer) einen macht, und als Ergebnis wären sie in einem Rennen genau gleichauf. Er sammelte, was es zur damaligen Zeit an seltenen Daten zur Geschwindigkeit von Säugetieren gab, und, wie man sich denken konnte, waren sie nicht alle gleich schnell. Er gab zu Bedenken, daß es schwierig sei, die maximale Renngeschwindigkeit von Tieren in der freien Wildbahn zu messen, und darüberhinaus seien nicht alle Tiere in gleicher Weise gebaut. Wenn man zum Beispiel eine Katze mit einem Hund vergliche, so bewegen sie sich unterschiedlich. Beide dieser Einwände sind richtig, wir besitzen heute bessere Methoden, die Geschwindigkeiten zu messen, und wir erkennen, daß sich Vierbeiner nicht in ihrer Geometrie ähnlich sind. Je größer das Tier ist, desto dicker sind seine Gliedmaßen, so wie bei Bäumen. Wir können das erkennen, wenn wir eine graziöse Gazelle und ihre schlanken Beine mit den vier Stampfern des Elefanten vergleichen.

Das erste Problem, nämlich bessere Zahlen über die Laufgeschwindigkeit zu gewinnen, wurde von C.R. Taylor und seinen Mitarbeitern gelöst, die alle möglichen Tiere in Tretmühlen laufen ließen. Sie fanden heraus, daß die Maximalgeschwindigkeit eine sehr verschwommene Zahl ist und daß eine verläßlichere Angabe die Geschwindigkeit, bei der die Tiere vom Trab in den Galopp fallen, ist. Wenn sie dieses Maß von Tieren, deren Größe stark variiert, wie Ratte, Hund und Pferd, verglichen, stellten sie fest, daß die Geschwindigkeit an dem Punkt, bei dem die Tiere zum Galopp übergehen, nicht konstant war, sondern mit der Größe der Tiere zunahm. Darüberhinaus zeigten sie, daß die Geschwindigkeit anstieg in Abhängigkeit von dem Gewicht (Geschwindigkeit $\propto$ Gewicht$^{1/4}$), was genau der Relation entspricht, die man auf Grund der McMahonschen Hypothese von der Elastizitäts-Ähnlichkeit erwarten würde.

Die Rolle der Elastizität ist beim Laufen viel größer, als man zunächst erwarten sollte. All die Muskeln, insbesondere die Sehnen in einem Körper, sind elastisch und verhalten sich wie Gummibänder. Das bedeutet, wenn eine Sehne gedehnt wird, speichert sie ihre eigene elastische Energie, denn sie wird nach dem Dehnen wie ein Gummiband von allein zusammenschnurren, so daß viel von der Energie beim Strecken nicht verloren geht, sondern für die Kontraktion verwendet wird. Um diese Behauptung zu beweisen, ließ die McMahon-Taylor Gruppe einen Chirurgen zwei Stahlkügelchen in die Sehne einer Katze implantieren, und dann ließen sie die Katze in der Tretmühle laufen, wobei sie einen Film von der Bewegung mit einer Röntgenkamera machten. Man kann gut erkennen, daß die zwei Bälle bei jedem Schritt weit auseinander gezogen werden, um dann rasch zusammenzukommen. Als ich diesen Film zum ersten Mal sah, beeindruckte er mich tief, ich sah nicht nur ein heftig rennendes Katzenskelett, es war auch noch etwas verkehrt herum mit diesem Film, das gespenstische Skelett rannte kopfüber unter der Decke und nicht am Boden.

Ein weiteres eindrucksvolles Experiment der Gruppe zeigte die fundamentale Bedeutung der Speicherung elastischer Energie, wobei sie Känguruhs in der Tretmühle laufen ließen. Sie setzten ihm zusätzlich eine Atemmaske auf, so daß sie den Sauerstoffverbrauch des Tieres messen konnten, was ein Maß dafür ist, wieviel Energie verbrannt wird. Wenn die Tretmühle sich schnell genug bewegte, daß das Känguruh in gleichmäßigen Sprüngen hüpfen konnte, war der Energieverbrauch niedrig und stieg auch nicht bei wesentlich schnellerer Gangart. Wenn die Tretmühle jedoch sehr langsam war, machte das Känguruh gelegentlich einen Sprung, um dann wieder zu pausieren. Dieses langsame Manöver verbrauchte viel mehr Energie als das schnellere Rennen, weil jeder Sprung ein einzelnes Ereignis ist und keine elastische Energie gespeichert werden kann, wie das in den rhythmischen, kontinuierlichen Bewegungen beim normalen Rennen der Fall ist.

Die Elastizität wird nicht nur in den Beinen gespeichert, sondern im ganzen Körper. Man kann das erkennen, wenn man in einem dieser großartigen Naturfilme einen Geparden eine Gazelle verfolgen sieht. Bei jedem Schritt wellt sich die ganze Wirbelsäule und der Schwanz dieser grazilen Kreatur. Diese wellenartige Bewegung am Rücken entlang ist elastisch, wobei jede Dehnung in Kontraktion übergeht, dabei wird die Effizienz in diesem Sprint mit einhundert Stundenkilometern stark erhöht. Einige Tiere, wie zum Beispiel Pferde, haben einen steifen Rücken (es wäre ziemlich schwierig, einen Geparden zu reiten!), so daß die Wirbelsäule keine elastische Energie speichern kann. Trotzdem gibt es Beweise für eine ökonomisch sparsame Bewegung, die Rippen der Pferde, die sich bei jedem Schritt ausdehnen und zusammenziehen, sind synchronisiert mit dem Rhythmus des Ein- und Ausatmens, so daß sie nicht nur elastische Energie speichern, sondern auch die Atmung unterstützen.

Bisher haben wir nur die Relation zwischen Größe und Geschwindigkeit bei größeren Organismen betrachtet, wir haben uns auf Beispiele rennender Vierbeiner beschränkt. Wir hätten ähnliche Verhältnisse bei Schwimmern und Fliegern angetroffen, aber jetzt ist es Zeit, sich den mikroskopisch kleinen Organismen zuzuwenden, und hier bewegen wir uns im Reich der Schwimmer.

Trotz der Tatsache, daß Wale, Fische und viele einzellige Eukaryonten und Bakterien schwimmen können, müssen die kleinen Organismen mit völlig anderen Problemen dabei fertig werden als die großen. Ihre Umgebung ist ganz verschieden, und der einzige Grund dafür ist, daß sie so klein sind. Um diesen Unterschied zu verstehen, müssen wir uns zunächst mit einer wichtigen dimensionslosen Zahl beschäftigen, der Reynoldschen Zahl. Ohne sich in den Einzelheiten zu verlieren, die Reynoldsche Zahl ist proportional zur Trägheit einer Körperbewegung in einem Medium, und umgekehrt proportional zur Viskosität des Mediums. Mit anderen Worten:

$$\text{Reynoldsche Zahl} \propto \frac{\text{Trägheit}}{\text{Viskosität}}$$

Trägheit ist der Widerstand eines Körpers, den er einer Bewegungsänderung entgegensetzt. Klar ist, daß je größer ein Körper ist, er um so mehr Widerstand einer Geschwindigkeitsänderung entgegenhält, so besitzt ein großer Fisch viel Trägheit, aber ein kleines Bakterium wenig. Die Viskosität ist die Dicke des Mediums, welches für Organismen entweder Wasser oder Luft ist. Hier beschäftigen wir uns mit den Schwimmern, so daß wir es immer mit der Viskosität des Wassers zu tun haben (ausgenommen in meinen imaginären Beispielen, in denen ich von dickflüssiger Melasse reden möchte, die eine sehr hohe Viskosität hat).

Aus diesem können wir erkennen, daß Fische in einer Welt mit hohen Reynoldschen Zahlen leben, während Bakterien sich in einer bewegen, deren Reynoldsche Zahl niedrig ist. Es mag vielleicht nicht augenblicklich klar sein, warum dies einen so großen Unterschied macht. Um dem Leser beim Verständnis dieses Problems zu helfen, werde ich eine Passage eines Vortrags von Edward Purcell umschreiben. Er bat uns, uns die Bedingungen eines Mannes vorzustellen, der in einer Flüssigkeit, die die Reynoldsche Zahl wie sein eigenes Ejakulat hat, schwimmt. Setzen Sie ihn lieber in ein Schwimmbad, gefüllt mit Melasse, und dann verbieten Sie ihm, irgendeinen Teil seines Körpers schneller als einen

Zentimeter pro Minute zu bewegen. Jetzt stellen Sie sich selbst in einem Bad voller Melasse vor, in dem Sie sich nur mit der Geschwindigkeit eines Uhrzeigers bewegen. Wenn Sie sich bei diesen Regeln in ein paar Wochen ein paar Meter weiterbewegt hätten, wären Sie ein qualifizierter Schwimmer in der Kategorie „Niedrige Reynoldsche Zahl". Wenn man die Viskosität der Melasse annimmt und die Geschwindigkeit des Mannes verlangsamt (und damit die Trägheit), würde die Reynoldsche Zahl so erniedrigt, daß sie sich im Bereich der einzelligen Mikroben befände, auf diese Weise würde seine Fortbewegung sehr langsam.

Eine schwimmende einzelne Zelle hat noch ein weiteres Problem. Wir können unsere Arme nach jedem Zug aus dem Wasser (oder Melasse) heben, so daß wir letztlich, wenn auch langsam, vorwärts kommen. Kleine Organismen können das aber nicht tun. Um das Problem besser zu erkennen, stellen Sie sich einen Mann in einem Ruderboot vor, dem nicht erlaubt ist, die Ruder aus dem Wasser zu heben – alles, was ihm bleibt, ist, die Ruder im Wasser vor- und zurückzuschlagen. Trotzdem kann er es schaffen, denn er ist in einer Situation mit hoher Reynoldscher Zahl, er kann die Ruder schnell zu sich heranziehen und sehr langsam zurück. Aufgrund seiner hohen Trägheit wird sich das Boot trotzdem fortbewegen. Jetzt setzen sie das Boot in die Purcellsche Melasse und erlauben dem Ruderer nur ein Schneckentempo. Das Boot kann sich überhaupt nicht mehr fortbewegen, weil die Differenz zwischen einem schnellen Zug und einem langsamen Zurückstoßen keinen Effekt mehr hat in einer Situation mit niedriger Reynoldscher Zahl.

Winzige Organismen lösen dieses Problem auf zwei Wegen. Einer ist die Methode, die von verhältnismäßig großen einzelligen Eukaryonten wie Flagellaten und Ciliaten benutzt wird. Ihre Cilien sind so etwas wie „flexible Ruder", weil sie, wenn sie in der einen Richtung schlagen, steif bleiben, und wenn sie zurückgezogen werden, biegen sie sich durch, wobei sie dem Wasser viel weniger Widerstand bieten. Aufgrund der Steifheit in nur einer Richtung, können sie das Problem des Mannes, der auf der Melasse rudert, vermeiden. Wenn der Mann flexible Ruder hätte, könnte er wahrscheinlich auch vorwärts kommen. Flexible Ruder sind ein einfacher Trick, sich in einer Welt mit niedriger Reynoldscher Zahl zu bewegen.

Bakterien sind beträchtlich kleiner als einzellige Protozoen und sie haben viel dünnere Geißeln, die all die komplizierten Feinstrukturen der Cilien oder Flagellen der Protozoen vermissen lassen. In der Tat wären ihre Geißeln völlig unfähig, als flexible Ruder zu fungieren. Bakteriengeißeln schlagen nicht in Wellen, sondern rotieren an der Basis, wobei die Geißel sich wie ein Korkenzieher durch das Wasser schraubt. Dies ist eine noch bessere Methode, mit dem Problem der Bewegung fertigzuwerden, wenn die Reynoldsche Zahl niedrig ist. Es funktioniert nach demselben Prinzip wie alle modernen Korkenzieher, die den Korken beim Drehen nach oben drücken. Das Bakterium bohrt sich durch das Wasser, wie ein Korkenzieher durch den Korken „schwimmt".

Lassen Sie mich einschieben, daß winzige fliegende Insekten auch bei niedrigen Reynoldschen Zahlen fliegen. Einige winzige Wespen, die aus unerfindlichen Gründen „fairy flies" genannt werden, besitzen Flügel, die eher an Federn erinnern als an respektable Flügel. Ihre Trägheit ist so gering, daß die Luft wie eine viskose Flüssigkeit wirken muß, und vielleicht wirken ihre fedrigen Flügel wie flexible Ruder, wenn sie durch die Luft schwimmen.

Größenzunahme (oder -abnahme) gibt bestimmte physikalische Grenzen oder Bedingungen für den Organismus vor, die man als mechanische Notwendigkeiten beschreiben könnte. Diese sind entscheidend, wenn ein Organismus seine normalen Funktionen erfüllen will: das sind die Aufnahme von Energie und die Verarbeitung dieser Energie, so daß sie für seine verschiedenen Aktivitäten zur Verwendung bereitsteht. Im Falle der Pflanzen wird die Energie weitgehend für das Wachstum und die Reproduktion genutzt; aber die Tiere, die vergleichsweise aktiv sind, nutzen die Energie, um warm zu bleiben, sich zu bewegen und um alle Zellen ihrer Organe, einschließlich ihres Gehirns und der Nervenzellen, mit Energie zu versorgen, damit sie effektiv operieren können.

Zwischen diesen mechanischen Folgen der Größenzunahme gibt es die Arbeitsteilung. Ich habe in den Anfängen den Beginn dieser Zelldifferenzierung bei der Evolution der vielzelligen Organismen aus den Einzellern beschrieben, und mit steigender Größe gab es einen korrespondierenden Anstieg im Grad der Arbeitsteilung. Ohne die Auslagerung von

Funktionen könnten die großen Massen an Zellen, aus denen die größeren Tiere und Pflanzen bestehen, ihre Aufgaben nicht bewältigen, Aufgaben, die wichtig für die Aktivitäten sind, die sie als effiziente und wetteifernde Organismen brauchten. Es muß jedoch betont werden, daß diese Arbeitsteilung, die zu einer größeren Effizienz führt, selbst ein Selektionsvorteil ist. Mit anderen Worten, die natürliche Selektion wirkt sowohl auf die Vergrößerung als auch auf die Arbeitsteilung, um einen Organismus zu schaffen, der effektiv darauf achten kann, daß seine Gene an die nächste Generation weitergegeben wird. Es gibt eine Dreierbeziehung zwischen natürlicher Selektion, Arbeitsteilung und Größe.

Arbeitsteilung ist mit dem Begriff der Komplexität verbunden; eine Zunahme des einen bedingt eine Zunahme des anderen. Komplexität wird in der Anzahl der Teile und ihrer Verknüpfungen gemessen. Die einfachste Art, diesen Begriff auf Lebewesen anzuwenden, ist, ein Teil mit einem Zelltyp zu definieren. Bei Schleimpilzen gibt es Sporen und Stengelzellen; bei Säugetieren gibt es Muskelzellen, Nervenzellen, Leberzellen, Darmzellen und unzählige weitere, und jede dieser Kategorien kann weiter unterteilt sein in verschiedene spezielle Zelltypen. Man kann auf grobe Weise zeigen, daß es eine Korrelation zwischen Größe und Anzahl der Zelltypen gibt: Große Organismen besitzen mehr Zelltypen als kleinere (Bild 17). Das bedeutet nicht, es gäbe keine kleinen Insekten oder Säugetiere, wir haben sehr wohl Spitzmäuse und „fairy flies", bei einigen Arten gibt es eine Selektion auf die Zunahme der Größe, bei anderen auf die Abnahme. Es ist sehr gut möglich, daß, hat sich erst einmal eine Gruppe von Organismen, wie Insekten oder Säugetiere, evolviert, in einigen Arten die Selektion zu einer Größenzunahme führt, während sie bei anderen Arten zu einer Abnahme beiträgt. Für das letztere gibt es Beispiele bei den Wirbellosen (wie Rädertierchen), bei denen mit der Verringerung der Größe ein Verlust einiger Zelltypen verbunden sein kann, die vermutlich aufgrund der geringeren Größe nicht mehr benötigt werden. Im Fall der Größenzunahme muß es in jeder Gruppe von Organismen eine vorgegebene Größenobergrenze geben, die noch gerade durch eine bestimmte Anzahl von Zelltypen versorgt werden kann, und deswegen besteht die einzige Möglichkeit, eine größere Größe zu erreichen, darin, den Grad der Arbeitsteilung zu erweitern.

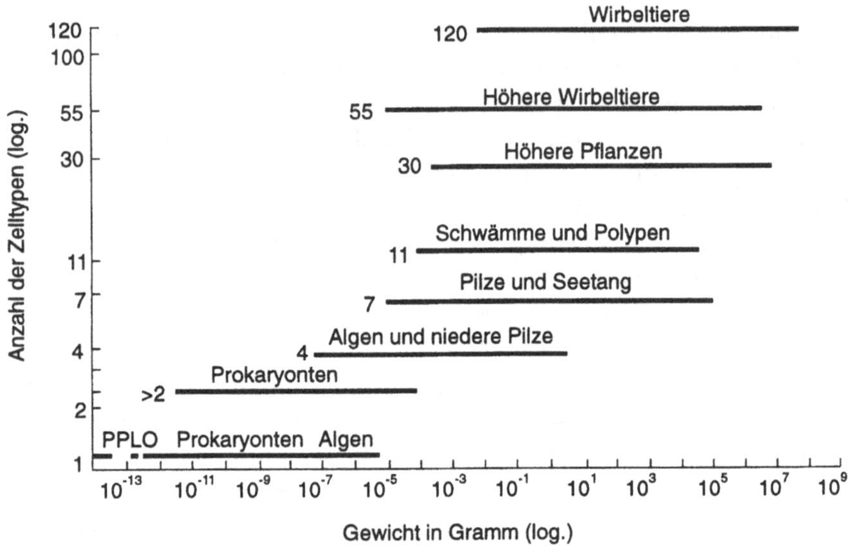

Bild 17: Eine Graphik, die die Ausmaße (nach Gewicht) ganzer Gruppen von Lebewesen mit unterschiedlicher Anzahl an verschiedenen Zelltypen zeigt. (Aus Bonner, *The Evolution of Complexity*, Princeton University Press, 1988.)

Um zu der Frage der Höherentwicklung zurückzukehren, wir können jetzt argumentieren, es gäbe beides, die Selektion auf die Größenzunahme und auf die höhere Komplexität hin, in Form einer größeren Arbeitsteilung zwischen den Zelltypen. Durch diese zwei Ziele der Selektion sind Organismen entstanden, die groß und komplex genug sind, um mit kleineren, einfacheren Formen koexistieren zu können. Wie zuvor darf dies Fortschritt genannt werden, nur wenn man die steigende Anzahl der Größenbereiche und Komplexitäten während des Verlaufs der Evolution meint: In der frühen Erdgeschichte gab es nur sehr kleine Organismen, aber während der vielen Millionen Jahre der Evolution sind die Größenbereiche und der Grad der Komplexität stetig angestiegen, bis zum heutigen Tag, an dem die Erde die größte Auswahl trägt. Diese Art von Höherentwicklung ist akzeptabel, weil klar ist, daß der Mechanismus der Evolution leicht als natürliche Selektion erklärt werden kann und uns deshalb vor den Nebelschwaden der Mystik bewahrt. Ich bin mir bewußt, hier meine eigenen Ansichten zu vertreten, es gibt andere, die hier nicht zustimmen würden.

Skeptiker erschienen im gleichen Moment, in dem Darwins *On the Origin of Species* 1859 erschien, obwohl ihre Zahl in den letzten 150 Jahren etwas verringert wurde, gibt es sie auch heute noch. Die Begründungen dieser Skepsis wechselten, aber ich glaube, alle Einwände hatten dieselbe Ursache. Es ist schwierig zu akzeptieren, daß ein so einfaches Prinzip wie die natürliche Selektion zu so einer erstaunlichen Vielfalt in Form und Komplexität bei den heute auf der Erde lebenden Arten geführt haben soll. Es ist, als ob man die großen Fragen der Welt von Beatrix Potter[1] erklärt bekäme. Viele fühlen, daß „etwas" fehle, und aus diesem Grund läßt diese Theorie sie unbefriedigt. In der ersten Periode nach der Veröffentlichung des *Origin* war einer der wesentlichsten Einwände der, man könne zwar leicht sehen, wie die natürliche Selektion negative Effekte beseitigen und unerwünschte Eigenschaften eliminieren kann, aber es sei schwierig zu erkennen, wie neue Strukturen im Verlauf der Evolution entstehen können, wie zum Beispiel Flügel und komplizierte Augen bei den Wirbeltieren, um zwei extreme Beispiele zu nennen. Heute würden wir antworten (wie Darwin seinerzeit), diese innovativen Änderungen wurden schrittweise eingeführt, während im 19. Jahrhundert die allgemeine Antwort (keine, die Darwin unterstützt hätte) lautete, daß es neben der natürlichen Selektion etwas gäbe, eine innere Kraft, die eine Höherentwicklung bewirkt.

Eine weitere Schwierigkeit war anfänglich der Mangel an Verständnis für den Mechanismus der Vererbung. Das bedeutete, daß viele Biologen – auch Darwin selbst ist nicht ganz schuldlos – sich auf eine Art Lamarckismus zurückzogen, um den Wandel zu erklären. Sie schlugen vor, der Wandel würde durch Gebrauch und Nichtgebrauch verursacht, und dieser Wandel würde dann vererbt – mit anderen Worten, es gäbe eine Vererbung von erworbenen Eigenschaften. Der Lamarckismus wird besonders häufig in Diskussionen über das Verhalten vorgeschlagen, wobei behauptet wird, ein bestimmtes Verhaltensmuster könne schließ-

1 Helen Beatrix Potter, engliche Kinderbuchautorin, 1866-1943, deren Bücher von einer Reihe kleiner, netter und weniger netter Tiere bevölkert werden. (Anm. d. Übers.)

lich vererbbar werden. Es steckt ein bißchen Wahrheit darin, aber wir werden später erkennen, daß die Erklärung dafür rein Darwins Prinzip folgen kann. In seiner Schrift *The Descent of Man* legte Darwin eine interessante Abhandlung über die mindere Intelligenz der Frauen im viktorianischen Zeitalter vor, und er regt an, diesen Mangel in ein paar Generationen mit verstärkter Bildung zu beheben. Er hat natürlich recht, aber sie wird nicht vererbbar, wie er vermeintlich vorschlägt; solch ein Wandel ist völlig abhängig von der Kultur und kann deswegen in einer Generation erfolgen.

Diejenigen, die heutzutage fortfahren, die Idee, daß die natürliche Selektion allein in der Lage ist, die Evolution zu erklären, zu verwerfen, sind kuriose Zeitgenossen. Am Anfang schienen ganze Länder eine Meinung zu adoptieren, als einer Art nationaler Haltung in der Wissenschaftsgemeinde. Zum Beispiel führte Deutschland sofort nach der Veröffentlichung des *Origins* die Gruppe der Befürworter an. Zu einem guten Teil war das dem Einfluß einiger wichtiger Biologen zu verdanken. Ernst Haeckel, ein großer Enthusiast und unermüdlicher Verbreiter wissenschaftlicher Ideen, war ein standhafter Verfechter einer etwas vereinfachten Version der Darwinschen Ideen, und er predigte die Botschaft mit Eloquenz und Leidenschaft in ganz Deutschland, seine Bücher wurden in andere Sprachen übersetzt, auch ins Englische. Er besaß die Gabe, Wissenschaft für den Laien zu vereinfachen. Dies war seine Stärke und zugleich Schwäche, weil seine Generalisierungen zu sehr aufräumten. Ich kann mich erinnern, mich einmal bei einem älteren Kollegen beschwert zu haben, daß eine Theorie von Haeckel über die Entstehung der vielzelligen Tiere (durch die Darmeinstülpung eines Volvox-ähnlichen Vorfahren) so lange diskreditiert worden ist. Ich war in meinem jugendlichen Idealismus schockiert, als ich den Professor sagen hörte: „Ich weiß das, aber es ist zu leicht zu lehren." (Die Ironie dieser Geschichte liegt darin, daß Haeckels alte Idee nach einhundert Jahren aggressiver Vernachlässigung wieder in unser wohlwollendes Interesse gerückt ist!) Unter allen Umständen tat Haeckel, der extravagante Propagandist, viel dafür, daß Deutschland ein Pro-Darwin Land wurde.

Ein weit wichtigerer intellektueller Beitrag wurde von August Weismann geleistet, der, wie ich glaube, der Statur Darwins mehr entsprach als irgendein anderer Evolutionsbiologe des neunzehnten Jahrhunderts. Er war ein Mann von großer Tiefe. Er verstand nicht nur den Darwinismus, er tat viel, einige Aspekte des Themas vorwärtszubringen. Er machte klar, daß man erworbene Eigenschaften nicht weitervererben kann, weil die gestutzten Schwänze der Lämmer nie zu einer Abwesenheit von Schwänzen bei der Nachkommenschaft geführt haben. Auch die fortwährende Beschneidung der Juden seit Jahrtausenden hatte diese nicht erübrigt. Darüberhinaus klärte er den Unterschied zwischen einer unsterblichen „Keimzelle" (Ei und Sperma), die die nächste Generation bildet, und einer „somatischen Zelle", aus der der sterbliche Teil eines vielzelligen Organismus besteht, der Teil, der in jeder Generation sterben wird. Merken Sie, wie dies die Ansichten von Dawkins vorwegnimmt, wobei das Soma Dawkins „Vehikel" oder Überlebensmaschinen und das Keimplasma den DNS-„Replikator" darstellt. Ich lernte Weismann mehr und mehr schätzen, weil er der erste war, der verstand, wie die Embryonalentwicklung notwendigerweise fest mit der Evolution verwoben ist. Als jemand, der an beidem interessiert ist, glaube ich, daß Weismanns Ideen wieder hervorkommen und neue Bedeutung gewinnen. Zu seiner Zeit war er ein respektierter Mann, und er machte seinen Einfluß geltend, die Akzeptanz der natürlichen Selektion in Deutschland zu erhöhen. Ich möchte nicht behaupten, jedermann in Deutschland wäre konvertiert, aber sicherlich eine Mehrheit. Es gibt ein paar interessante Ausnahmen, Hans Spemann zum Beispiel, der die embryonische Induktion entdeckte, war sehr gegen die Aussage, die natürliche Selektion sei die treibende Kraft in der Evolution.

In Amerika und Rußland war die Akzeptanz viel langsamer, und es dauerte bis zum Beginn dieses Jahrhunderts, daß mit Hilfe solch beredter Advokaten wie E.G. Conklin die Darwinverfechter dominant wurden. In Rußland wurde Darwin immer hochgeschätzt. Es ist eine interessante Tatsache, daß die russischen Biologen sich mit der natürlichen Selektion wohl anfreunden konnten, die mehr philosophischen Marxisten der letzten Jahre sich aber weniger enthusiastisch zeigten. Es gab die schockierende Periode unter Lyssenko, als der Lamarckismus zur offiziellen Staatsdoktrin erhoben wurde, aber das war mehr ein Lapsus der Politik als der Wissenschaft.

Eine Ausnahme in der Annahme von Darwins Ideen bildeten einflußreiche Kreise in Frankreich und tun es noch. Ich verstehe eigentlich nicht recht, warum, aber die Länder haben ihre eigene Sprache und ihre eigenen starken Wissenschaftsgemeinden, die Ansichten verstärken können, die von denen ihrer nahen Nachbarn abweichen. Es könnte einfach der andauernde Einfluß von Lamarck sein, der zu Recht bewundert wird, aber das erklärt es nur unzureichend. Es ist wahr, daß Frankreich in der Politik oft seine Unabhängigkeit demonstriert hat und seine eigenen Ansichten kultiviert, ohne sich daran zu stören, daß diese Ansichten von denen anderer abweicht. Es ist der Geist, der auch den unabhängigen Kopf eines Charles de Gaulle kennzeichnete.

Es gibt eine ganze Reihe erstklassiger Biologen in Frankreich, die nicht glauben, daß die natürliche Selektion ausreicht, um die Evolution zu erklären. Ein gutes Beispiel ist der Kinderpsychologe Jean Piaget. Er war ein begeisterter Lamarck-Anhänger, und in seinen frühen Tagen machte er einige interessante Beobachtungen an Teichschnecken, die die Vererbung erworbener Eigenschaften zu zeigen schienen. Eine ganze Reihe anderer bedeutender Biologen schrieben Veröffentlichungen und Bücher, in denen sie die Unzulänglichkeit der natürlichen Selektion betonen. Was sie stattdessen vorschlagen, ist für mich sehr schwer zu verfolgen, außer wenn Elemente des Lamarckismus hervorschauen. Das Gefühl der Unzulänglichkeit von Darwins Ideen ist verständlich, aber ich werde ungeduldig bei dem Versuch, zu verstehen, wie sie glauben, die Evolution erklären zu können; ich verliere mich in einem Wust von Worten. Ich kann den schwarzen Verdacht nicht loswerden, daß sie, wie bei der Orthogenese, eine unidentifizierte Kraft, die den evolutionären Wandel auslöst, favorisieren. Ich erinnere mich lebhaft an eine Vorlesung in Paris in den fünfziger Jahren, die von einem bekannten Zoologen über die Unzulänglichkeiten des Darwinismus gehalten wurde. In der Diskussion, die darauf folgte, wurde er heftig von einem katholischen Priester attackiert, der für die natürliche Selektion war. Das schien mir zu der Zeit und auch heute noch ein gutes Stück Ironie zu sein.

Das Erwachsensein

Wir haben jetzt das Stadium im Lebenskreis erreicht, das als Periode des Erwachsenseins bezeichnet werden kann. Ein Erwachsener kann grob als ein Individuum definiert werden, das die Periode im Lebenszyklus erreicht hat, in der es sich reproduzieren kann. Diese Definition trifft am besten auf große, sich sexuell vermehrende Organismen zu; die Kategorie ist weniger eindeutig bei einigen primitiven Organismen mit asexuellen Zyklen, aber das ist nur ein Detail. Wichtig ist, daß diese Erwachsenen, um zu überleben und sich erfolgreich zu vermehren, alle möglichen, interessanten Strategien, um in ihrer Umgebung zu bestehen, entwickelt haben. Sie zeigen kluge Wege, Futter, Schutz und Partner zu finden, Verfolgern zu entkommen, ihre Jungen zu hegen und sich auf mannigfaltige Weise anzupassen. All diese erstaunlichen Errungenschaften sind das Ergebnis der natürlichen Selektion, weil sie einen Beitrag zur erfolgreichen Vermehrung leisten. Erfolg in der Produktion von Nachkommenschaft, die wiederum überlebt, garantiert eine kontinuierliche Folge von Generationen.

Die spektakulärsten Anpassungen findet man bei den Tieren (die Anpassungen erwachsener Pflanzen sind dagegen relativ einfach, obwohl sie ihre Zwecke gut erfüllen). Aktive Tiere werden als Erwachsene deshalb so bemerkenswert, weil sie ein Nervensystem besitzen und zu Verhalten fähig sind. In den nächsten drei Kapiteln werden wir etwas über die verschiedenen Stationen der Evolution des Verhaltens lernen. Zunächst werde ich das einfache Bewußtsein, dann die Bildung von tierischen Gesellschaften und schließlich das Erlangen von Kultur diskutieren.

6
Bewußtsein erlangen

Bezüglich der Zunahme der möglichen Größen von Organismen während der Evolution besitzt ein Organ der Tiere einen enormen Einfluß. Dies ist das Gehirn, weil das Gehirn für das Verhalten verantwortlich ist, welches, wie wir noch sehen werden, Dinge tun kann, die die Evolution in einzigartiger Weise beeinflussen. Zunächst scheint es seltsam, daß diese wichtige Neuerung auf Tiere beschränkt ist, ganz offensichtlich besitzen Pflanzen kein Gehirn. Andererseits wurde das Gehirn nicht in einem großen einzigen Wurf erreicht, sondern seine Voraussetzungen sind in den Eigenschaften vieler Organismen zu finden. Die Möglichkeiten der Fähigkeit „sich zu verhalten“, von der einfachsten bis zur kompliziertesten Art und Weise, scheinen eine andere Eigenschaft von Organismen zu sein, die sich im Zuge der Evolution vervielfältigt hat. Letzten Endes ist es nichts anderes als Arbeitsteilung, aber die Konsequenzen für die Evolution übersteigen bei weitem diejenigen anderer Spezialisierungen, mit denen Organismen bestimmte Funktionen oder Arbeiten bewältigen. Denn diese Konsequenzen haben einen wesentlichen Effekt auf den Verlauf der Evolution.

Die einfachste Art von Verhalten, die man sich vorstellen kann, ist, daß ein Organismus auf etwas aus seiner Umgebung reagiert. Das könnte eine Bewegung von oder zu dem Licht oder einer anderen Eigenschaft der Umgebung sein, so wie es die Hinwendung zum Futter oder das Abwenden von toxischen Chemikalien ist. Diese Eigenschaften finden wir bei allen Organismen, vom einfachsten Einzeller bis zu komplizierteren höheren Pflanzen oder Tieren. Auf diese Weise zeigen Organismen eine bewußte Wahrnehmung ihrer Umgebung. Es gibt jedoch verschiedene Stufen von Bewußtsein, und die bewußte Wahrnehmung der unmittelbaren Umgebung (und die angemessene Reaktion darauf) liegt am unteren

Ende der Skala. An deren anderem Ende liegt die Bewußtheit, die wir für eine menschliche Errungenschaft halten. Wir nennen sie auch Bewußtsein, oder die Fähigkeit, von uns selbst zu wissen, so daß wir nicht wie Roboter agieren. Die Idee, daß andere Tiere bis zu einem gewissen Grad ebenfalls ein Bewußtsein ihrer selbst besitzen, hat in jüngster Zeit größeres Interesse hervorgerufen, hauptsächlich ausgelöst durch die Arbeiten von Donald Griffin. Danach wären menschliche Wesen diesbezüglich gar nicht so einzigartig, sie hätten nur einen höheren Grad an Bewußtsein als nichtmenschliche Tiere.

Ich ziehe es vor, mit den einfachsten, statt mit den am weitesten fortgeschrittenen Erscheinungsformen bewußter Wahrnehmung anzufangen. Von besonderem Interesse sind hier Beispiele, in denen ein einfacher Organismus nicht nur auf seine Umgebung, sondern auch auf Vertreter seiner eigenen Art reagiert. Dies wäre das erste Beispiel dafür, daß Organismen in der Lage sind, miteinander zu kommunizieren, ein erster Schritt zu einer Art sozialer Integration. Ich wähle als Beispiel die Schleimpilze, weil sie mich viele Jahre lang beschäftigten, ja geradezu absorbiert haben.

Von den fressenden Amöben ist bekannt, daß sie miteinander in der vielleicht einfachsten aller bekannten Weisen kommunizieren. Man kann zeigen, daß die einzelnen Schleimpilzzellen sich gegenseitig abstoßen. Es ist bewiesen, daß sie eine Substanz in die Umgebung abgeben, die die Zellen in ihrer Nachbarschaft veranlaßt, sich wegzubewegen. Dieser Prozeß wird negative Chemotaxis genannt. Vermutlich ist dies hilfreich für eine vereinzelte Amöbe, die ihre Umgebung dann effizienter nach Bakterien abgrasen kann, oder es ist einfach eine selbstsüchtige Verteidigung der Nahrung. Nachdem die bakterielle Nahrung verbraucht ist, aggregieren die Amöben an einem zentralen Sammelpunkt. Wieder geschieht dies auf Grund einer chemischen Substanz, die sie abgeben, die jedoch anziehend statt abstoßend wirkt, so daß die einzelligen Amöben in Gruppen zusammenkommen. Während dieses Prozesses bildet ein Aggregat einen einzigen mehrzelligen Organismus; die Kommunikation zwischen den Organismen (den einzelnen Zellen) verstummt, sobald der Kontakt hergestellt ist, und jetzt ist jede Kommunikation zwischen den Zellen in der Zellmasse ein internes, entwicklungsbedingtes Signal von Zelle zu Zelle. Inzwischen sind viele solcher internen Signale, die alle Aspekte der Entwicklung, einschließlich des Verhältnisses von Sporen zu Stielzellen, regulieren, nachgewiesen worden.

Dies ist der Hintergrund für die Geschichte, die ich erzählen möchte. Als ich als Student für William H. Weston zu arbeiten begann, hat er mich mehr als einmal gefragt: „Warum erheben sich Schleimpilze, wie alle kleinen Pilze mit Fruchtkörpern, immer im rechten Winkel zum Substrat in die Luft, egal in welcher Orientierung sich das Substrat befindet?" Man kann die Kulturschale so stellen, daß die Oberfläche vertikal verläuft und trotzdem ragt jeder Fruchtkörper im rechten Winkel aus der Oberfläche. (Diese Experimente müssen im Dunkeln oder in gleichmäßig diffusem Licht gemacht werden, da sich die Fruchtkörper zum Licht hin erheben.) Ich habe mich in den letzten fünfzig Jahren immer wieder einmal mit diesem Problem beschäftigt – Tatsache ist, ich arbeite immer noch daran.

Mein erstes Experiment zu dieser Frage war relevant, ohne daß ich mir damals dessen bewußt gewesen wäre. Ich schnitt eine wandernde „Schnecke" in drei Teile und bemerkte, daß das Vorderteil, sobald es einen Fruchtkörper bildete, sich vorwärts neigte, das hintere Teil rückwärts und der mittlere Teil zeigte auf etwas dazwischen (Bild 18). Da ich diese Experimente als Student machte, wundere ich mich nicht über die etwas merkwürdige Interpretation seinerzeit: Ich dachte, daß das Vorderende einen vorwärtsgeneigten Fruchtkörper bildet, weil sich schnelle Zellen vorne befänden, und daß die am Ende langsam seien, so daß sie bei der Fruchtkörperbildung wie am Rockzipfel nach hinten gezogen wurden.

Bild 18: Eine große „Schleimpilzschnecke" wurde in drei Teile geteilt (das Vorderteil befindet sich rechts), und wenn sich die drei Fragmente in die Luft erheben, um Fruchtkörper zu bilden, neigen sie sich voneinander weg. (Zeichnung von K. Zachariah)

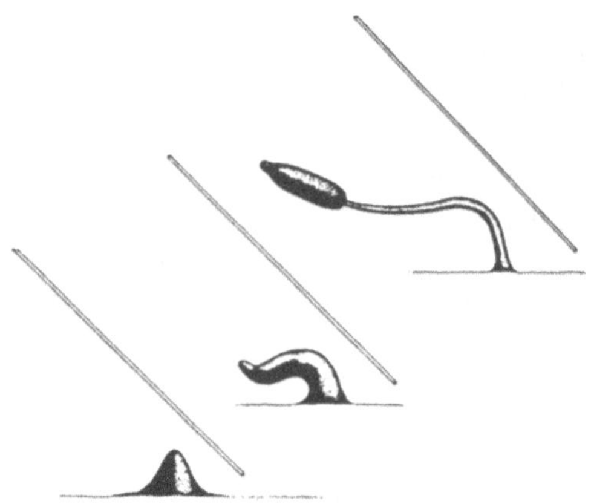

Bild 19: Der Fruchtkörper eines Schleimpilzes erhebt sich unter einer kleinen Glasplatte und wird abgelenkt. (Zeichnung von K. Zachariah)

Die Torheit dieser Interpretation kam zu Tage, als wir später mit Hilfe von zwei meiner Diplomstudenten die drei Teile herumbewegten wie in dem Hütchenspiel. Es war nämlich einerlei von welcher Stelle in der ursprünglichen „Schnecke" die Teile stammten, sie neigten sich immer von der nächsten Zellmasse weg. Es schien eine Abstoßung zwischen den sich erhebenden Fruchtkörpern zu existieren.

Nachdem die beiden Studenten diplomiert waren, beschlossen meine Assistentin und ich, einen genaueren Blick auf die Sache zu werfen, um herauszufinden, welcher Mechanismus hinter dieser Abstoßung steckte. Wir konnten durch eine Reihe von Experimenten nachweisen, daß die Zellmassen einen flüchtigen Stoff abgeben, ein Gas, das benachbarte Zellmassen abstieß. Für einige dieser Experimente sind wir ziemlich weit herumgekommen. Zum Beispiel wollten wir einmal feststellen, was passiert, wenn wir einen sich erhebenden Fruchtkörper in einen Luftstrom setzen. Um das zu tun, ging ich hinüber zur Abteilung für Luftfahrttechnik und baute mit ihrer Hilfe den kleinsten Windkanal der Welt. Wenn feuchte Luft über die sich erhebende Zellmasse strich, neigte sie sich in den Wind, möglicherweise, weil der Wind das abstoßende Gas hinter die Zellmasse blies und sie so dazu brachte, sich gegen den Strom zu lehnen, also weg von dem Gas.

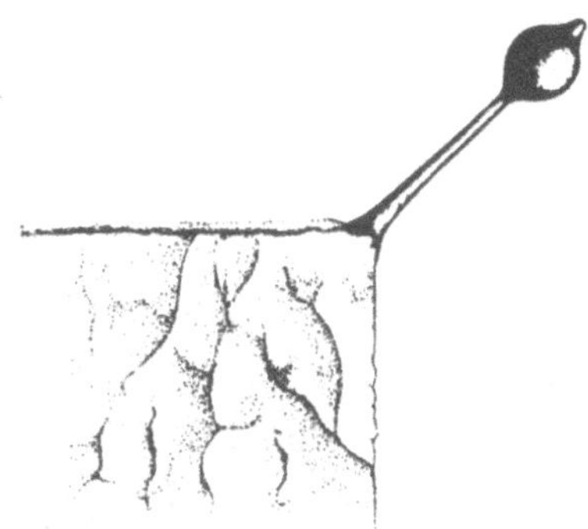

Bild 20: Ein Fruchtkörper erhebt sich von der Kante eines Agarblocks und halbiert den Winkel zwischen den beiden Oberflächen. (Zeichnung von K. Zachariah)

Wir plazierten auch zwei beginnende Fruchtkörper nah nebeneinander. Sie beugten sich voneinander weg, während sie sich aufrichteten; wenn aber ihre Plätze nicht so nah standen, wurden die Winkel, in denen sie voneinander wegstrebten, kleiner. Wenn die Zellmassen in einen höhlenartigen Spalt gestellt wurden, erhoben sie sich, bis sie sich in gleicher Entfernung von Boden sowie Dach der Minihöhle befanden (Bild 19). Wenn die Masse auf die Kante eines Agarblocks gesetzt wurde, erhob sie sich, indem sie den Winkel, den die Oberfläche des Agarblocks mit seiner senkrechten Wand bildete, exakt halbierte (Bild 20). Und natürlich wußte ich von meinem alten Lehrer, daß sie sich von einer flachen Agarfläche in einem perfekten rechten Winkel erheben.

Das wirklich entscheidende Experiment bestand darin, ein Stück Aktivkohle hinzuzufügen, welche die Eigenschaft besitzt, so ziemlich ohne Unterschied jede flüchtige Substanz zu absorbieren und zu binden. Wenn sie sich in der Nähe der Fruchtkörper befand, machten sie Art Kopfsprung mitten in die Aktivkohle hinein (Bild 21). Dies geschah, weil die Kohle das abstoßende Gas auf ihrer Seite absorbiert hatte.

Weil der ganze Prozeß der Fruchtkörperbildung ebenso wie die Bewegung der wandernden „Schnecke“ eher die Bewegung der individuellen Amöbe in der Zellmasse als irgendein Wachstum erfordert, muß das abstoßende Gas auf irgendeine Weise die Bewegung der Zellen beeinflus-

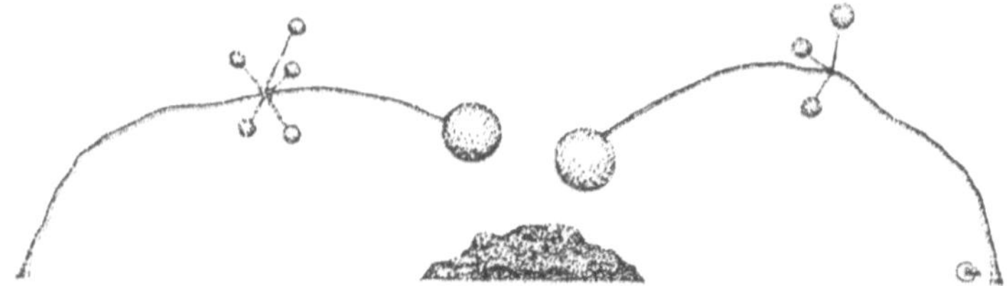

Bild 21: Zwei sich erhebende Fruchtkörper werden von einem kleinen Stück Aktivkohle auf der Agaroberfläche angezogen. (Zeichnung von R. Gillmor.)

sen. Ist das Gas auf einer Seite konzentrierter, werden die Zellen auf dieser Seite schneller, und das Ergebnis wird sein, daß sich die Spitze der Zellmasse vom Gas wegbewegt. Gleichermaßen verlangsamt die Abwesenheit des Gases auf einer Seite der sich erhebenden Zellmasse, hervorgerufen durch die Aktivkohle, die Bewegung derjenigen Zellen an der Spitze, die sich in der Nähe der Kohle befinden, und deswegen neigt sich das Ende zur Kohle, als ob sie von ihr angezogen würde. Auf diese Weise schließlich kann das große Rätsel gelöst werden, warum sich die kleinen Fruchtkörper in rechten Winkeln zur Oberfläche erheben. Da sie auf diese Weise die Konzentration des Gases, das sie abgeben, gleichmäßig zu allen Seiten verteilen, ist das Ergebnis ein gerade in die Luft hineinragender Fruchtkörper. Nicht nur, daß die Zellmassen miteinander kommunizieren, um sicherzugehen, daß ihre Sporenköpfe so weit wie möglich voneinander entfernt sind, sondern sie können sich selbst orientieren, indem sie das Gas, das sie produzieren, an allen Seiten in der gleichen Konzentration halten.

Diese Experimente machte ich in den sechziger Jahren und ich kehrte in den letzten Jahren zu dieser Frage zurück. Die eine offene Frage war geblieben: Welches Gas ist es? Ein Doktorand hatte die flüchtigen Stoffe gesammelt, die ein Schleimpilz, der sich in einer Kulturschale entwickelt, abgibt. Mit Hilfe der Gaschromatographie wies er nach, daß sie Kohlendioxyd, Ammoniak, Ethylen, Ethanol, Ethan und Acetaldehyd in meßbaren Mengen abgeben. Diese wurden die ersten Kandidaten, aber in welchem Test?

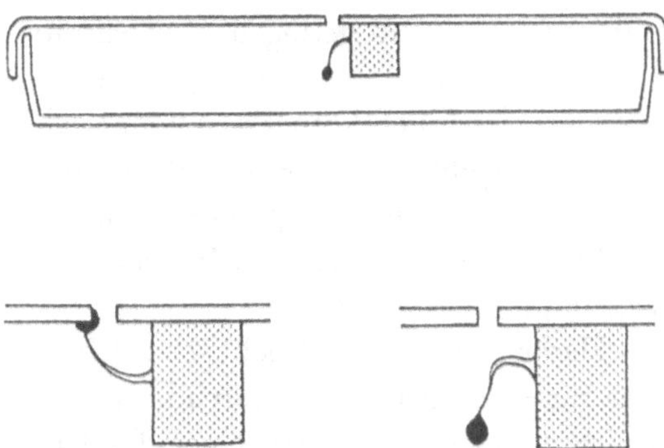

Bild 22: Die obere Zeichnung zeigt den Durchschnitt durch eine kleine Petrischale (60 x 15 mm) und die Position eines Agarblocks mit einem Schleimpilz in der Nähe des Loches im Deckel. Diese kleinen Petrischalen werden dann in eine größere Kammer, die mit verschiedenen Testgasen gefüllt ist, gesetzt. Die unteren Zeichnungen zeigen die Region vergrößert. Auf der rechten Seite wird der Fruchtkörper durch Ammoniak abgestoßen; auf der linken Seite ist die Antwort auf alle anderen getesteten Gase dargestellt. (Aus Bonner *et al.*, *Nature* 323 (1986) : 630.)

Eines Tages beschloß ich, etwas Neues auszuprobieren, um diese Gase zu testen. Ich nahm eine kleine Petrischale, die gut zu verschließen war, und bohrte ein winziges Loch (kleiner als einen halben Millimeter im Durchmesser) in die Mitte des Deckels. Neben dieses Loch setzte ich einen kleinen Agarblock mit dem Fuß eines Fruchtkörpers darauf, der so orientiert war, daß er in die Horizontale zeigen würde, also parallel zu der inneren Oberfläche des Deckels (Bild 22). Diese Schale wurde nun in einem großen, geschlossenen Behälter mit den Gasen begast. Nach einigen Stunden wurde die Orientierung der Fruchtkörper beobachtet. Wenn feuchte Luft, beziehungsweise Kohlendioxyd, Ethanol, Ethan oder Ethylen in relativ hoher Konzentration eingeführt wurde, zielte der Fruchtkörper direkt auf das über ihm liegende Loch. In einigen Fällen traf er exakt das Loch und zeigte hindurch, fast immer traf er den Rand des Loches. Dies ist vermutlich der Fall, weil keine dieser äußeren Atmosphären eine abstoßende Wirkung hat, gleichzeitig sammelt sich jedoch das abstoßende Gas, welches der Schleimpilz selbst abgibt, in der kleinen Petrischale an, und der Fruchtkörper versucht, durch das Loch zu fliehen. Wie auch immer, wenn Ammoniak in sehr geringen Konzentrationen (0,0036 % verglichen mit 1-15 % der anderen Stoffe) in die äußere Atmosphäre eingebracht wurde, zeigte der Fruchtkörper weg vom Loch direkt in die andere Richtung. Dieses Ergebnis deutete stark darauf hin, daß Ammoniak der abstoßende Stoff ist, was durch Experimente in zwei anderen Labors bestätigt wurde. Es war ein erhebender Moment, als ich dies sah, ein Moment mit schleimpilzigem Heureka!

Ein einziges Fiasko erlebte ich, als ich Acetaldehyd ausprobierte. Ich wußte nicht, was für einen gemeinen, durchdringenden Geruch es verbreitet, und so roch das ganze Stockwerk einen Tag lang geradezu ekelerregend. Ich konnte von Glück sagen, daß die Lösung unseres Problems uns nicht der Gnade einer so unangenehmen Substanz ausgeliefert hatte.

Wenn Ammoniak die abstoßende Substanz war, mußte es möglich sein, zu zeigen, daß es die Bewegung der Zellen beschleunigte. Es stellte sich heraus, daß dies sehr einfach zu beweisen war, und wir konnten die Konzentrationen von Ammoniak bestimmen, die einzelne Zellen, sich aggregierende Ströme und wandernde „Schnecken" beschleunigten. Sie lagen in dem Bereich von Ammoniakmengen, die, wie wir wissen, von Schleimpilzen abgegeben werden.

Eine andere interessante Möglichkeit war, daß die Orientierung zum Licht, die bei Schleimpilzen insbesondere während der Wanderung sehr deutlich ist, ebenfalls durch Ammoniak kontrolliert wird. Das erste Experiment, das diese Idee unterstützte, wurde von einer sehr gescheiten Oberschülerin, die ein bißchen Forschung machen wollte, durchgeführt. Als Kontrolle setzte sie ein Stückchen Agar, welches die sich formierenden „Schleimpilzschnecken" enthielt, in die Mitte einer leeren Agarplatte und beleuchtete diese von einer Seite. Alle „Schnecken" orientierten sich zum Licht hin. Wiederholte sie dieses Experiment mit einer ausreichenden Konzentration an Ammoniak in der unmittelbaren Umgebung, waren die „Schnecken" völlig desorientiert (Bild 23). Die hohe Konzentration an Ammoniak hatte eindeutig die Fähigkeit der „Schnecken", auf Licht zu reagieren, aufgehoben.

Diese Orientierung zum Licht hat eine interessante Erklärung, welche vor vielen Jahren von einem deutschen Biologen entdeckt worden war. Sein Experiment ist mit Schleimpilzen wiederholt worden. Das We-

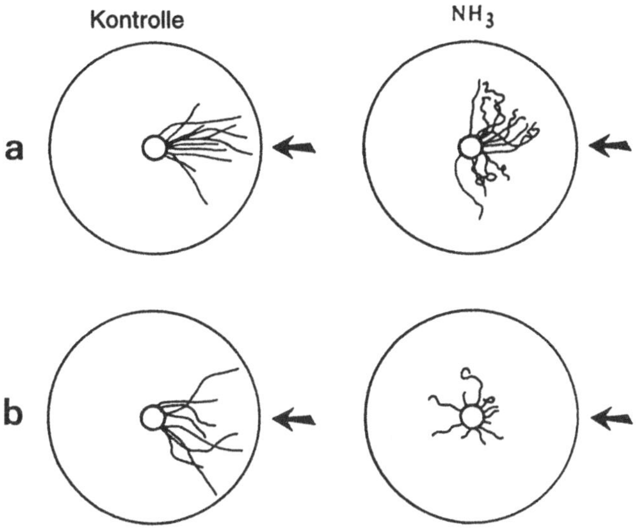

Bild 23: Die Wirkung von Ammoniak auf die Orientierung der Schleimpilze zum Licht hin. Zwei Experimente (a und b) zeigen die Schleimspuren, die von einem zentral plazierten Agarstückchen ausgehen. Die Pfeile deuten die Richtung des Lichtes an. In einer ammoniakhaltigen Atmosphäre sind die "Schnecken" merklich desorientiert und können sich nicht mehr zum Licht hinbewegen. Dieses ist in Experiment a), bei dem die Ammoniakkonzentration geringer als in b) ist, nur teilweise zu beobachten. (Aus Bonner *et al.*, *Proc. Natl. Acad. Sci. USA* 85 (1988) : 3885.)

sentliche dabei ist, daß die „Schnecken" durchsichtig sind, so daß sie, sobald das Licht ihre zylindrische Gestalt trifft, wie ein Brennglas funktionieren und das Licht auf das hintere Ende der „Schnecken" bündeln. Das bedeutet, daß das Licht an dem Ende der „Schnecke", die am weitesten von der Lichtquelle entfernt liegt, am hellsten ist (Bild 24). Eine schöne Probe aufs Exempel hat man, wenn man die „Schnecke" in Mineralöl setzt, wo sie dann vom Licht fortwandert anstatt zu ihm hin. Dies liegt am Brechungsindex des Öls, der so beschaffen ist, daß die „Schnecke" wie eine Streulinse wirkt und sich deswegen das meiste Licht auf der der Lichtquelle zugewandten Seite befindet.

Beide Experimente deuten daraufhin, daß Zellen, die besser illuminiert sind, sich schneller bewegen. Jetzt war die Frage, ob die „Schnek-

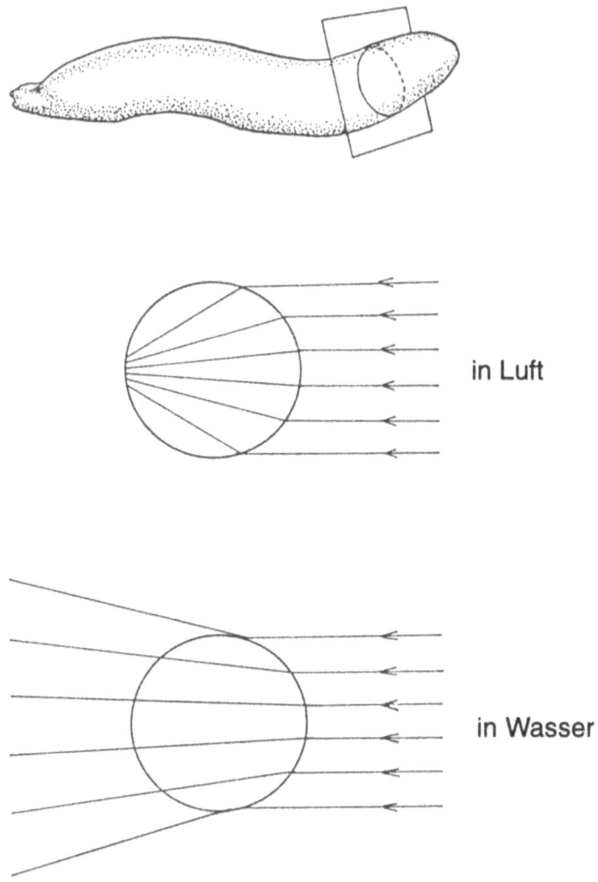

Bild 24: Hier können wir sehen, wie in Luft das Licht am äußeren Rand der "Schnecke" gebündelt wird, weil die "Schnecke" wie ein Brennglas oder eine Vergrößerungslinse wirkt. Wenn sich die "Schnecke" jedoch in Öl befindet, wird sie auf Grund des Brechungsindex des Öls zur Streulinse.

ken" mehr Ammoniak produzieren, wenn sie sich im Licht bewegen, als wenn sie sich im Dunkeln befinden. Die Antwort darauf ist unmißverständlich: Licht stimuliert die Produktion von Ammoniak, welches, wie wir gesehen haben, die Geschwindigkeit der Zellbewegung stimuliert. Gleichzeitige Experimente in Hitzegradienten, auf die sie sehr sensibel reagieren, haben ähnliche Ergebnisse gebracht, wenngleich mit einigen interessanten Komplikationen.

Aus diesen einfachen Experimenten können wir entnehmen, wie eine bestimmte Substanz, die ein Produkt des Stoffwechsels ist (größtenteils aus dem Abbau von Proteinen und Aminosäuren), ein wichtiges Signalmolekül in Schleimpilzen werden kann. Ammoniak ist ein kleines Molekül, das extrem schnell in Luft diffundiert und mit großer Leichtigkeit in Zellen eindringt. Darüber hinaus macht es die Zellen alkalischer, wenn es in sie eindringt. Heute wollen wir mehr über die Details wissen, wie die Zellen durch Ammoniak schneller gemacht werden und insbesondere warum so kleine Konzentrationsunterschiede des Ammoniaks zu so großen Bewegungsunterschieden führen können. Mit diesen biochemischen Fragen beschäftigen sich andere.

Aus einer Reihe von Gründen habe ich den vielen Details dieser einfachen Signale zwischen vielzelligen Organismen so viel Zeit und Raum gegeben. Zunächst zeigen sie, daß selbst niedrigste Lebensformen ein sehr komplexes und hochentwickeltes Signalsystem besitzen. Zweitens werden hier Grundprinzipien, wie Signalsysteme funktionieren, aufgezeigt. Und schließlich betrachte ich sie mit besonderer Liebe, weil ich diese Fragen mein ganzes wissenschaftliches Leben lang in Angriff genommen habe.

Lassen Sie mich jetzt einen großen Sprung zum Verhalten von Tieren machen. Zur Basis des Verhaltens gehört auch das Signalisieren, aber Tiere unterscheiden sich von Schleimpilzen insofern, als sie ein Nervensystem besitzen. Einige Nervenzellen sind besonders dazu konstruiert, Signale zu empfangen, andere, um Zellen, die eine besondere Aufgabe haben, wie zum Beispiel Muskelzellen, die verantwortlich für die Bewegung des Tieres sind, zu aktivieren. Zwischen diesen beiden Endpunkten sind Nervenzellen zwischengeschaltet, um sie zu verbinden. Sie variieren in ihrem Grad an Komplexität, wobei das Äußerste eine große Ansammlung solcher Zellen darstellt, die das Gehirn bilden. Diese ausgedehnten Gruppen von verbindenden Neuronen modulieren nicht nur die Antworten auf die Signale, sondern sie können auch selbst Signale aussenden. Sie sind Prozessoren der Botschaften, und in ihrer ausgeprägtesten Form beim Menschen erstaunlich effiziente Denkmaschinen.

Wie wir gesehen haben, ist das Signalisieren eine Methode der Kommunikation zwischen Individuen und zwischen Individuen und ihrer Umgebung. Um die Kommunikation zwischen Individuen stattfinden zu lassen, muß es eine Möglichkeit geben, ein Signal auszusenden, und eine, um es bei dem anderen Individuum zu empfangen und zu verarbeiten. Es ist sicher wahr, daß Verhalten nicht nur Signalisieren ist, aber jedes Verhalten beinhaltet auf irgendeine Weise auch Kommunikation. Hier möchte ich zunächst die verschiedenen Möglichkeiten, wie Signale genutzt werden, kurz darstellen, das bedeutet, was die Signale für die Beziehungen der Tiere untereinander tun können. Ich werde daraufhin jede Methode des Signalisierens untersuchen, seien sie visuell, auditiv, chemisch und so weiter. Schließlich werde ich zwei Beispiele, wie Signale ein bemerkenswert komplexes Verhalten bewirken, genauer beschreiben.

Signale werden oft zwischen Spezies benutzt. Zum Beispiel können Warnrufe von einem Beutetier ausgestoßen werden, wenn ein Räuber ausgemacht wurde. Signale können auch dazu benutzt werden, zwischen Individuen der eigenen Art und denen einer eng verwandten Art zu unterscheiden. Wenn man seine eigene Art kennt, kann dieses Wissen nützlich sein, um eine Vermischung (mit möglicher Sterilität als Folge) zu vermeiden. Mit anderen Worten, Signale können ein Mittel sein, die Individuen der eigenen Art von denen der anderen Art zu trennen. Signale werden auch intensiv zwischen den Geschlechtern benutzt. Sie sind ein Mittel, Partner auszuwählen, die Territorien abzustecken und zu verteidigen, und sie sind die Grundlage der Balz.

Schließlich werden Signale zwischen Individuen einer Art über diejenigen hinaus, die der Sexualität dienen, benutzt. Sie sind zum Beispiel an den komplizierten Beziehungen zwischen Eltern und Nachkommenschaft beteiligt. Wie wir im nächsten Kapitel erfahren werden, sind soziale Tiere von der Kommunikation zwischen den Individuen abhängig, um eine soziale Gruppe zu bilden. Besonders interessant sind die Signale, die zur Erkennung der Mitglieder der eigenen Kolonie (Nestgeruch bei sozialen Insekten) führen, und die Signale, die in manchen Fällen zur Erkennung eines einzelnen Individuums dienen. Lassen Sie uns jetzt die Signale und ihre Analyse genauer untersuchen.

Das moderne Zeitalter eines neuen Verständnisses von tierischem Verhalten begann mit den Arbeiten von Konrad Lorenz, Niko Tinbergen und einer Reihe anderer. Ihr Werk trug Früchte und wurde in den vierziger und fünfziger Jahren mit breiter Zustimmung aufgenommen; die neue Disziplin wurde Ethologie getauft. Die wichtigsten Glaubenssätze dieser neuen Richtung beruhten auf der Bedeutung der Kommunikation. Sie konnten zeigen, daß Organismen bestimmte Signale sehr eindeutig beantworteten, und sie nannten diese Antworten „angeborene auslösende Mechanismen", um zu betonen, daß diese Antworten streng und unflexibel sind. Die Signale, die zu diesen Antworten passen, wurden deswegen „Auslöser" genannt. Eine Folge davon war, daß man von Organismen wieder denken konnte, sie reagierten instinktiv auf Reize, ein Gedanke, der seit dem letzten Jahrhundert als unzureichendes Konzept angesehen worden war, einfach weil Instinkt eine festgelegte Reaktion, ein festgelegtes Verhalten beinhaltete. Die Idee, daß die Antworten starr sein können, implizierte irgendwie einen Determinismus im Verhalten, und die Leute fanden es schwierig, das menschliche Verhalten mit all seiner Flexibilität auszuklammern. Man glaubte, das Lernen nähme eine Schlüsselrolle in jeglichem Verhalten ein, und fand es gefährlich, zu behaupten, es könne eine Art automatischer Reaktion geben, die als genetisch vererbter „Instinkt" eingestuft würde. Die Ethologen haben inzwischen ihre Position verdeutlicht, und heute haben wir einen Kompromiß gefunden. Bei vielen der angeborenen auslösenden Mechanismen kann das Lernen zu dem festgelegten, vererbten Verhalten hinzugefügt werden. Der beste Weg, die revolutionären Ideen der ersten Ethologen zu verstehen, ist, ihre klassischen Beispiele Revue passieren zu lassen.

Stichlinge sind kleine Süsswasserfische, bei denen das Männchen ein Territorium absteckt und ein Nest baut. Die Weibchen flanieren in Gruppen herum, und wenn sie an einem Männchen vorbeikommen, sendet er ihnen ein Signal, indem er seinen roten Bauch zeigt, während er auf sie zuschwimmt. Dieses „Blitzen" hat oft den beabsichtigten Erfolg, nämlich ein Weibchen anzulocken. Danach führt er sie mit ein paar charakteristischen Zickzackbewegungen zu seinem Nest (wieder Signale und Antworten). Schließlich regt er sie an, die Eier abzulegen, die er dann befruchtet. Daraufhin sorgt er für die Jungen, während das erschöpfte Weibchen weiterwandert, um ein sorgloses Leben zu führen.

Um zu zeigen, daß die ganze Brautwerbung aus einer Reihe von Reizen und festgelegten Antworten besteht, wurden Modelle des Männchens aus Holz hergestellt. Als eine Gruppe Weibchen vorbeischwamm, konnte das rotbemalte Modell, welches ein wirkliches Männchen imitierte, auf die Gruppe zubewegt werden, und ein oder mehrere Weibchen reagierten, indem sie ihm folgten. Auf diese Weise war es möglich, herauszufinden, welche Aspekte der Form und der Farbe zur Stimulierung des bereiten Weibchens nötig sind. Das Ergebnis war, daß die Form fast keinen Einfluß hat, sondern daß die rote Farbe von entscheidender Bedeutung ist. Lorenz erzählte eine amüsante Geschichte darüber, wie er eine Gruppe Weibchen einmal dabei beobachtet hatte, wie sie – trotz völliger Abwesenheit eines Männchens – reagierten. Er konnte sich dies nicht erklären, bis er sich eines Tages auf die Höhe des Aquariums hinuntergebeugt hat, und feststellte, daß sie es in dem Moment taten, als ein roter Lastwagen am Fenster vorbeifuhr.

Ein anderes bekanntes Beispiel findet sich in der Arbeit von Niko Tinbergen über die Heringsmöwen. Ein eben geschlüpftes Küken pickt instinktiv an den roten Fleck am Schnabel der Eltern, mit dem Ergebnis, daß sie instinktiv etwas Nahrung hervorwürgen. Hier liegen zwei festgelegte Antworten vor, einer folgt dabei dem anderen. Tinbergen machte eine Reihe von Schnabelmodellen, mit verschiedenen Formen und mit verschiedenfarbigen Flecken, und wieder war die rote Farbe bedeutsam und erhielt die meisten Pickser von den neugeborenen Küken. Wenn das Küken wächst, wird es auch raffinierter, und es wird immer weniger wahrscheinlich, daß es auf ein Pappmodell hereinfällt.

Dieses Lernen ist leicht zu erkennen, aber die Ethologen fanden noch eine andere unerwartete Art, die sie ganz passend „Prägung“ nannten. Das kann bei jungen Tieren beobachtet werden, denen eine einzige Lektion erteilt wird, und wenn das genau zum richtigen Zeitpunkt passiert, können sie es für immer behalten, oder wenigsten während ihrer Kindheit. Das bekannteste Beispiel ist ein Experiment mit jungen Enten. Ein paar Stunden, nachdem sie geschlüpft sind, werden sie allen Objekten von einiger Größe folgen, die sich in ihrer Nähe bewegen. Normalerweise wäre dieses Objekt die Mutter, aber selbst, wenn dies ein paar Stiefel oder die Hosen einer Person sind, werden sie diesen menschlichen Beinen folgen, immer wenn sie in der Nähe sind. Eines Sommers brachte ich meinen Kindern ein paar Stockentenküken mit, und sie folgten ihren Blue Jeans überallhin! Als die Vögel größer wurden, folgten sie uns zum Fluß hinunter zum Schwimmen (aber sie gingen nie hinein, bevor nicht einer von uns im Wasser war). Sogar als sie schon fliegen konnten, kamen sie, wenn sie uns zum Fluß gehen sahen, vom Himmel herunter gestrichen und watschelten mühsam hinter uns her auf dem Weg zum Wasser.

Nun, da ich die umfassende Natur der Signale und ihrer Antworten und wie sie zu einer Reihe von Verhalten führen, deutlich gemacht habe, können wir fortfahren, die Signale selbst zu untersuchen und wie sie ihre Antworten auslösen. Es ist leicht, Signale einzuordnen, weil sie verschiedene physikalische Energien nutzen. Visuelle Signale nutzen die Transmission von Licht, auditive Signale die Transmission von Schallwellen, chemische Signale die Diffusion von Molekülen und elektrische Signale die Bewegung von Elektronen. Für jedes gibt es faszinierende Beispiele, mit denen ich den Reichtum der Reiz-Reaktions-Systeme bei Tieren illustrieren werde.

Offensichtlich können Tiere mit einer vernünftigen Sehvermögen zwischen anderen und ihrer eigenen Art unterscheiden. Beutetiere können die Erscheinung des Jägers klar erkennen und umgekehrt. Viel interessanter für unsere Zwecke sind daher Fälle, in denen sich zwei Arten sehr ähnlich sind und bei denen sich daher der Prozeß der Unterscheidung auf minimale Zeichen stützt. Ein exzellentes Beispiel lieferte Neil Smith in seiner interessanten Arbeit über zwei Arten arktischer Möwen. Sie unterscheiden sich in der Farbe ihres Augenrings: Die pazifischen Eismöwen haben einen auffälligen gelben Ring um die Augen, während Thayermöwen einen purpurfarbenen haben. Sie brüten in der gleichen Gegend, aber sie können trotzdem eine Vermischung mit der anderen Art recht gut vermeiden. Smith fragte sich, ob die Möwen sich mit Hilfe des Augenrings, der nur eine sehr bescheidene Abweichung zeigt, unterscheiden könnten, oder ob sie andere Möglichkeiten zur Unterscheidung besitzen.

Er unternahm ein kluges Experiment, welches in zwei Schritten erfolgte. Im ersten brachte er eine weibliche Eismöwe (mit dem gelben Ring) mit einer männlichen Thayermöwe, dessen normaler purpurner Ring mit gelber Farbe übermalt worden war, zusammen. Die beiden Vögel fanden Gefallen aneinander und wurden ein unzertrennliches Paar, aber das Männchen weigerte sich, sich mit dem Weibchen zu paaren. Als nächstes nahm Smith das Weibchen und malte ihren Ring mit purpurner Farbe über, und sofort paarten sie sich und produzierten erfolgreich Eier. Offensichtlich war es wichtig, daß sie die Augenringfarbe ihrer eigenen Art sehen konnten. Jedem Teil des Paares die Augenringfarbe der eigenen Art aufzumalen, gab ihnen die Illusion, sie machten einem Individuum ihrer eigenen Art den Hof.

In einem weiteren Experiment vertauschte Smith die Eier eines Eismöwenpaares mit denen eines Thayermöwenpaares. Nachdem die Jungen aufgewachsen waren, zeigten sie nur Interesse, sich mit der Art ihrer Stiefeltern zu paaren – und nicht mit der ihrer genetischen Eltern. Mit anderen Worten, die Fähigkeit an Hand der Augenringfarbe zu identifizieren, ist erlernt und keine vererbte Eigenschaft.

Es gibt unzählige Beispiele für visuelle Zeichen bei der Brautwerbung und der Paarung. Ich habe schon den Fall des Stichlings erwähnt, aber vielleicht der dramatischste ist der Fall der Glühwürmchen. Manch einer mag schon einmal bei einem Spaziergang im Dämmerlicht eines frühen Sommerabends Glühwürmchen (die in Wirklichkeit kleine Käfer sind) gesehen haben, wie sie aufblitzen. Als Kind stellte ich mir vor, sie seien viele Tinkerbells[1] , wenn sie so zauberhaft in der Abenddämmerung blitzten. Was ich damals nicht wußte, war, daß der Blitz ein Signal ist, um Männchen und Weibchen zur Paarung zusammenzubringen. Das Männchen leuchtet auf, und nach einem festgelegten Zeitintervall leuchtet das Weibchen ein oder ein paarmal zurück. Sie sitzt oft niedrig am Boden oder in einem Busch, und ihre Antwort leitet ihn zu ihr. Es gibt viele Arten von Glühwürmchen auf der ganzen Welt und manchmal mehr als eine an einem Ort – und jede Spezies hat ihren eigenen Kode für die Lichtblitze. Zum Beispiel gibt es eine Art, bei der das Männchen drei Blitze in Folge abgibt und das Weibchen gibt eine Antwort von Blitzen in einer artspezifischen Weise. Bei anderen Arten geben die Männchen ein langgezogenes Leuchten ab, auf das das Weibchen entsprechend antwortet.

1 Tinkerbell, Elfe aus *Peter Pan* von J. M. Barrie (Anm. d. Übers.)

Eine höchst interessante Serie von Entdeckungen über das Verhalten der Glühwürmchen machte James Lloyd. Zunächst zeigte er, daß die Weibchen einiger Arten nicht nur ihren eigenen Männchen antworteten, sondern auch solchen einer anderen Art, indem sie ihnen einladende Blitze zuwarfen. Sie hatten den Kode dieser anderen Arten aus einem besonderen Grund geknackt. Die fremden Männchen flogen dann auf sie hernieder, ohne Zweifel in freudiger Erwartung einer Liebesnacht, nur um dann von einem großen, räuberischen Weibchen verschlungen zu werden, welche Lloyd ganz passend *Femme fatale* nennt. In jüngeren Studien beschreibt Lloyd, daß die Männchen einiger Arten falsche Signale aussenden können, um die Weibchen zu prüfen und auf diese Weise die jagenden Weibchen von ihren eigenen zu unterscheiden. Auch ohne diese Hypothese ist deutlich erkennbar, daß die visuellen Hinweise der Glühwürmchen eine Schlüsselrolle bei der Partnerfindung (und manchmal beim Aufspüren einer köstlichen Mahlzeit) spielen. Einige tropische Glühwürmchen besiedeln einen Ort gemeinsam als Gruppe und blitzen synchron. Dies ist in der Tat eine gute Methode, die Botschaft über eine weite Entfernung zu senden, denn der Anblick ist brillant.

Eine der weitestverbreiteten Methoden in der Kommunikation zwischen Tieren ist der Gebrauch von Geräuschsignalen. Dies ist etwas, worin wir Menschen besonders gut sind, denn wir haben eine außergewöhnlich reiche Sprache, mit der wir alle Arten von Gefühlen, Warnungen, Locksignalen ausdrücken können, ja sogar komplizierte Gedanken und abstrakte Ideen mitteilen. Auf eine vergleichsweise einfache und geradlinige Weise können auch Insekten Geräuschsignale benutzen.

Betrachten Sie ein kleines Grillenmännchen, das seine Partnerin ruft. Das Männchen reibt seine Flügel zusammen, um ein fröhliches Gezirpe zu erzeugen, und wenn wir es in unserem Haus hören, gilt es als ein Glückszeichen. Anderen Glück zu bringen, liegt gar nicht in der Absicht des Grillenmännchens, eher sucht er sein eigenes Glück in Form einer Partnerin. Wenn ein Weibchen in der Nähe ist und ihr sein Gesang gefällt, wird sie sich auf direktem Wege zu ihm begeben und sie werden sich paaren. Es ist bekannt, daß das Männchen nur ein bestimmtes Lied kann und daß dieses Lied das einzige ist, welches das Weibchen stimuliert. Dem Lied eines Männchens einer anderen Art wird kein Interesse geschenkt: Ihr Antwortmechanismus ist speziell auf das Lied ihrer Artgenossen abgestimmt. Das gesamte Signal und die Antwort darauf sind in den Genen festgelegt; dies wird als ein fixiertes Aktionsmuster bezeichnet.

Vögel bieten besonders interessante Beispiele für Geräuschsignale, weil sie die ganze Bandbreite von den genetisch fixierten Systemen wie bei den Grillen bis zu denen, bei denen das Lied weitgehend erlernt wird, zeigen. Außerdem gibt es eine gute Erklärung für diese Variationen.

Lassen Sie uns mit den festgelegten, ererbten Liedern, wie zum Beispiel das des europäischen Kuckucks oder des amerikanischen Gelbschnabelkuckucks beginnen. Beide sind parasitäre Vögel, das heißt sie bedienen sich des verwerflichen Tricks, ihre Eier in die Nester anderer Arten zu legen. Die parasitierten Eltern scheinen den Unterschied nicht zu bemerken, wenn die Küken einmal geschlüpft sind. Tatsächlich hat das Kuckucksküken einen so weiten und einladenden Schlund, wenn es um Futter bettelt, daß die Eltern das wertvolle Futter, das sie gesammelt haben, geradezu bevorzugt in den Kuckuckshals hineinstopfen, unter Vernachlässigung der eigenen, weniger aggressiven Brut. (Die Gasteltern tun das, weil ein weit geöffneter Schlund des Kükens ein "Auslöser" bei den erwachsenen Vögel darstellt, und das parasitäre Küken bekommt automatisch die Belohnung.)

Der junge Gelbschnabelkuckuck oder Kuckuck hört das Lied seiner Pflegeeltern, aber vielleicht nie das seiner eigenen Spezies. Im Herbst ziehen die Jungvögel gen Süden, und wenn sie wiederkommen, um sich zu paaren, haben sie nie den Ruf der eigenen Art gehört; sie können ihr eigenes Lied nicht gelernt haben. Es ist ein Glück, daß die Männchen die Fähigkeit, ihren einfachen Ruf zu schreien, geerbt haben, und daß die Weibchen die Antwort darauf kennen, nämlich zu ihnen zu gehen und auf eine angeborene, automatische Weise eine Position der Bereitschaft für die Kopulation zu zeigen.

Auf der anderen Seite der Skala liegen die Vogelmännchen, die ihr Lied durch Zuhören beim Vater gelernt haben. Dies stimmt nicht ganz, weil es drei Elemente darin gibt, wie Mark Konishi vor ein paar Jahren zeigen konnte. Der Vogel (bei seinen Experimenten der weißköpfige Sperling) erbt eine weitgehend grobe Grundmelodie, die er durch das Hören seines eigenen

Liedes verfeinert. Taube Vögel können nur den schwachen Anfang eines Liedes, und die groben Lieder isolierter Vögel sind viel schlechter als die normal aufgewachsener Männchen. Mit der Übung und dem Zuhören bei anderen kann ein Vogel sein Lied zu einem Kunstwerk machen.

Wir wissen, daß dies der Fall bei Kanarienvögeln ist. Ein junger Vogel kann zu einem Meistersinger erzogen werden, wenn er einen gut singenden Artgenossen lange Zeit wiederholt singen hört. (Das ist nicht immer von Erfolg gekrönt: wir hatten unglücklicherweise einmal einen Kanarienvogel, der gelernt hatte, das Telefon zu imitieren.) Es ist erstaunlich, wie vielen Vögeln beigebracht werden kann, ein Lied zu imitieren. Im siebzehnten und achtzehnten Jahrhundert wurde Vögeln in Gefangenschaft beigebracht, Lieder zu singen, die auf einer einfachen Flöte vorgespielt wurden. Meine Laborassistentin kümmerte sich oft um verletzte Vögel und päppelte sie wieder hoch, und so hatten wir einige Jahre lang einen männlichen Star im Labor, dem sie versuchte beizubringen, „Hail to the Chief" zu pfeifen. Er sollte das singen, wenn ich ins Labor kam, aber er war zu schlau für solchen Unsinn.

Es gibt viele Vögel, die außergewöhnlich gut nicht nur andere Vögel imitieren können, sondern auch die menschliche Sprache und alle möglichen anderen Geräusche. Papageien, Hirtenstare und Spottdrosseln sind Beispiele für Experten in dieser Sparte. Kürzlich erzählte mir einer meiner Söhne, sein Nachbar habe einen kleinen Hund, der ihn verrückt machte mit unnützem Bellen, wenn sich jemand der Tür auch nur näherte. Sie beschlossen, den Hund wegzugeben, aber eine Woche vorher hatten sie einen Papagei angeschafft. Kaum war der Hund gegangen, als der Papagei die perfekte Imitation eines wütenden Hundes lieferte, sobald die Türklingel ging.

Die interessante Frage lautet, warum einige Vögel so gute Imitatoren sind. Eine Erklärung besagt, daß die Mimikry benutzt wird, die Paarbildung zu verstärken (wobei zwei Vögel die Signale des jeweils anderen lernen können), aber ich finde das in Fällen, in denen eine solch ausgeprägte Imitation vorliegt, wie zum Beispiel bei der Spottdrossel, schwer nachvollziehbar. Es gibt eine Reihe anderer vernünftiger Hypothesen, und wahrscheinlich ist mehr als eine korrekt, je nach Art des Vogels. Ich mag besonders die Idee, daß der männliche Gesang ein Beispiel für die sexuelle Selektion ist und daß ein schwieriges Lied, imitiert oder selbsterfunden, ein Äquivalent für ein auffälliges Gefieder oder eine aufwendige Laube ist. Diese Taktik ersetzt visuelle Signale durch Geräuschsignale in dem Wettstreit, das begehrteste Männchen zu werden. Wir wissen nicht sicher, ob das Weibchen den besten Sänger wählt oder ob der Sängerstar das beste und reichste Territorium besitzt, aber es ist eine vernünftige Annahme. Dies trift nicht nur auf die Imitatoren zu, sondern auch auf Vögel mit wunderschönem Gesang, wie die amerikanische Drossel oder die europäische Nachtigall und den Zaunkönig, der auf beiden Kontinenten beheimatet ist.

In dem Wettstreit zwischen Männchen wird das Lied zur Markierung der Territorien benutzt. Dasselbe trifft unzweifelhaft auch bei vielen Säugetieren zu, so wie Hunde innerhalb ihres Zaunes bellen, jedoch ruhig bleiben, wenn sie herumstreunen; oder wenn die Brüllaffen ihr großes gemeinsames Geschrei anstimmen, um das Territorium ihrer Gruppe im Dschungel zu markieren.

Eine andere interessante Anwendung von Geräuschsignalen wird zwischen Eltern und ihren Nachkommen genutzt, und gute Beispiele hierfür finden sich bei klippenbewohnenden Seevögeln. Wegen der Vielzahl von Eltern und Küken müssen sie ihre Schreie kennen, so daß die Eltern ihre eigenen Küken füttern können und die Küken ihre Eltern erkennen. Es ist bekannt, daß die Küken bei Papageientauchern, die in dichten Kolonien auf Riffen brüten, den Ruf der Eltern schon lernen, wenn sie noch im Ei sind, so daß sie, sobald sie geschlüpft sind, Mutter und Vater um Futter anbetteln. Dasselbe Phänomen findet man bei Säugetieren. Ich erinnere mich, einmal eine Menge Mutterschafe dabei beobachtet zu haben, wie sie ihre Lämmer stehenließen, um zu einem Trog zu eilen, den der Bauer gerade mit einem besonderen Futter gefüllt hatte. Als der leer war, fingen die Lämmer und Schafe an zu blöken, und in dem Getöse fanden sie ihre eigenen Kinder. Obwohl alle etwas machten, was mir wie das gleiche Geräusch vorkam, war es aufregend zu beobachten, wie schnell sie sich wiederfanden.

Wichtig ist, daß es bei jedem dieser Beispiele (genauso wie bei visuellen Signalen) gute Gründe gibt, anzunehmen, dieses besondere Signalsystem sei durch die natürliche Selektion entstanden. In jedem Fall kann man einen Selektionsvorteil des betreffenden Verhaltens entdecken. Parasitäre Vögel müssen ihr Lied ererben, wenn sie einen Partner finden sollen; Vögel, die ihr Lied von den Eltern oder älteren Artgenossen lernen, können erfolgreich um die Gunst ihrer Partner wetteifern. Die Umstände jedes Falles deuten auf Vorteile hin, die oftmals sehr offensichtlich und zwingend sind.

Lassen Sie mich nun zu den chemischen Signalen kommen. Insekten bieten viele interessante Beispiele, weil die chemischen Signale ihre wichtigste Methode zur Kommunikation sind. Zum Beispiel ist der Nestgeruch ein Mittel zur gegenseitigen Erkennung bei sozial lebenden Insekten. In den Fällen, die genauer untersucht wurden, scheinen eine ganze Reihe von chemischen Substanzen daran beteiligt zu sein, wobei ihre Anteile von Nest zu Nest variieren. Wir können dies mit unserer Fähigkeit vergleichen, verschiedene Saucen zu unterscheiden, die aus den gleichen Zutaten bereitet wurden, wobei einige kunstvoller gemischt wurden als andere. Ein Insekt, wie zum Beispiel eine Ameise, besitzt eine außergewöhnliche Anzahl von Drüsen, die eine Reihe von Chemikalien produzieren, manchmal mehrere in ein und derselben Drüse. Diese Drüsen befinden sich in der Nähe des Mundes, auf der Verbindung von Thorax und Abdomen und in einer Gegend um den Anus herum. Sie können Warnsubstanzen produzieren, die allen anderen Ameisen in der Kolonie eine Gefahr melden; sie haben Substanzen, mit denen sie den Weg markieren, während sie über den Boden rennen, um möglicherweise andere Ameisen zu einer Nahrungsquelle zu führen. Edward O. Wilson hat eine spezielle Substanz entdeckt, die von Sklavenhalter-Ameisen benutzt wird. Wenn sie die Kolonie einer anderen Ameisenart überfallen, um die ungeborenen Puppen als zukünftige Sklaven zu stehlen, sondern sie eine Substanz ab, die die Erwachsenen der überfallenen Kolonie in eine absolute Verwirrung stürzt, so daß sie völlig unfähig werden, die Invasoren zu bekämpfen. Wilson hat dies eine „Propagandasubstanz" genannt.

Ein in vieler Hinsicht höchst bemerkenswertes Phänomen bei Insekten ist der Gebrauch von Chemikalien, um die Partner zusammenzubringen. Dies ist besonders deutlich bei Motten, bei denen die Weibchen eine flüchtige Substanz ausscheiden und die Männchen große Antennen haben, um effektiv auf diese Substanzen reagieren zu können. Relativ wenige Moleküle (rund zweihundert) sind ausreichend, um eine Antwort auszulösen, und wenn das Männchen angeregt ist, fliegt es gegen den Wind auf, bis es das Weibchen erreicht. Den Rekord hält ein Männchen, das 6,8 Meilen von dem Weibchen entfernt saß und sie trotzdem auf diese Weise fand.

Die große Empfindlichkeit diesen Sexuallockstoffen gegenüber wird in der Schädlingsbekämpfung genutzt, wobei die Männchen einiger Arten angelockt und dann an der Stelle, wo die Lockstoffe plaziert waren, eingefangen werden. Diejenigen, die eine solche Forschung betreiben, laufen ständig Gefahr, selbst verfolgt zu werden, denn die Anziehungskraft ist so stark, daß sie in den Kleidern hängen bleibt, selbst wenn diese in einer Waschmaschine gewaschen werden. In einem Fall besuchte eine Technikerin eines Labors in Seattle ein Football-Spiel, und zu ihrem Ärger fiel sie unangenehm auf, weil eine Wolke von Motten sie umschwärmte.

Es gibt ein ähnliches Beispiel bei einem Säugetier, das uns allen sehr bekannt ist. Läufige Hündinnen ziehen Rüden meilenweit an, indem sie ein chemisches Signal während der Ovulation abgeben. Dies wurde mir deutlich klargemacht zu einer Zeit, als ich als junger Assistenzprofessor einen großen Kursus in allgemeiner Biologie hielt. Wir hatten damals eine kleine Spanieldame, und als sie läufig wurde, konnten wir es nicht übers Herz bringen, sie in einen Zwinger zu geben. Wir merkten bald, daß nicht nur der Hund das Objekt der Begierde wurde, sondern auch wir, da die anziehende Substanz unzweifelhaft auf uns übertragen worden war. Unsere kleinen Kinder wurden im Garten von Hunden verfolgt, die doppelt so groß waren wie sie selbst. Der Höhepunkt kam mitten in meiner Vorlesung, als plötzlich ein riesiger Dalmatiner und ein noch größerer Irish Setter den Gang herunterkamen und mich beide vor der versammelten Klasse zu bespringen versuchten. Das war ohne Zweifel die eindruckvollste Vorlesung, die ich jemals gehalten habe.

Weil viele Säugetiere einen sehr guten Geruchssinn haben, ist es nicht verwunderlich, daß der Geruch für eine ganze Reihe von Zielen eingesetzt wird. Ein gutes Beispiel ist die Markierung des Territoriums. Viele Hirsche besitzen besondere Drüsen, so wie die in der Nähe der Augen oder die Moschusdrüse am Hinterteil, beide werden speziell zur

Markierung des Territoriums genutzt. Biber haben eine Drüse in der Nähe des Anus, die einen Duft enthält, der Castoreum genannt wird und den sie ihren Kothäufchen an den Grenzen ihres Territoriums beifügen. Dieses wohlriechende Häufchen, ordentlich mit ihrem platten Schwanz in Form gebracht, reicht, um herannahende Biber zu warnen, nicht die Grenze zu überschreiten.

Vertreter der Familie Canidae, einschließlich des domestizierten Hundes, benutzen Urin als Markierung. Es mag weniger offensichtlich bei unseren Hunden ein, da sie in einer verwirrenden menschlichen Umgebung leben, die sie zwingt, ihre Regeln mit unseren zu vermischen, aber in der Wildnis ist das anders. Der kanadische Schriftsteller Farley Mowat, der ein unterhaltsames Buch namens *Never Cry Wolf* geschrieben hat, erzählte über seine Hütte in der Tundra, die auf der Grenze zwischen zwei Wolfrudeln lag. Individuen beider Rudel patroullierten die Grenze und urinierten in regelmäßigen Abständen an der Kante. Er beschloß, es einmal selbst zu versuchen, und nach dem Konsum einer erstaunlichen Menge Flüssigkeit und mit einer schier unmenschlichen Selbstbeherrschung markierte er sein eigenes Territorium mit menschlichem Urin in regelmäßigen Abständen um die Hütte herum. Er war entzückt, als seine Mühen nicht umsonst gewesen waren, die Wölfe respektierten seine Grenze.

Für uns, mit unserem relativ wenig ausgeprägten Geruchssinn, ist es schwierig zu verstehen, wie andere Tiere einer Spur folgen oder ein Individuum an ihrem oder seinem Geruch wiedererkennen können. Viele Jahre lang hatten wir einen wunderbaren Basset namens Phoebe. Als ich eines Morgens zur Arbeit wanderte, sah ich Phoebe, die auf dem Rückweg von ihrem Morgenspaziergang war, auf demselben Bürgersteig auf mich zukommen. Ich ging leise an ihr vorbei, weil ich nicht wollte, daß sie mir folgte, aber plötzlich, als ich schon fünfundzwanzig Meter weiter war, gab sie einen Kläffer von sich, drehte sich freudig herum und rannte auf mich zu; in ihrer langsamen, zerstreuten Art hatte sie so lange gebraucht, um meinen Geruch aufzunehmen – nicht etwa von mir, sondern von meiner Spur. Es ist dasselbe, wenn man nach einer langen Abwesenheit nach Hause kommt, der Hund zunächst ein bißchen schnuppert und einem dann eine höchst enthusiastische Begrüßung zuteil werden läßt.

Diese Fähigkeit der Hunde, am Geruch wiedererkennen zu können, ist auf eine sehr interessante Weise von Genetikern untersucht worden. Eine der ersten Studien darüber machte Hans Kalmus, der die Londoner Polizei überreden konnte, ihm ihren begabtesten Spürhund zu leihen. Er versammelte dann eine Gruppe von acht Personen, einschließlich zwei eineiigen Zwillingen, zwei zweieiigen Zwillingen, Geschwistern und völlig unverwandten Personen. Er steckte ein Taschentuch kurz unter die Achsel einer Person und schickte dann alle vom Tor aus über ein Feld, wobei sich ihre Wege öfter kreuzten. Der Hund wurde dann von dem Platz geholt, an dem er von all diesem nichts beobachtet hatte. Er durfte an dem Taschentuch riechen und sollte dann die betreffende Person finden. Er konnte leicht zwischen den unverwandten Personen, den Geschwistern und sogar den zweieiigen Zwillingen unterscheiden. Der einzige Fall, bei dem er gelegentlich einen Fehler machte, war der der eineiigen Zwillinge. Letztere sind, per Definition, genetisch identisch, was bedeutet, daß die Hunde zwischen genetisch verschiedenen Individuen unterscheiden, aber bei identischen gelegentlich ins Stocken geraten. Aus ein paar neueren Arbeiten an Mäusen wird geschlossen, daß die Duftidentifikation auf wenigen Genen beruht, die mit dem Immunsystem der Säugetiere zu tun haben. Ich verstehe ohne Mühe, daß es ein paar Proteine gibt, die, wenn der Hund sie aufnimmt und erkennt, ein Individuum vom anderen unterscheiden, aber daß er sie durch die Sohlen der Schuhe hindurch aufspürt und nicht verwirrt ist, wenn eine Spur die anderen kreuzt, finde ich erstaunlich. Bedenkt man, daß eine Motte ein Weibchen über 6,8 Meilen hinweg bemerkt, ist dies kein kleineres Kunststück; aber es liegt so weit entfernt von allem, was wir Menschen können, und so ist es kein Wunder, daß ich darin ein Zauberkunststück sehe.

Die Idee, daß Tiere mit Hilfe der Elektrizität miteinander kommunizieren können, kam erst in den fünfziger Jahren auf. Es war seit Jahrhunderten bekannt, daß einige Fische, wie zum Beispiel der südamerikanische Zitteraal, beträchtliche Elektroschocks generieren konnten, um Feinde oder ein Opfer zu betäuben. Diese Aale haben einen modifizierten Muskel, der zu einer großen Batterie evolviert ist, wobei das bloße Berühren des Fisches zu einer sofortigen Spannungsentladung führt, die, wenn der Aal groß ist, ausreicht, um einen Menschen zu betäuben. Ich erinnere mich, sie als Kind in Zoos gesehen zu haben. Ein Wärter berührte sie dann mit einer Leitung, die mit einer Reihe Glühbirnen verbunden war, und alle leuchteten auf. Einige Jahre nahm ich an, der einzige Daseinszweck von elektrischen Fischen sei, Glühbirnen in Zoos zu erhellen.

An der Cambridge University begann H. Lissman an einem nahezu blinden, aalähnlichem Fisch aus Afrika, *Gymnarchus* genannt, der in undurchdringlich schlammigen Gewässern lebt und trotzdem darin ohne Schwierigkeiten zu navigieren versteht, zu arbeiten. Er wies nach, daß der Fisch einen leichten, pulsförmigen elektrischen Strom abgab und diesen Strom nutzen konnte, um Objekte im Schlamm zu lokalisieren. Die Experimente waren sehr überzeugend, aber es blieb ein Rätsel, wie der Fisch dies tat, weil er nicht nur den elektrischen Strom generieren, sondern auch für ihn sensitiv sein mußte. Dieses Problem wurde ein paar Jahre später gelöst, als gezeigt werden konnte, daß sich in der Tat an der lateralen Linie des Fisches eine Gruppe von Nervenrezeptoren befinden, die in der Lage sind, spezifisch auf schwache Ströme zu reagieren. Bei *Gymnarchus* ist der Fisch normalerweise von einem symmetrischen, elektrischen Feld umgeben, und jede Störung dieses Feldes durch Objekte, die entweder gute Isolatoren oder gute Leiter sind, wird von den Rezeptoren des Fisches registriert.

Diese Nutzung von elektrischen Strömen zur Lokalisierung ist kaum ein Fall von Kommunikation. Aber nachdem das System einmal entdeckt worden war, dauerte es nicht lange, bis nachgewiesen werden konnte, daß es auch dem Beutefang diente und zur Kommunikation zwischen Artgenossen genutzt wurde. Einige elegante Experimente zum ersteren zeigen, wie ein kleiner Hai Flundern, die sich im Sand vergraben haben, aufspürt. Wenn ein Hai sich einer solchen Flunder, die er nicht sehen kann, nähert, stößt er nieder und fängt an zu graben. Daß das Signal, das der Hai empfängt, ein elektrisches ist, kann auf zwei Wegen nachgewiesen werden. Wenn die Flunder in einem isolierten Raum unter dem Sand liegt, schwimmt der Hai vorbei. Wenn aber eine Elektrode unter dem Sand begraben liegt, die einen Strom äquivalent zum Strom, den die Flunder abgeben würde, aussendet, versucht der arme, hereingelegte Hai heftig, sie zu fressen.

Nicht alle Fische besitzen Elektrorezeptoren oder die Fähigkeit, Ströme zu erzeugen, aber einige, die dazu in der Lage sind, nutzen die Emission kurzer Pulse wie die Glühwürmchen ihre Lichtblitze. Manche Arten von Süsswasserfischen, die in kleinen Bächen leben, signalisieren auf diese Weise Bereitschaft, und ihre zukünftigen Partner antworten entsprechend. Das Signal wird nicht nur in der richtigen Intensität ausgesandt, sondern die Pulse haben auch einen spezifischen Kode. Es erstaunt mich, daß all diese revolutionären Studien erst in den letzten dreißig Jahren gemacht wurden. Ich frage mich, welche weiteren Geheimnisse von so großer Tragweite im Verhalten der Tiere vor uns noch verborgen sind. Vielleicht emittieren und empfangen einige Arten Radiowellen, oder etwas ähnlich Unvorstellbares.

Das erste meiner zwei Beispiele für kompliziertes Verhalten hat mit den Bienen zu tun. Sie sind ideal, weil sie zeigen, wie viele Informationen in einfachen Signalen stecken können und daß all diese Komplexität von einem niedrigen Insekt beherrscht wird.

Wie im Fall der elektrischen Signale bei Fischen, ist die Entdeckung der Bienensprache eine nicht ganz so junge Errungenschaft, sie wurde während des Zweiten Weltkrieges entdeckt. Die ersten Arbeiten wurden von Karl von Frisch in Österreich unternommen (er bekam dafür später zusammen mit Lorenz und Tinbergen den Nobelpreis). Wegen des Krieges waren sie lange Zeit in Amerika, Frankreich und England unbekannt geblieben. Wir erfuhren von ihnen durch einem bekannten dänischen Physiologen, der nichts mit den Arbeiten zu tun hatte, aber meinte, die Alliierten sollten darüber Bescheid wissen, und so hatte er von Frischs Arbeiten für einen Artikel im *Scientific American* 1948 zusammengefaßt. Ich erinnere mich genau daran, weil viele amerikanische Biologen sich schlicht weigerten, ihm zu glauben – die Geschichte war zu phantastisch, um wahr zu sein. Er behauptete, Bienen hätten eine Sprache, und eine Biene könnte der anderen erzählen, wo Nektar zu finden sei, sogar wenn dieser sich in großer Entfernung vom Bienenstock befände. Um der Sache auf den Grund zu gehen, spendierte ein respektierter Zoologe der Cornell University etwas Geld, um von Frisch zu einer Vorlesungstour durch Amerika einzuladen, hauptsächlich um herauszufinden, ob die

Geschichte der Wahrheit entsprach oder reine Phantasie war, wie es etlichen schien. Sein Vortrag in Princeton hinterließ bei mir die lebhaftesten Erinnerungen. Albert Einstein, damals schon ein alter Herr, saß in der ersten Reihe, um sich von von Frischs Geschichte in den Bann schlagen zu lassen. Nach dem Vortrag bat Einstein einen meiner Kollegen, ein Treffen mit von Frisch in seinem Hause für den nächsten Tag zu arrangieren. Die Verabredung kam zustande und mein Kollege, der dabei anwesend gewesen war, erzählte mir später, Einstein habe von Frisch auf eine Schwachstelle bei seinen Experimenten hingewiesen und ein paar zusätzliche Versuche vorgeschlagen. Von Frisch hatte geantwortet, diese seien bereits unternommen worden und hätten seine Theorie bestätigt. Einstein war entzückt, und sie hatten eine großartige Zeit zusammen.

Was von Frisch nachgewiesen hatte, war, daß die Rundtänze, die im Bienenstock aufgeführt werden, die von heimkehrenden Kundschafterbienen sind und daß dieser Tanz den anderen Bienen den Ort des Nektars verrät. Wenn eine Kundschafterin heimkehrt und einen Rundtanz in einer Reihe von Kreisen aufführt, wobei sie sich zunächst in der einen Richtung auf dem Kreisumfang, und dann in der anderen Richtung bewegt, bedeutet das, daß die Nektarquelle sich innerhalb von 100 Metern vom Stock befindet. Weil die Kundschafterinnen auch den Duft oder andere Hinweise von der Blume mitbringen, finden die ausfliegenden Bienen bald den Nektar. (Die Kundschafterinnen markieren die Blüten auch mit ihrem eigenen Duft, um sicherzustellen, daß die Futtersuchenden die reiche Nahrungsquelle finden.)

Wenn die Nektarquelle weiter als 100 Meter entfernt liegt, kann die Kundschafterin nicht nur die Entfernung, sondern auch die Richtung mit einiger Genauigkeit beschreiben. Diese bemerkenswerte Fertigkeit, die der Grund für manche anfängliche Skepsis war, wird in dem, was von Frisch den „Schwänzeltanz" genannt hat, erreicht. Bei diesem Tanz geht die Kundschafterin auf einer Acht erst in die eine, dann in die andere Richtung, wie eine Eiskunstläuferin. Es ist keine wirkliche Acht, weil die Verbindungslinie zwischen den beiden Kreisen eine gerade Linie ist, was das Ganze eher wie zwei große „D"s aussehen läßt, die mit den Rücken aneinander stoßen. Diese gerade Linie zwischen den beiden gestauchten Kreisen ist der wichtigste Teil des Tanzes. Beim ersten Mal zeigt er genau auf die Nektarquelle, und die Kundschafterin geht an der Linie in die gleiche Richtung. Während sie das tut, wackelt sie mit ihrem Hinterteil heftig vor und zurück. Die Zeit, die sie braucht, um den geraden Weg zu gehen, spiegelt die Entfernung zur Nahrungsquelle wieder; wenn sie ihn in zwei Sekunden bewältigt, kann der Nektar ungefähr in einer Distanz von einem halben Kilometer gefunden werden; braucht sie sechs Sekunden, ist der Nektar ungefähr vier Kilometer entfernt, alle Zeiten, die dazwischen liegen, korrespondieren mit der entsprechenden Wegstrecke.

Aber dies ist beileibe nicht alles. Die Bienen könnten die genaue Richtung nicht aus dieser kurzen Tanzstrecke ablesen. Sie benutzen zusätzlich die Sonne. Um zu zeigen, wie das möglich ist, kann man einen Bienenstock in die Horizontale auf die Seite legen (einige primitive Bienen können nur in der Horizontalen tanzen). Dann muß die Richtung und der Winkel zur Sonne gemessen werden. Nehmen wir an, der Tanz findet 30° rechts von der Sonne statt. Wenn die Arbeiterinnen abfliegen, fliegen sie exakt im 30°-Winkel rechts von der Sonne ab, was ihnen einen konstanten Bezugspunkt gibt, der nötig ist, wenn sie 3 bis 4 Kilometer vom Stock wegfliegen müssen. Wenn die Nahrung in derselben Richtung wie die Sonne liegt, wird der Tanz auf sie zeigen; wenn sie entgegengesetzt liegt, zeigt der Tanz dies entsprechend.

Nun liegen die Bienenstöcke nicht auf einer horizontalen Ebene, sondern hängen vertikal. Darüber hinaus mag eine Kundschafterin ihre wichtige Information über den Ort des Honigs in der Dunkelheit an die anderen Bienen übergeben. Wie ist das möglich? Es ist eine bemerkenswerte Tatsache, daß die Kundschafterinnen ihre visuellen Hinweise in Hinweise, die auf der Gravitation beruhen, übersetzen. Wenn der Tanz aufrecht in einem vertikalen Stock aufgeführt wird, bedeutet das, daß die Nahrung in Richtung der Sonne liegt. Die Arbeiterinnen versammeln sich eng um die Kundschafterin herum und fühlen die Richtung im Dunkeln. Sie kommen dann aus dem Stock heraus und fliegen treulich in Richtung der Sonne, halten in der richtigen Entfernung an, weil sie sich die Zeit, die der Tanz auf der geraden Linie gebraucht hat, gemerkt haben. Wenn die Kundschafterin ihre gerade Linie 30° zur Rechten der Vertikalen legt, fliegen die Arbeiterinnen im 30°-Winkel rechts von der Sonne aus.

Man mag sich fragen, wie sie die Zeit schätzen mögen, die die Kundschafterin auf ihrem Weg die gerade Linie hinauf benötigt. Diese Frage ist kürzlich mit einigem Interesse verfolgt worden. Das Schwänzeln ist sehr schnell, aber seine Frequenz, also die Anzahl der Wackler pro Sekunde, ist konstant. In unseren Ohren erzeugt das Schwänzeln einen Brummton; es konnte gezeigt werden, daß dieses Brummen Druckwellen erzeugt, die von den anderen Bienen gehört oder gespürt werden, wenn sie nah genug sind. Es war möglich, eine mechanische Kundschafterin zu konstruieren, die die richtige Frequenz von Druckwellen abgab, und die Arbeiterinnen flogen aus und folgten diesen maschinellen Signalen in der richtigen Weise.

Bei dieser außergewöhnlichen Geschichte (und es gäbe noch mehr davon zu erzählen) sehen wir eine ganze Reihe verschiedener Signale zusammenwirken, um ein komplexes Verhalten zu produzieren. Zunächst sind da die chemischen Hinweise, die mit dem Rundtanz verbunden sind, die dafür sorgen, daß eine bestimmte Blüte, die reich an Nektar ist, identifiziert wird. Dann gibt es die visuellen Hinweise, die zur Lokalisierung der Sonne und der Blüte benutzt werden, und natürlich auch, um das Muster der Blüte zu erkennen, wenn die richtige Gegend schon erreicht ist. Bienen besitzen eine erstaunliche Fähigkeit, sich an Landschaften zu erinnern. Sie kennen nicht nur die Geographie der Gegend um den Bienenstock herum (was ihnen erlaubt, sich an bedeckten Tagen zu orientieren), sie kehren auch immer wieder zu ihrem Stock zurück, selbst wenn er einer von vielen nebeneinander ist. Dann gibt es die Tastsignale, wenn die Bienen mit ihren Antennen den Tanz der Kundschafterin verfolgen. Es gibt auch eine Art von auditiven Signalen in Form eines Kurzstrecken-Geräuschsignals, das beim Schwänzeltanz entsteht. Schließlich bemerken die Bienen die Schwerkraft, die mit den Geräuschen und dem Ertasten verantwortlich für einen gewissen Druck auf strategisch plazierte Rezeptoren ist, die dann die Information weiter zum Gehirn der Bienen übermitteln.

Ohne Zweifel ist der am wenigsten erwartete Aspekt dieser Geschichte der, daß die Hinweise auf die Schwerkraft in visuelle umgewandelt werden und umgekehrt. Es wird oft behauptet, daß die Verwendung von Symbolen eine Errungenschaft ist, deren sich nur die menschlichen Wesen bedienen. Wir wissen heute, daß die Primaten generell und sogar niedrigere Wirbeltiere in der Lage sind, Symbole zu benutzen. Es war kaum erwartet worden, daß auch Insekten so hoch begabt sein würden, sie zu nutzen, denn die Hinweise aus der Schwerkraft werden genau zu Symbolen, wenn Bienen einander erzählen, wo Nahrung zu finden ist.

Die Fragen, wie Vögel jedes Jahr über lange Entfernungen reisen und zum gleichen Ort zurückkehren und wie Brieftauben mit großer Genauigkeit und Geschwindigkeit heimkehren können, sind Rätsel, die die Menschen seit Jahrhunderten beschäftigt haben. Erst in den letzten fünfzig Jahren sind wir den Antworten nähergekommen, aber selbst heute sind wir nicht in Besitz der ganzen Wahrheit. Es gibt unzweifelhaft noch weitere aufregende Entdeckungen zu machen.

Migration benötigt Hinweise für die Richtung. In diesem Fall handelt es sich nicht um Signale zwischen Individuen, sondern um die Signale der äußeren Welt, die der Vogel lesen muß, um sich richtig zu orientieren. Die Lehre aus diesem ist, wie wir sehen werden, daß es eindeutig zahlreiche externe Hinweise gibt, die der Vogel nutzt, und daß es wahrscheinlich nicht eine einzige Antwort auf die Mysterien der Wanderung und des Heimfindens gibt, sondern viele. Lassen Sie mich eine Beschreibung eines jeden externen Hinweises beginnen, die von wechselnder Bedeutung sein können.

Es gibt gute Beispiele, die zeigen, daß Vögel, wie die Bienen, sich gut an Landschaften erinnern können und so heimfinden. Mein alter Freund Donald Griffin, der so viel tat, die Echolotnutzung bei Fledermäusen aufzudecken, unternahm ein interessantes Experiment zu diesem Problem, als er noch ein Doktorand in Harvard war. Er wollte mit einem kleinen Flugzeug Tauben folgen, die er aus ihrer Brutzone entfernt hatte. Er konnte weder fliegen, noch hatte er als Student das Geld für Flugstunden, geschweige denn für ein Flugzeug. Weil er ein schlauer Bursche war, entdeckte er, daß Harvard, neben ihren großen Ressourcen, eine ungewöhnliche Stiftung besaß, die jahrelang ungenutzt gewesen war und inzwischen genau die Menge Geld, die er brauchte, akkumuliert hatte. Sie war von dem berühmten Psychologen und Philosophen William James ins Leben gerufen worden, um den sechsten Sinn zu untersuchen, ein respektables Gebiet zu seiner Zeit, als die Leute daran glaubten, man könne durch Medien mit den Toten kommunizieren. Griffin überzeugte die Verantwortlichen, daß das Heimfinden nur durch den sechsten Sinn bewerkstelligt werden kann, das sei über jeden Zweifel erhaben, und so erhielt er das Geld. Nachdem er fliegen gelernt hatte, nahm er Heringsmöwen aus ihrem Nest, bemalte sie mit wasserunlöslicher Farbe knallrot, um sie besser sehen zu können, setzte sie an verschiedenen Orten frei und folgte ihnen im Flugzeug. Ohne mich in die Details seiner Ergebnisse zu vertiefen, kann ich sagen, daß die Vögel, die er in der Nähe der Küste frei setzte, an der Küste entlang ihr Nest wiederfanden – sie kannten die Küstenlinie und wußten, wo sie waren. Die Vögel, die er im Binnenland freisetzte, wanderten ein bißchen herum, aber sobald sie die Küste gefunden hatten, kehrten sie schnell heim. Diese Fähigkeit ist nicht nur von einer guten Sehschärfe, sondern, wie bei den Bienen, von einem wunderbaren Gedächtnis für die Geographie abhängig.

Ohne Zweifel ist die wichtigste Orientierungsmethode die nach der Sonne. Auch hier können die Vögel, wie die Bienen, sich auf einen bestimmten Winkel in bezug auf die Sonne hin orientieren; dies führt zu einem weiteren, ganz neuen Problem.

Lassen Sie mich den kritischen Punkt in einfachen Worten darstellen. Ein Vogel, der im Herbst gen Süden fliegt, fliegt die meiste Zeit des Tages. Wenn er sich in einem festen Winkel zur Sonne bewegen würde, würde er dauernd die Richtung wechseln, während die Sonne sich am Himmel bewegt. Wenn es Abend würde, hätte er sogar eine komplette Drehung vollzogen und würde wieder nordwärts fliegen. Aus diesem Grund ist immer angenommen worden, daß die Sonne keine Rolle bei der Migration spielt. Diese Sicht der Dinge ist durch die exzellenten Experimente von Gustav Kramer aus Deutschland auf den Kopf gestellt worden; er veröffentlichte seine Ergebnisse in der fünfziger Jahren, übrigens im gleichen Jahr, in dem auch von Frisch seine Arbeiten über die Bienen veröffentlichte.

Kramer baute ziemlich große, kreisförmige Käfige mit einem Ast in der Mitte und setzte ein paar Stare hinein. Die Vögel flogen immer in der Nord-Süd Richtung, wie auch ihre Route zu erwarten gewesen wäre, wenn sie die Sonne sehen konnten. Wenn Kramer mit Hilfe von Spiegeln die Sonnenposition veränderte, änderten auch die Vögel ihre Richtung; an bedeckten Tagen schienen die Vögel ihren Sinn für die Richtung ganz zu verlieren. Wenn er eine Glühbirne anstelle der Sonne in einem Raum ohne Fenster benutzte und wenn diese während des Tages nicht wie die Sonne herumbewegt wurde, änderte der Vogel andauernd seine Richtung – irgendwie nutzte er die Sonne als Richtungssignal und kompensierte ständig den normalerweise im Tagesverlauf auftretenden Wandel der Sonne. Die einzig mögliche Erklärung war, daß die Vögel eine Art innerer Uhr besitzen, die automatisch die sich ändernde Position der Sonne mit in Betracht zog.

Die Erkenntnis, daß Tiere und Pflanzen eine biologische Uhr in sich tragen, ist auch eine der letzten vierzig Jahre. Zunächst wurde angenommen, Zyklen seien eine Eigenschaft von Tieren mit einem Nervensystem; beim Menschen manifestieren sie sich in Form der unangenehm spürbaren Zeitverschiebung nach Flugreisen und in den Menstruationsperioden. Aber solche eingebauten Uhren sind bald als ein universelles Phänomen erkannt worden, Pflanzen und sogar einzellige Organismen unterliegen einem täglichen Rhythmus, der von einer inneren Uhr gesteuert wird. Die chemischen und physikalischen Grundlagen dieser Uhr sind noch ein Rätsel, obwohl wir etwas über sie wissen und glauben, daß wir sie mit der Zeit vollständig verstehen werden. Wenn der Organismus ein Nervensystem besitzt, wird die Uhr von einer speziellen Region im Gehirn kontrolliert; wenn dieser Teil zerstört wird, verliert das Tier den täglichen Zyklus. (Kürzlich konnte mit einer Implantation in dieser Region der zerstörte Zyklus eines Tieres wiederhergestellt werden.) Diese Uhren werden auf unterschiedliche Weisen genutzt, um die Aktivitäten der Tiere an den täglichen Tag-Nachtwechsel oder die saisonalen Veränderungen anzupassen. Hier möchte ich zeigen, wie die Uhr bei der Orientierung der Zugvögel nach der Sonne benutzt wird.

Ein Star besitzt ein eingebautes System, das den Vögeln automatisch mitteilt, wo die Sonne zu verschiedenen Zeiten des Tages stehen sollte. Um diese Fähigkeit zu beweisen, setzte Kramer Stare für einige Zeit in einen Käfig, in dem er den täglichen Licht-Dunkelrhythmus um sechs Stunden verschoben hatte, was bedeutet, daß Morgen- und Abenddämmerung sechs Stunden später als in der äußeren Welt einsetzten. Diese Vögel wurden später in einen Käfig gesetzt, in dem sie die Sonne sehen konnten, und anstatt gen Süden zu fliegen, wie sie es im Herbst normalerweise tun würden, flogen sie 90° rechts davon, das heißt gen Westen. Die Begründung ist offensichtlich: Ihre Uhr sagt ihnen, es sei sechs Stunden später und deshalb sollte sich die Sonne in dieser Zeit um 90° verschoben haben (um ein Viertel seiner 24 Stunden). Mit anderen Worten, ihr Flugwinkel in Bezug auf die Sonne ist korrekt für sie selbst, da ihr innerer Tag-Nachtzyklus vorher um sechs Stunden verschoben worden war.

Ich möchte anmerken, daß die Bienen dasselbe tun. Sie besitzen auch Uhren, die ihnen mitteilen, wie sie zu bestimmten Tageszeiten fliegen müssen. Dies kann gezeigt werden, indem man eine Biene einfängt, die zu dem Ort ausfliegen will, den die Kundschafterin beschrieben hat. Wenn die Gefangene in einer dunklen Kiste zwei Stunden lang festgehalten wird, wird sie fortfahren in der richtigen Richtung zu fliegen, obwohl sich die Sonne in den zwei Stunden um 30° weiterbewegt hat. Wenn sie nicht ihre innere Uhr genutzt hätte, wäre sie um 30° von ihrem Weg abgekommen.

Nicht alle Vögel wandern im Tageslicht; viele reisen bei Nacht. Man könnte sich vorstellen, daß sie die Sterne benutzen, genau, wie die Stare die Sonne benutzen, aber das muß nicht so sein. In den siebziger Jahren unternahm Stephen Emlen, aufbauend auf den Ergebnissen von anderen, eine Reihe von faszinierenden Experimenten mit der Indigoammer, einem wunderschönen Vogel, der nachts reist. Ihm wurde erlaubt, das Planetarium der Cornell University zu benutzen, und so fing er im Frühjahr und im Herbst die wandernden Vögel und setzte sie in einen Käfig im Planetarium. Der Käfig war klug eingerichtet, mit einem Stempelkissen am Boden umgeben von einem Kranz weißen Filterpapiers. Die Vögel betraten das Stempelkissen und jedesmal, wenn sie einen Sprung machten, oder zu flattern begannen, wurde die Richtung durch die Fußabdrücke auf dem weißen Papier aufgezeichnet. Der Nachthimmel rotierte wie gewöhnlich, und im Herbst sprang die Ammer gen Süden, im Frühjahr nach Norden.

Emlen konnte zwei radikal neue Erkenntnisse über die Art, wie Vögel sich orientieren, gewinnen. Erstens nehmen sie nicht einen Stern oder eine Gruppe von Sternen und nutzen sie, wie die Stare die Sonne nutzen; anstelle dessen nehmen sie einen Fixpunkt, den Polarstern, weil es der einzige Stern am Nordhimmel ist, der sich nicht bewegt, während alle anderen Sterne während der Nacht um ihn rotieren. Das bedeutet, neben anderem, daß die Indigoammern nicht ihre innere Uhr benutzen. Sie brauchen es nicht, weil der Polarstern die ganze Nacht in der gleichen Position steht. Emlens zweite Entdeckung war, daß dieser Trick, den stätionären Polarstern zu nutzen, erlernt war; er ist nicht ererbt, wie die Sonnenorientierung der am Tag wandernden Vögel. Wenn Nester in den Käfig im Planetarium gesetzt wurden und den jungen Küken erlaubt wurde, den rotierenden Nachthimmel um den Polarstern herum zu beobachten, wuchsen sie auf und waren zu einer normalen saisonalen Wanderung fähig. Wenn sie jedoch in einem normalen Raum aufgewachsen waren, waren sie unfähig, unter dem normalen Nachthimmel in einer gleichbleibenden Richtung zu fliegen. Dies ist ein weiteres Beispiel dafür, daß eine Funktion (Wanderungsnavigation) entweder erlernt oder in den Genen fixiert sein kann.

Es gibt einen letzten Punkt bei der Vogelwanderung, den ich besonders interessant finde. Wie weiß der Vogel aus der nördlichen Hemisphäre, daß er im Herbst gen Süden fliegen sollte und im Frühjahr gen Norden? Tatsächlich steuern die Hormone das Gehirn so, daß die richtigen Antworten auf die Jahreszeit gegeben werden. Im Frühjahr fangen die Sexualhormone an, den Körper zu überschwemmen, und irgendwie teilen sie dem Gehirn mit, es müsse jetzt nordwärts gehen. Wenn der Hormonspiegel im Herbst abebbt, heißt die Botschaft: südwärts. Die Frage, wie die generelle Richtung von den Genen gesteuert wird und wie die Hormone das Signal umkehren können, bleibt ein aufregendes Problem.

Viele Vorschläge in der Vergangenheit zielten darauf ab, Vögel könnten irgendwie sensitiv auf magnetische Kräfte, die die Oberfläche des Erdballs bedecken, reagieren, aber sie sind immer wieder als Spökenkiekerei abgetan worden (mit einiger Berechtigung). Es war deshalb ein gehöriger Schock, als William Keeton, auch von der Cornell University, in den sechziger Jahren zeigte, daß heimkehrende Tauben magnetische Hinweise zu ihrer Orientierung nutzen konnten. Es ist traurig, daß Keeton in so jungen Jahren starb, denn niemand könnte die Geschichte seiner Entdeckung besser erzählen als er.

Als Junge interessierte er sich brennend für Brieftauben. Als er ein Wissenschaftler wurde, war er entsetzt, als er herausfand, daß die Biologen, die sich mit dem Heimfinden beschäftigten, nicht gelernt hatten, die Tauben anständig zu pflegen. Sie behandelten sie in etwa mit dem gleichen Respekt, den sie weißen Ratten zukommen ließen. Als Keeton seine Arbeiten begann, war sein erster Schritt, einen erfahrenen Taubenzüchter zu engagieren, um seine Vögel in exzellenter Form zu halten, und der ihnen nur erlaubte, sich an Rennen zu beteiligen (will sagen, an Experimenten), wenn die Kondition des Vogels genau richtig war.

Er fand heraus, daß die Tauben an völlig bedeckten Tagen sehr gut heimfinden konnten – etwas was die Taubenzüchter schon lange wußten, aber nicht die Biologen. Er konnte auch Experimente an sonnigen Tagen, an denen er die Tauben mit milchigen Kontaktlinsen versehen hatte, durchführen, womit den Vögeln ein stark verhangener Himmel simuliert wurde. Wenn die Vögel jedoch mit einer kleinen Haube versehen wurden, die jeden magnetischen Hinweis von außen ausschloß, indem sie selbst kleine störende Magnetfelder produzierte, verirrten sich die Vögel an bedeckten Tagen (oder, wenn sie die Kontaktlinsen trugen). Die gleiche Haube, aber ohne magnetischem Generator, konnte das exakte Heimfinden nicht verhindern. Der Fall war sehr überzeugend. Keeton pflegte hinzuzufügen, jedem Renntaubenzüchter seien bestimmte Orte bekannt, von denen man keine Brieftauben ins Rennen schicken sollte, weil die Vögel sich dann an bedeckten Tagen verirren. Diese Orte sind den Geologen seit langem als Stellen mit merkwürdigen magnetischen Anomalien aufgrund der Steinformation bekannt.

Man weiß immer noch nicht, wie die Vögel die Magnetfelder spüren. Für einige Aufregung sorgten James Gould und seine Mitarbeiter, als sie zeigten, daß Bienen winzige Mengen Magnetit in ihren Körpern haben, und später fand man auch in den Köpfen der Tauben Magnetit. Wir wissen nicht, wie Bienen und Vögel den magnetischen Kompaß lesen oder ob dies überhaupt die Methode ist, wie sie die magnetischen Kräfte spüren; die Beweise sind nur Indizien, aber der Fall ist überzeugend. Von Bienen weiß man zufälligerweise, daß sie von Magnetfeldern beeinflußt werden, wenn sie sich um ihren Stock herum orientieren, aber wir haben keine Ahnung, ob dieses irgendeine Rolle bei ihren Aktivitäten spielt. Erst kürzlich ist Magnetit auch in dem Gehirn des Menschen gefunden worden, aber es gibt nicht einen Hinweis auf irgendeine Funktion.

Es gibt eine Reihe anderer Hinweise, die eine Rolle bei der Vogelwanderung spielen könnten. Zunächst könnten Geräusche einen Hinweis abgeben. Wenn der Vogel durch die Luft fliegt, ist die Welt um ihn herum frei von externen Geräuschen, ganz unähnlich dem Fliegen in lauten Flugzeugen. Wenn es bedeckt sein sollte, hört er vielleicht das Schwappen der Wellen, was ihm sagt, daß er an der Küste entlang fliegt. Oder er mag Wasserfälle rauschen oder Frösche in der Marsch quaken hören. Durch die außergewöhnliche Lernfähigkeit der Vögel könnten diese Geräuschmarkierungen eine Rolle bei der Orientierung in der Landschaft sein. Man weiß auch, daß Vögel Geräusche von sehr geringer Frequenz, unterhalb unserer Hörfähigkeit, hören können. Dieser Ultraschall hat den Vorteil, sich über große Entfernungen hinweg zu verteilen, was bedeutet, daß diese Geräuschhinweise von sehr weit entfernt genutzt werden können.

Es ist bekannt, daß Vögel auch auf Druck sehr empfindlich reagieren. Tauben, die durch die Kontaktlinsen blind waren, schienen genau zu wissen, wann sie sich beim Landen dem Boden näherten, diese feine Druckempfindlichkeit bedeutet, sie haben einen eingebauten Höhenmesser. Es gibt eine interessante Geschichte über die Wanderung der kleinen Grasmücken von der Küste Neu-Englands in die Karibik. Im Herbst bleiben sie an der Küste, bis eine Hochdruckwetterzone mit scharfen nordwestlichen Winden vorbeikommt. Dann fliegen sie in Massen ab, indem sie die Winde benutzen, um sich über den großen Ozean tragen zu lassen. Es könnte sein, daß ihr Startzeichen der Luftdruckanstieg ist oder der günstige Wind. Die Unsicherheit darüber, wie sie es machen, verstärkt die Idee, daß es mehrere Kräfte, mehrere Hinweise gibt, die zur Vogelwanderung genutzt werden, die wir uns heute aber nicht einmal vorstellen können.

Ich habe das Verhalten von primitiven vielzelligen Organismen bis zu komplexen Tieren so behandelt, als ob es ein Gebäude aus Signalen sei. Die Signale mögen von einem Organismus zum anderen gehen oder sie können von der Außenwelt kommen, um neben anderen Dingen eine Grundlage für die Orientierung in der Umgebung zu bieten, so wie wir es eben in der Diskussion über die Wanderung der Schleimpilze und der Vögel gesehen haben. Obwohl die Signale und die Antworten darauf auf elegante Weise einfach sein mögen, können zu einem großen Satz miteinander verwobener Signale und Antworten akkumulieren, der ein komplexes Verhalten erlaubt, für das ich zwei Beispiele angeführt habe.

Erinnern Sie sich, daß jede dieser bemerkenswerten Anpassungen durch die natürliche Selektion entstanden ist, so daß das erwachsene Stadium im Lebenskreis sich selbst erhalten kann, und noch wichtiger, sich dadurch erfolgreich vermehrt. Wir haben jedoch noch nicht das Ende der Überraschungen erreicht, die als Ergebnis der Evolution des Verhaltens erlangt wurden. Eine dieser Überraschungen ist die Evolution der Tiergesellschaften.

7
Sozial werden

Einer der interessantesten Aspekte an Lebenskreisen ist, daß sie sich zusammenschließen können, um eine soziale Gruppe zu bilden, welche selbst einen Kreislauf durchläuft. Solche Gesellschaften sind auch „Superorganismen" genannt worden, um den Zusammenhalt der individuellen Lebenszyklen in der Gruppe zu betonen.

Das Studium sozial lebender Tiere wird Soziobiologie genannt, obwohl es schwierig ist, ein soziales Tier zu definieren. Wir verstehen unter „sozial", daß individuelle Tiere miteinander interagieren, aber alle Tiere, insbesondere Wirbeltiere, tun das zu einem gewissen Grad. Betrachten Sie zum Beispiel einen Grizzlybär oder einen Tiger: Sie verbringen den größten Teil ihres Lebens als einsame Wanderer, also wie könnten sie überhaupt als soziale Tiere gelten? Aber sie sind zutiefst sozial, wenn auch nur für eine kurze Periode, zum Beispiel wenn die Weibchen und Männchen sich paaren. Ein eindeutigeres Beispiel sind die Beziehungen und komplexen Interaktionen zwischen den Müttern und ihrem Wurf, die über eine längere Periode bestehen können.

Wir können uns bei der Entscheidung, welches Tier wahrhaft sozial ist, aus der Affäre ziehen, indem wir einfach sagen, alle sich sexuell vermehrenden Tiere seien sozial, aber sie differieren enorm im Ausmaß ihrer Beziehungen. An einem Ende des Spektrums finden wir die ausgedehnten Aktivitäten unserer eigenen Art und die der sozialen Insekten und am anderen die Bären und Tiger, neben der großen Menge relativ solitär lebender Tiere aus allen anderen Tiergruppen.

Aber warum sind Tiere sozial? Insbesondere, warum besitzen einige solch ausgesprochen komplizierte soziale Organisation? Ich wurde auf diese Frage zuerst durch meine Arbeit mit den Schleimpilzen aufmerksam, weil sie die Interaktionen und das Zusammenkommen vieler Amöben zu einem vielzelligen Organismus zeigen. Als ich vor etlichen Jahren einen Artikel über sie für den *Scientific American* (*Spektrum der Wissenschaft*) schrieb, fiel mir ein, ich könnte sie „social amoebae“ nennen und benutzte dies als Überschrift. Das stellte sich als eine glückliche Wahl heraus. Ich wurde ein paar Jahre später gebeten, einigen russischen Biologen, die zu Besuch waren, etwas über sie zu erzählen. Sie schienen überhaupt nicht an meinen Ausführungen interessiert zu sein, so daß ich eine andere Gangart einlegte und erzählte, sie seien soziale Amöben. Ein Strahlen ging über ihre Gesichter, sie waren entzückt zu vernehmen, daß der Sozialismus eine so weite Verbreitung gefunden hatte.

Heutzutage halten wir die verschiedenen Stufen der sozialen Existenz bei Tieren für eine Folge der natürlichen Selektion. Mit anderen Worten, für einige Spezies scheint es von Vorteil zu sein, in einer sozialen Gruppe zu leben – ein Vorteil bedeutet hier in Darwins Sinne ein größerer Vermehrungserfolg des Individuums. Ich werde jetzt eine Reihe solch möglicher Vorteile besprechen, aber weil einer von ihnen in der Vergangenheit eine große Kontroverse hervorgerufen hat, ist ein bißchen jüngere Soziobiologiegeschichte sachdienlich und erhellend.

Das Interesse an sozialen Tieren und ihrem Verhalten geht weit zurück in den Annalen der Naturgeschichte. Vielleicht am häufigsten findet sich Literatur über die sozialen Insekten: Honigbienen, Wespen, Ameisen und Termiten. Einige dieser Tiere bilden enorme Gruppen, an denen Millionen von Individuen mit einer oft komplizierten Arbeitsteilung beteiligt sind.

Die Revolution bei der Betrachtung der Gründe für solche Tiergesellschaften kam in den 60er Jahren, als W.D. Hamilton in einer gefeierten Schrift vorschlug, es könne genetische Gründe haben, daß sich eine soziale Existenz in der natürlichen Selektion von Vorteil erweise. Hamilton argumentierte damit, daß nahe Verwandte viele identische Gene besitzen und deswegen altruistische Akte, aus Sicht der natürlichen Selektion der Gene, nicht selbstmörderisch sondern vorteilhaft für die Weitergabe dieser Gene sind. Hamilton führte eine besondere Eigenschaft von Hymenoptera-Arten (das sind die Bienen, Wespen, Ameisen) zur Begründung an, nämlich, daß die Männchen nur einen haploiden Satz Chromosomen haben, während die Weibchen die normalen zwei Sätze besitzen (diploid). Deswegen sind die Arbeiterinnen (die Arbeiterinnen sind genetisch weiblich) untereinander verwandter als mit ihren Nachkommen; anders als bei Geschwistern und Nachkommen der meisten anderen Organismen, einschließlich des Menschen, wo beide Geschlechter die doppelte Anzahl Chromosomen (diploid) besitzen. Wir haben die gleiche Wahrscheinlichkeit, dieselben Gene mit unseren Geschwistern zu teilen wie mit unseren Kindern. Die Situation bei den Hymenoptera ist nur dann verschieden, wenn alle Arbeiterinnen den gleichen Vater haben, weil dann alle weiblichen Nachkommen die gleichen väterlichen Gene tragen, da die Männchen nur einen Satz Gene zu vererben hatten; das ist es, was die Schwestern so eng verwandt sein läßt, denn sie haben eine Wahrscheinlichkeit, 75 % ihrer Gene zu teilen. Bei einem normalen diploiden Organismus beträgt die Wahrscheinlichkeit, ein Gen mit dem Geschwister zu teilen, nur 50 %. Hamilton hielt diesen engen Verwandtschaftsgrad der Arbeiterinnen in einer Kolonie für den Grund ihrer erstaunlichen Kooperation und ihrer gelegentlichen Selbstopferung. Weil die Hymenoptera diesen besonderen Unterschied zwischen den männlichen und weiblichen Exemplaren besitzen, sollte man bei ihnen mehr koloniebildende Formen finden als bei anderen sozialen Insekten wie beispielsweise bei Termiten, deren beide Geschlechter diploid sind. Es ist seit langem bekannt, daß Ameisen, Bienen und Wespen soziale Organisationen mindestens elfmal unabhängig voneinander erfunden oder evolviert haben, während die Termiten es nur einmal erfanden; ein Argument, das Hamiltons Verwandtschaftsselektions-Hypothese stützt.

Es ist ein interessantes Stück Wissenschaftsgeschichte, daß, obwohl Hamilton seine Arbeit 1964 veröffentlichte, ihre Folgen nicht allgemein beachtet wurden, nicht bevor E. O. Wilson seinen enzyklopädischen Knüller, *Sociobiology* genannt, 1975 veröffentlichte. Das Buch ist reich an Beschreibungen sozialer Tiere auf allen Ebenen, mit Intelligenz und Klarsicht geschrieben. Neben anderem beschreibt es die Hypothese Hamiltons so zwingend, daß sie weithin bekannt und verstanden wurde; darüber hinaus führte Wilson aus, wie sie nicht nur auf soziale Insekten zutraf, sondern auch auf andere Tiere. Ich war und bin ein Bewunderer dieses Buches, und rezensierte es sehr positiv für den *Scientific American.* Aber, wie Wilson auch, war ich politisch naiv und hatte nicht mit der massiven Attacke durch eine Gruppe von Marxisten gerechnet, die sofort nach der Veröffentlichung begann. Die Science for the People Group in

Boston schrieb ätzende, polemische Artikel gegen das Buch, aufgrund einiger Bemerkungen im kurzen ersten und letzten Teil des Buches, in denen darauf hingewiesen wird, daß Tiergesellschaften uns auch etwas über die Natur der menschlichen Gesellschaften lehren können. Die Gruppe entschied, Wilson hätte behauptet, alles Verhalten sei durch die Gene festgelegt, etwas was den Marxisten ein Greuel sein muß, und in seiner extremen Form jede normale Person in Unruhe versetzt. Es war die Virulenz der Attacke, die uns so überrascht hat; als ob Wilson ungewollt die perfekte Begründung für einen intellektuellen Lynchmord geliefert hätte. Die Zeitungen hatten ein Fest: Das *Time* Magazin druckte eine Schlagzeile „Gene über alles", und bei einer Konferenz schüttete jemand einen Eimer Wasser über Wilson am Rednerpult vor versammeltem Publikum. Bei all diesem ging die große Bedeutung der Idee, es könne genetische Gründe gegeben haben, warum Tiere sozial wurden, und auch all die faszinierenden Details, wie Tiergesellschaften arbeiten, vollständig verloren. Wie den meisten anderen Leuten mißfällt mir die Idee, es gäbe keinen freien Willen bei den Menschen und alle unsere Handlungen seien genetisch festgelegt; trotzdem möchte ich den genetischen Verwandtschaftsgrad und die Verwandtenselektion und wie sie eine Rolle bei der Entstehung und der natürlichen Selektion der Tiergesellschaften gespielt haben können, diskutieren. Ich werde das tun, ohne den empfindlichen *Homo sapiens* zu erwähnen, und werde meine Bemerkungen ausschließlich auf nichtmenschliche Tiere beschränken. (Später werde ich etwas zur menschlichen Soziobiologie sagen, in der Hoffnung, nicht politisch angefallen zu werden. Mir wurde von meinen marxistischen Freunden angedeutet, das sei unmöglich, aber wir werden bald erfahren, ob ich mich erfolgreich schlagen kann.)

Das Studium der sozialen Tiere, das weitgehend stimuliert worden ist durch die Arbeiten von Hamilton und Wilson, bleibt ein außerordentlich aktives und wichtiges Gebiet der Forschung. Zunächst einmal haben wir große Fortschritte bei dem Verständnis darüber gemacht, wie die Selektion arbeitet und mit dem Verwandtschaftsgrad bei sozialen Insekten korreliert ist. Es besteht bei Insekten eine große Vielfalt in Größe und Komplexität ihrer Sozialstrukturen, und diese verschiedenen Stufen haben uns einen Einblick darein gegeben, wie die Arbeiterinnen und die

Königin interagieren und kooperieren. Ganz allgemein läßt sich sagen, daß das Hamiltonsche Prinzip nicht nur bestehen bleibt, sondern im Detail mit vielen Informationen angereichert wurde. Es ist jedoch im Verlauf vieler dieser Studien auch immer deutlicher geworden, daß die genetische Verwandtschaft nicht der einzige Faktor bei dem Werden der Gesellschaften sein kann, in manchen Fällen mag der ursprüngliche Grund etwas ganz anderes sein. So weit bis hierher, zunächst möchte ich die diploiden sozialen Organismen besprechen, welche die Regel sind; die haploiden Männchen der Hymenoptera bilden die Ausnahme, die die Regel bestätigt.

Lassen Sie mich zwei Beispiele anführen, bei denen die Verwandtenselektion eine Rolle in der Evolution der sozialen Kooperation bei diploiden Wirbeltieren spielen soll. Das eine ist der gut untersuchte Fall der kalifornischen Eichelhäher, die ein Verhalten zeigen, wie es typisch für eine ganze Reihe sozialer Vögel ist. Wenn ein Paar dieser Vögel ein Nest baut und Junge aufzieht, fungieren zwei oder drei andere ausgewachsene Vögel als Helfer. Diese Vögel sind die Nachkommen des vorangegangenen Jahres und, obwohl sie schon selbst zur Reproduktion fähig wären, bleiben sie bei den Eltern und helfen dabei, das Nest zu verteidigen und ihre neugeborenen Geschwister zu füttern. Die Nester mit Helfern waren erfolgreicher und produzierten mehr Nachkommen als Nester ohne Helfer. Hier können wir erkennen, daß die Helfer, wenn Verwandte sich unter Aufgabe der eigenen Reproduktionschance gegenseitig von Nutzen sind, viele Gene mit den Geschwistern, die sie schützen und füttern, gemeinsam haben. Trotzdem müssen wir eines im Auge behalten, obwohl sie die Überlebenschance ihrer Geschwister erhöhen, können die Helfer sich nicht selbst vermehren, was der direkte Weg wäre, die Gene weiterzugeben; der genetische Gewinn des Helfens wird durch einen beträchtlichen Verlust ausgeglichen. Diese Erkenntnis hat zu einer Arbeit geführt, die uns zeigte, daß die jungen Vögel nicht nur aus Altruismus dieses Jahr als Helfer verbringen, sondern als eine Art Lehre der Elternschaft absolvieren. Diese zusätzliche Zeit läßt sie für das Leben lernen, wenn sie später selbst davonfliegen, um bessere Territorien zu suchen und um effektivere Eltern zu werden, die mehr Junge aufziehen können als unerfahrene Vögel. Diese Geschichte zeigt deutlich, daß es mehr Facetten gibt in der Frage, wie die Verwandtenselektion die Kooperation fördert, aber das grundlegende Prinzip steht unerschüttert.

Mein zweites Beispiel sind die afrikanischen Löwen. Ein Rudel Löwen ist hauptsächlich eine Ansammlung weiblicher Löwen mit ihren Jungen, plus ein oder zwei Männchen. Die Männchen führen jedoch ein gefährliches Leben, weil sie ihre Position im Rudel gegen marodierende Männchen, die sie auf die Probe stellen, verteidigen müssen. Der Kampf um die Vorherrschaft im Rudel kann tödlich sein, und wenn das siegreiche Männchen (oder mehrere) von außen kam, werden sie in relativ kurzer Zeit alle Jungen töten. Diese Beobachtung wurde mit dem Argument erklärt, daß durch die Tötung der vorhandenen Jungen die Weitergabe der Gene ihrer Rivalen zur nächsten Generation unterbrochen wird und sie dann fortfahren können, ihre eigenen Jungen zu zeugen. Nach menschlichem Ermessen (was ich mir nie erlauben würde) agieren sie wie pathologisch selbstsüchtige Stiefväter. Es ist besonders deutlich, daß wenn es im Rudel zwei männliche Löwen gibt, diese häufig Brüder sind; anders ausgedrückt, sie haben viele Gene gemeinsam und sind deswegen der Nachkommenschaft des anderen gegenüber tolerant. Diese Beispiele für Kindstötungen durch neue, siegreiche Männchen kann man bei einigen sozial lebenden Säugetieren finden, insbesondere bei Primaten. Wie schon zuvor gesagt, solch ein Verhalten fügt sich in das Gesetz, daß eine der treibenden Kräfte für eine soziale Existenz die Verwandtenselektion gewesen ist, aber ich möchte noch einmal zur Vorsicht mahnen, sie war nur einer der Faktoren, die die Selektion zu erhöhten sozialen Interaktionen vorantrieben.

Es gibt eine Reihe anderer Vorteile im sozialen Leben, die ich jetzt sorgfältig beleuchten möchte. Diese schließen die Vorteile, die bei der gemeinsamen Futtersuche entstehen und im gemeinsamen Schutz vor Feinden und einer unwirtlichen Umgebung liegen, ein. Schließlich wurde in einigen Fällen das Zusammenbringen der Sexualpartner in der Brautwerbung und der Paarung zu einem gesellschaftlichen Ereignis, manchmal sogar zu einem recht mühsamen.

Es wird allmählich deutlich, entgegen unserer natürlichen Vorstellungskraft, daß Insekten fast alles, wozu Säugetiere und andere Wirbeltiere in der Lage sind, auch auf ihre eigene Weise bewerkstelligen können. Deshalb ist es nicht erstaunlich, Beispiele sozialer Insekten zu finden, die auf eine Weise Futter sammeln, zu der sie nur eine große Anzahl ihrer Mitglieder befähigt. Das ist der Fall bei Wanderameisen in den amerikanischen und afrikanischen Tropen. Sie bilden große marschierende Bänder, ein Dutzend oder mehr Ameisen in der Breite, die große Entfernungen überbrücken können, wenn sie über den Boden des Dschungels hinwegeilen. Eine der Charakteristika dieser Ameisen besteht darin, daß sie es lieben zu folgen, während sie Führen zu hassen scheinen. Als Ergebnis davon erscheint die Front des Bandes wie ein sich ausbreitender Fächer, denn sobald eine Ameise an der Front geht, wird sie langsamer, um die Horde an sich vorbeiziehen zu lassen, bis sie ihre Selbstbeherrschung wiederhergestellt hat. Es kommt zu einem Fächer von zögerlichen Anführern, der hervorragend geeignet ist, eine Beute aufzuspüren. Sollte ein unvorsichtiger Wurm oder eine fette Insektenlarve entdeckt werden, werden sie, auch wenn sie viele Male größer als die individuelle Ameise sein sollten, von der großen Menge buchstäblich zerrissen. Es gibt eine Menge wilder Geschichten darüber, wie Wanderameisen einen angebundenen Esel gefunden haben, um am nächsten Morgen nichts weiter als einen Haufen Knochen davon zurückzulassen. Wie aufregend diese Geschichte auch sein mag, nichts davon ist wahr, obwohl sie in übertriebener Weise den Punkt, auf den es mir ankommt, verdeutlicht. Es ist wahr, daß der Marsch von Wanderameisen durch ein Haus ein wünschenswertes Ereignis darstellt, weil sie jegliches Ungeziefer, besonders Kakerlaken oder Mäuse, entweder fressen oder vertreiben. Es ist ratsam, in Orten, an denen solche Besuche wahrscheinlich sind, die vier Beine der Betten in Töpfe mit Wasser zu stellen, für den Fall, daß der Troß vorbeikommt, wenn man gerade schläft; ihr massenhaftes Beißen soll extrem unangenehm sein.

Eine Reihe von sozialen Säugetieren jagen im Rudel, und auf diese Weise können sie viel größere Tiere erbeuten, als wenn sie allein gejagt hätten. Ein gutes Beispiel sind Wölfe, die Elche anfallen, wobei sie die schwächeren, kleineren Tiere töten. In Afrika sind es die Hyänen und Wildhunde, die in Rudeln jagen. Wie bei den Wanderameisen haben diese Rudel nicht nur Methoden entwickelt, wie sie ihre Opfer abdrängen, sondern sie können sie mit dem Gewicht ihrer Menge überwältigen, sobald sie sie einmal in die Ecke gedrängt haben. Wolfsrudel teilen sich schlau in zwei Gruppen, wobei die eine Gruppe den Hirsch oder das Schaf in die Fänge der anderen jagt. Hyänen scheinen sich auf ihre unaufmerksamen Opfer mit Schnelligkeit und Kraft zu werfen, um dann in ungefähr 15 Minuten den Kadaver samt der Knochen (mit ihren kräftigen knochenzermalmenden Zähnen) zu vertilgen. Wahrscheinlich ist diese unziemliche Hast geboten, um die Nahrung verschwinden zu lassen, bevor die Löwen in der Arena erscheinen.

Diese sozialen Gruppen haben Fähigkeiten erworben, die den einzelnen Individuen versagt blieben: Sie können Tiere fressen, die größer als sie selbst sind. Es fällt leicht, sich vorzustellen, wie sich die zufällige Kooperation einer Familie bei der Jagd in das Zusammenwirken größerer und immer größerer Gruppen evolviert hat, mit steigender Effizienz bei der Futterbeschaffung. Die nichtsozialen Verwandten dieser Arten mußten sich noch mit kleineren Beutetieren zufrieden geben, während die sozialen Tiere, durch gemeinschaftliches Jagen, eine neue und unausgebeutete Nahrungsquelle erschlossen haben.

Ich erinnere mich, als Kind in einem alten deutschen Naturkundebuch eine dramatische Zeichnung gesehen zu haben, die eine königliche Kammer in einem sehr aufwendig gebauten Termitenhügel einer afrikanischen Art darstellte. Es gab dort eine gigantische Königin – so aufgebläht, daß sie wie eine große, bläßliche Hülse aussah, sicherlich war sie unfähig, sich zu bewegen. Um sie herum scharten sich kleine Arbeiterinnen, die ihre Seiten schrubbten und die Eier entfernten, die in einer erstaunlichen Schnelligkeit regelmäßig von ihr abgegeben wurden. Der kleine König ging an ihrer Seite und sah etwas verloren und erstaunt aus, und diese häusliche Szene wurde von einem Kreis wilder Krieger bewacht, die alle von ihr abgewendet standen, um die Feinde abzufangen. Später wurde ich etwas desillusioniert, als ich erfuhr, daß die Soldaten nicht die ganze Zeit so Wache stehen, sondern nur bei akuter Gefahr. In diesem Fall muß es der Künstler ausgelöst haben, der ein Loch in die Seite der Kammer gebohrt hatte. Trotzdem bleibt dies ein gutes Beispiel für den Schutz durch eine Gruppe von Tieren, in diesem Fall vorgeführt durch eine spezielle Soldatenkaste mit tödlichen Gebissen.

Dasselbe Phänomen kann bei Moschusochsen und Elefanten beobachtet werden. Wenn Moschusochsen von einem Rudel arktischer Wölfe verfolgt werden, wäre ihre schlechteste Taktik die Flucht, was oft als Folge den Verlust eines Kalbs nach sich zieht. Wenn sie nicht in Panik geraten, formieren sie sich zu einem Kreis, wobei sie ihre starken Hörner nach außen wenden, wie ein unbezwingbarer Schild. Nach dem gleichen Prinzip ordnete Cäsar seine Soldaten in den Gallischen Kriegen an, nämlich in engen Gruppen, mit ihren Schilden nach außen gerichtet. Elefanten tun dasselbe, wenn auch mit etwas weniger militärischer Präzision. Elefantengruppen bestehen nur aus den weiblichen Tieren und ihren Jungen. Wenn sie beunruhigt sind, formieren die Erwachsenen einen Kreis, wobei alle nach außen schauen, und mit ihren Hinterteilen stoßen sie von Zeit zu Zeit die vorwitzigen Jungen zurück in das Innere des Kreises.

Solche organisierten Gruppen können ihre Jungen effektiv schützen – viel effektiver als eine einzelne Mutter. Kooperative Schutzmechanismen unterliegen einem starken positiven Selektionsdruck, und man kann einfach erkennen, wie sie durch die natürliche Selektion entstanden sind: Die effektiver geschützten Nachkommen sind diejenigen, die ihre Gene in die nächste Generation tragen.

Die vielleicht größten Feinde der Tiere sind die Naturgewalten. Meistenteils werden die Tiere mit ihnen durch erstaunliche physiologische Tricks fertig, mit denen sie extreme Temperaturen und andere ungünstige Bedingungen kompensieren. Hier wollen wir uns mit sozialen Methoden zur Bewältigung dieser Bedingungen beschäftigen, das bedeutet, es sind Methoden, die die massive und gemeinsame Anstrengung vieler kooperierender Individuen erfordern.

Die besten Beispiele finden sich bei sozialen Insekten. Termiten haben zum Beispiel wenig Möglichkeiten, der Austrocknung entgegenzuwirken, und würden in einer trockenen Umgebung verschrumpeln und sterben. Um sich zu schützen, bauen sie ihre Nester, die Termitenhügel, wobei sie sie zur Außenwelt hin versiegeln, um die Feuchtigkeit innen zu behalten. Wenn sie ein Stück köstliches Holz entdecken, nehmen wir einmal an, über einem ungenießbaren Betonboden oder einer Wand, dann bauen sie sich einen kleinen gedeckten Tunnel aus Holzresten und Speichel und verlängern ihn oft über große Entfernungen bis zu der neuen Nahrungsquelle, wobei sie immer im Innern in einem ihnen zuträglichen feuchten Klima bleiben.

Honigbienen sind besonders begabt, die Temperatur in ihren Stöcken unter Kontrolle zu behalten. Während der aktiven Saison des Honigsammelns halten sie die Temperatur ihres Stocks mit nur einem Grad Abweichung konstant (34.5° bis 35.5°C). Um die Fähigkeit der Bienen, die Temperaturen zu regulieren, auf die Probe zu stellen, sind Stöcke an Orte mit Temperaturen um den Gefrierpunkt und im anderen Extrem mit Temperaturen um 70°C gebracht worden, und trotzdem konnten sie die Temperatur ihres Stocks bei der Normaltemperatur halten. Wie können sie diese bemerkenswerte Regulierung vollbringen? Wenn die Außentemperatur kälter ist, kontrahieren und lockern sie sehr schnell ihre gut ausgebildeten Flügelmuskeln und erzeugen auf diese Weise Hitze, die den Stock erwärmt. Bei heißem Wetter nutzen sie einen klugen Trick: Sie tragen Wassertröpfchen nach innen, die sie in der Nähe des Eingangs ablegen. Dann fächeln sie in der Nähe, um die Verdunstung zu unterstützen, und der Wärmeverlust, der bei der Verdunstung entsteht, kühlt die Luft in dem Bienenstock. Es ist dasselbe Prinzip, das dafür sorgt, daß bei einem hechelnden Hund Wasser auf der Zunge des Hundes verdunstet. Wenn viele der Arbeiterinnen zusammenarbeiten, kann die Kühlung recht beträchtlich sein, sie bilden die perfekte Klimaanlage an einem heißen Tag.

Es bestehen noch viele andere Möglichkeiten, wie Tiere ihre Umgebung in einer gemeinschaftlichen Aktivität kontrollieren. Die Biber sind ein klassischer Fall. Indem sie gemeinschaftlich einen Damm bauen, lassen Biber einen flachen Teich entstehen, der die Eingänge ihrer Burgen verdeckt und ihnen erlaubt, Nahrung in Form von Zweigen zu transportieren und unter dem Eis für den Winter zu speichern. Ihre Änderung der Umwelt dient also zwei Zielen: dem Schutz und der Sorge um die Nahrung und ihrer Lagerung.

Menschen sind bei weitem die größten Meister, sich die Umgebung nach ihren Wünschen und Erfordernissen zu modifizieren. Es reicht von der Bekleidung, die dem Wetter angepaßt wird, bis zum Einsatz unserer ganzen Klugheit beim Erfinden von Zentralheizungen und Klimaanlagen. Wir bauen auch Burgen zu unserem Schutz und nutzen viele trickreiche Erfindungen (und erfinden ständig neue), um unsere Umgebung unseren Bedürfnissen anzupassen.

Ich habe bereits früher betont, daß der Grad des sozialen Zusammenlebens sehr verschieden sein kann – von dem einsam lebenden Bären zu so weitgehend sozial lebenden Insekten oder Säugetieren wie wir selbst. Ich möchte jetzt eine Reihe von sozialen Tieren beschreiben und miteinander vergleichen, wobei sie sich in mehreren Punkten unterscheiden. Ich werde die Gesellschaften vergleichen, indem ich zwei Eigenschaften, die man bei allen findet, untersuche: (1) wie Tiergesellschaften die Arbeit teilen und wie sich das auf die Größe der Gesellschaft auswirkt, und (2) wie Tiere die Kommunikation bewältigen, wenn sie gesellig werden; Signalisieren zwischen den Individuen ist einer der Eckpfeiler einer erfolgreichen sozialen Organisation.

Wenn Tiergesellschaften sich vergrößern, entsteht eine größere Arbeitsteilung, was bedeutet, daß sie komplexer werden. Bei Tieren minimaler sozialer Existenz gibt es keine offensichtliche Arbeitsteilung, obwohl es eine auf geringem Niveau gibt: die Trennung der Geschlechter und die Trennung der Altersstufen (zwischen Jungen und ihren Müttern). Aber diese Einteilungen sind eine direkte Folge der Lebenszyklen sich sexuell vermehrender Organismen und unmöglich zu umgehen. Sie sind die biologischen Gegebenheiten, die die Basis für eine soziale Existenz bereitstellen.

Um das andere Ende der sozialen Skala zu betrachten, stellen Sie sich einige Ameisenarten vor, bei denen mehr als eine Million Individuen in einer Kolonie leben, in einer sozialen Gruppe. Wieder gibt es ein reproduktives Weibchen, aber nur ein einziges (die Königin), und ein Männchen, das beim Brautflug mitfliegt und stirbt, bevor die Kolonie gebildet wird. Sein einziges Vermächtnis ist das Sperma, das die Königin sorgfältig in einem Sack, der zu ihren Eierstöcken führt, aufhebt. Die Königin legt eine riesige Menge Eier, die zu Larven formieren und nach der Verpuppung zu Erwachsenen heranwachsen. Dies sind die Arbeiterinnen; sie sind genetisch weiblich, aber steril. Das Bemerkenswerte an ihnen ist, daß in sehr großen Kolonien nicht alle Arbeiterinnen die gleiche Größe und Form haben und auch nicht die gleichen Aufgaben in der

Kolonie erfüllen. Da gibt es die sehr kleinen Arbeiterinnen, die darauf spezialisiert sind, der Königin aufzuwarten und die Larven zu versorgen, sie sind die Dienerinnen und Kinderfrauen. Die mittelgroßen Arbeiterinnen sind hauptsächlich mit der Futterbeschaffung beschäftigt. Die größten Arbeiterinnen bilden die Schutztruppe, die Amazonen.

Über Jahre gab es ein großes Interesse an der Frage, wie diese Kasten festgelegt werden. Wir wissen, daß die Arbeiterinnen verschiedener Größe genetisch gleich sind – ihre individuellen Größen sind also nicht ererbt. Statt dessen entstehen diese Differenzen auf zwei Wegen: Einer ist die Menge Futter, die sie als Larven bekommen, und der andere Weg besteht darin, daß ein "Sozialhormon" (besser Pheromon genannt) ausgeschüttet wird, was bestimmte chemische Substanzen sind, die zwischen Individuen ausgetauscht werden. Zum Beispiel kann eine Kaste ihre Zahl beschränken, indem sie einen Inhibitor ausschüttet, der verhindert, daß sich Individuen einer anderen Kaste in die eigene entwickeln. Ein solches Phänomen bei Termiten ist gut beschrieben worden, die sich auf eine von den Ameisen leicht unterschiedliche Weise entwickeln, indem sie eine Reihe von Häutungen durchlaufen. Ein wundervolles altes Experiment hat ganz deutlich gemacht, daß die großen Soldaten andere Arbeiterinnen daran hindern, sich auch zu Soldaten zu entwickeln. Es wurde auf zwei Wegen bewiesen. Wenn alle Soldaten einer Kolonie entfernt wurden, entstanden bei den folgenden Häutungen neue Soldaten und stellten das alte Verhältnis von Soldaten zu anderen Arbeiterinnen wieder her. Nach diesen Beobachtungen wurden die entfernten Soldaten vermahlen und die Paste an die Arbeiterinnen verfüttert. In dieser Kolonie entstanden keine neuen Soldaten. Es gab also ein soldatisches Pheromon, das die Arbeiterinnen daran hinderte, sich zu Soldaten zu häuten. Durch solche Pheromone werden die Anteile der verschiedenen Kasten in der Kolonie aufrechterhalten.

Es war immer angenommen worden, Insekten seien die einzige Gruppe von Organismen mit so komplexen und ausgefeilten Gesellschaften und einem so hohen Grad an Arbeitsteilung. Verglichen damit erscheinen die meisten Gesellschaften der Säugetiere einfach, hauptsächlich weil alle Mitglieder der meisten sozialen Gruppen physisch gleich aussehen; es wurde angenommen, es gäbe kein Säugetier (oder Wirbeltier), das in ähnlichen Kasten wie die sozialen Insekten organisiert ist. Das hat sich jedoch als falsch erwiesen. In Höhlen unter der Erde in trockeneren Gegenden Afrikas und Mittelasiens gibt es ein Nagetier, die nackte Blindmaus, das Gesellschaften bildet, die bemerkenswerte Parallelen mit denen der Insekten aufweisen.

Ohne Zweifel gebührt diesen Blindmäusen der Titel „häßlichstes kleines Tier“. Sie sind unbehaart, und ihre faltige Haut variiert zwischen rosa-gelb und grau. Sie haben kleine Knopfaugen und große, gebogene Schneidezähne, die aus ihrem Schmollmund herausschauen. Glücklicherweise sind sie eher klein, wie der Name „Maus“ schon andeutet, so ist es wenig wahrscheinlich, daß uns einmal eine in einer finsteren Nacht erschrecken wird.

Weil sie unter der Erde leben, sind sie schwer zu beobachten, aber J.U.M. Jarvis aus Südafrika war unternehmungslustig genug. Sie brachte eine ganze Kolonie in das Labor und konnte über Jahre hinweg ihr außergewöhnliches Sozialsystem mit Hilfe von Beobachtungsfenstern in den Tunneln aufklären.

Es gab ungefähr vierzig Individuen in Jarvis Kolonie. Sie konnten in drei Hauptklassen eingeteilt werden, welche sie wie folgt beschrieb:

1. Die kleinen „Fleißigen Arbeiter“ (durchschnittlich 28 g schwer) bauen das Nest, gehen auf Nahrungssuche (Wurzeln und Zwiebeln, die man von der Erde aus finden kann), graben die Tunnel und transportieren die Erde und die Nahrung (wobei sie in sklavischer Treue während des Transportes nichts davon verzehren).

2. Die „Gelegenheitsarbeiter“ sind größer (durchschnittlich 35 g schwer) und vollbringen die gleichen Aufgaben wie die "Fleißigen Arbeiter“, aber sie sind faul und arbeiten nur 25 % der Zeit. Faulenzen ist ihre Hauptbeschäftigung.

3. Die „Nichtarbeiter“ sind die großen, königlichen Mitglieder der Kolonie. Sie bestehen aus ein paar großen Männchen und Weibchen (durchschnittliches Gewicht 47 g), wobei alle von ihnen zur Vermehrung fähig sind, aber nur eine von ihnen ist die wahre Königin; durch Aggression und möglicherweise, indem sie ein inhibierendes Pheromon produziert, sorgt sie dafür, daß nur sie sich vermehrt. Alles, was diese großen Individuen „tun“, ist, neben den reproduktiven Aktivitäten von ein paar Auserwählten, herumliegen und auf Futter warten, das herbeigebracht wird.

Diese Tiere haben etwas an sich, das mich ärgerlich macht, so daß ich versucht bin, die „Fleißigen Arbeiter" in einer Art Gewerkschaft zu organisieren und eine Revolution anzuzetteln, aber wenn ich sehe, wie unattraktiv sie aussehen, schwindet mein Enthusiasmus für eine Blindmausdemokratie zusehends. Wenn ich mich jedoch dazu durchringe, sie als Biologe zu betrachten, fühle ich Erbauliches. Hier gibt es ein Säugetier, dessen Sozialsystem dem der Termiten erstaunlich ähnlich ist. Klar ist, daß sich das System mit seinen Kasten, einem sich aktiv vermehrenden Weibchen und einer Arbeitsteilung unter den sich nicht reproduzierenden Arbeitern, unabhängig in beiden Gruppen entwickelt hat. Man möchte nun wissen, warum dies passierte: Was sind die Eigenschaften ihrer Gesellschaft, die durch die natürliche Selektion ausgewählt wurden? Wenn wir uns ihre gemeinsamen Nenner ansehen, bemerken wir, daß beide in unterirdischen Behausungen leben, abgeschlossen von der unfreundlichen, dürren Umgebung. Diese Not mag der Grund für das ursprüngliche Gruppenleben gewesen sein; sie kamen zusammen, um sich einen kollektiven Schutzraum zu bauen. Aber warum sollten sie dann Kasten entwickeln und eine Arbeitsteilung praktizieren? Man könnte behaupten, daß die schiere Größe der Termitenkolonie so groß ist, daß Arbeitsteilung eine notwendige Folge wäre – Effektivität in dieser Form akkumulierte zu positiver natürlicher Selektion. Es ist so, daß Arten von Insekten mit kleineren Kolonien Kasten besitzen, die weniger deutlich sind. Dagegen ist die Kolonie der Blindmäuse recht klein, trotzdem besitzen sie rudimentäre Kasten. Warum die Kasten in diesem Fall entstanden, ist eine interessante Frage, die noch mehr Wissen erfordert.

In Tiergesellschaften mittlerer Größe und Komplexität, wie zum Beispiel bei Wölfen oder Löwen, gibt es keine morphologischen Unterschiede zwischen den Individuen, doch auch sie haben eine Arbeitsteilung. Zum Beispiel bei Wölfen oder den afrikanischen Wildhunden vermehren sich normalerweise nur ein Weibchen und ein Männchen aktiv, wobei die anderen Individuen als Helfer bei der Aufzucht der Welpen fungieren. Die Rollen, die die Individuen in diesen Gesellschaften spielen, liegen in ihrem Verhalten, und mit zunehmendem Alter und Erfahrung können auch die Helfer aktive Hochzeiter werden, um dann allmählich ersetzt zu werden, wenn sie alt und schwach geworden sind.

Die hierarchische Beziehung, die in einer solchen sozialen Gruppe etabliert ist, nennt man „Dominanzordnung". Sie wird auch Hackordnung genannt, weil sie zunächst bei Hühnern festgestellt wurde, bei denen der dominante Vogel in einer Gruppe alle anderen pickt, aber nicht von ihnen gepickt oder gehackt wird. Es konnte gezeigt werden, daß, wenn zwei Gruppen von Hühnern, die sich nicht kannten, zusammengebracht werden, zunächst ein großes Durcheinander entsteht über die Frage, wer hackt wen. Aber mit der Zeit bilden sie eine lineare Ordnung aus, A hackt B, B hackt C, C hackt D und so weiter. Dieses Prinzip einer Hackordnung ist allen sozialen Tieren gemeinsam – es konnte sogar zwischen den Arbeiterinnen eines Ameisenstaates festgestellt werden. Wölfe und Wildhunde etablieren ihre bescheidene Arbeitsteilung auf diese Weise.

Bei Gesellschaften von Primaten variiert die Ausprägung der Dominanzordnung gewaltig. An einem Ende des Spektrums befinden sich die afrikanischen Hamadryaspaviane, deren kleinste soziale Gruppe aus vier bis zehn Mitgliedern besteht. Sie sind die Meister in einem unmöglichen, männlichem Chauvinismus: Das führende Männchen hindert nicht nur jedes andere Männchen in der Truppe daran, sich mit den Weibchen zu vereinigen, er hält auch die Weibchen ganz eng bei sich, mit Methoden, die man nur als brutal bezeichnen kann. Wenn eine seines Harems sich zu weit entfernt, rennt er ihr nach, beißt sie kräftig ins Genick und zwingt sie, zur Gruppe zurückzuhuschen. Im Gegensatz dazu bilden die Brüllaffen aus Zentral- und Südamerika größere Gruppen – oftmals bis zu dreißig oder mehr Individuen –, und es fällt schwer, ein dominantes Männchen zu entdecken, weil sie alle in guter Eintracht zusammenzuleben scheinen. Wenn ein Weibchen brünstig wird, wechseln die Männchen sich in Ruhe ab, ohne vorher zu kämpfen. Diese Beziehungen zwischen den Individuen sind ein ideales Beispiel dafür, was es bedeutet, „zurückhaltend" zu sein. Sie sind nur aggressiv, wenn sie eine Gruppe aus einem fremden Territorium auf sich zukommen sehen oder wenn ein potentieller Feind erscheint. Ich kann mich gut an meine erste Begegnung mit ihnen in Panama erinnern. Als ein sehr grüner Junge wanderte ich durch den Wald, ohne zu bemerken, daß ich unter einer Gruppe stiller Brüllaffen schlenderte. Plötzlich begannen sie alle zugleich zu schreien, was bei mir heftiges Herzklopfen verursachte; ich hätte unzweifelhaft eine Herzattacke erlitten, wenn ich nicht so jung gewesen wäre. Bevor ich wieder zu mir kam, mußte ich feststellen, daß sie genau über mir etwas, was man sich schon denken kann, aussonderten, in einer sehr durchschlagenden Gruppenleistung. Ich hätte viel um einen großen Regenschirm gegeben.

Dominanzordnungen liegen im Verhalten und sie erfordern Kommunikation zwischen den Individuen, das sind visuelle, chemische und auditive Signale. Die Brüllaffen kommunizieren mit ihren Feinden, indem sie diesen ohrenbetäubenden Lärm veranstalten, während die Mitglieder ihrer Gruppe untereinander sich mit feinem Grunzen, verschiedenen Körpersignalen und Grimassen, sowie Gerüchen (zur Unterscheidung der Individuen und der Weibchen in Bereitschaft) verständigen. Kommunikation ist absolut unerläßlich für jede Art sozialer Gruppe. Sie ist nicht nur die Grundlage für die Dominanzhierarchie, sondern jeder kooperative oder aggressive Akt in der sozialen Gruppe beinhaltet Kommunikation. Das gilt für Insekten wie für soziale Wirbeltiere. Die kleinen Gehirne von Bienen, Ameisen, Wespen und Termiten versagen ihnen nicht ihre außergewöhnlichen Fähigkeiten, große Mengen von Kommunikation zwischen den Individuen zu bewältigen.

Ein anderes wichtiges Beispiel für die Verständigung ist das Wiedererkennen eines bestimmten Mitglieds der sozialen Gruppe. Insekten erkennen die Nestgefährten am Nestgeruch, den jedes Mitglied der Kolonie mit sich trägt. Man vermutet, daß Insekten der Erkennung einzelner Individuen sehr nahe kommen, zumindest bei Ameisen, die eine Hackordnung zwischen den Arbeiterinnen haben, muß das zu einem gewissen Grad zutreffen.

Sicher sind Vögel und Säugetiere darin viel besser als Insekten. Viele Vögel, wie Gänse und Schwäne, sind monogam und bleiben ihr ganzes Leben bei einem Partner. Die Zeichen, die sie verwenden, sind beides – visuell und auditiv –, nur wenige Vögel besitzen einen Geruchssinn. Viele der Säugetiere verlassen sich hingegen hauptsächlich auf Gerüche zur Erkennung. Andere Säugetiere, wie wir selbst, sind mehr von Geräuschen abhängig – wie leicht können wir eine bekannte Stimme am Telefon erkennen – und ganz besonders abhängig von der Sicht. Wir können nicht nur Gesichter mit erstaunlicher Geschwindigkeit und Genauigkeit wiedererkennen, sondern wir können gute Freunde sogar aus großer Distanz allein an ihrer Haltung und an ihrem Gang identifizieren.

In jüngster Zeit ist es einigen Leuten gedämmert, daß eine Idee der ersten Pioniere (Alison Jolly, Nicholas Humphrey und anderer) tatsächlich eine bedeutende Rolle bei der Entstehung der Gesellschaften von Primaten und des Menschen spielt. Die Idee ist sehr einfach: In der natürlichen Selektion haben sich soziale Gruppen als sehr erfolgreich erwiesen, eine Tatsache, die sich in der großen Anzahl von Tieren, sowohl bei Insekten als auch bei Wirbeltieren, die sozial leben, zeigt. Bei Wirbeltieren hat besonders einer der Wege zu einer erfolgreichen Vermehrung geführt, nämlich der Besitz einer überlegenen Intelligenz; deshalb erfolgte Hand in Hand mit dem evolutionären Erfolg der sozialen Existenz eine Selektion der Intelligenz. Wir werden sehen, wie diese zwei Eigenschaften zusammenwirkten, um unsere eigene aufwendige und komplexe Gesellschaft aufzubauen.

Die erste Frage lautet, warum sind menschliche Wesen so schlau? Warum hat es eine Selektion auf größere und klügere Gehirne gegeben – diese Gabe, die uns mit so einer wundervollen Selbstbefriedigung erfüllt, wenn wir uns mit allen anderen Tieren vergleichen. Eine der Standardantworten lautet, daß unsere Vorfahren den Gebrauch von Werkzeugen so besonders ertragreich fanden und daß ihr Gebrauch nicht nur zu einer größeren Geschicklichkeit der Hände, sondern auch zu einer Erweiterung der Gehirnkapazitäten geführt haben, um immer komplexere Werkzeuge nutzen und beherrschen zu können. Dies ist in der Tat eine vernünftige Hypothese, aber es ist trotzdem schwer zu verstehen, warum diese einfachen Manöver mit den Händen uns so intelligent, wie wir nun einmal sind, gemacht haben sollen; wir können mit unseren Gedanken viel mehr bewegen als den schlichten Gebrauch von Werkzeugen.

Ein viel interessanterer Vorschlag, von Nicholas Humphrey und anderen, besagt, daß unsere Intelligenz entstand, um andere Individuen unserer eigenen Art zu manipulieren, weil diejenigen, die ihresgleichen am erfolgreichsten manipulieren können, am erfolgreichsten bei der Reproduktion sind. Aus diesem Grund ist der Prozeß ganz treffend „Machiavellische Intelligenz" genannnt worden.

Diese Idee ist eine Erweiterung der Rolle der Dominanz bei der Bildung sich paarender Individuen in jeder sozialen Tiergruppe. Wenn wir das auf der menschlichen Ebene betrachten, sind wir glücklicherweise keine Gesellschaft mehr, in der die bulligsten die dominantesten Individuen sind; viel wahrscheinlicher wird Dominanz von denjenigen Frauen und Männern dargestellt, die über die meiste Schlauheit verfügen. Sie sind diejenigen, die ihre weniger gut begabten Kollegen und Freunde steuern, so daß sie ihren Zwecken dienlich sind. Zunächst erschien mir das klar eine treibende Kraft in der menschlichen Gesellschaft zu sein, aber ich hatte größere Mühe, mir vorzustellen, wie Schlauheit eine Rolle bei den Primaten und damit in der frühen Evolution der Menschheit spielen kann.

Der Grund war schlicht meine Unkenntnis des Verhaltens der Primaten, aber ich fand alle nur erdenklichen Antworten in einem Buch von Franz de Waal, höchst zutreffend *Chimpanzee Politics* betitelt. Fünfzehn Jahre lang hatten de Waal und seine Studenten eine Gruppe von Schimpansen auf einem großen Gelände des Arnheimer Zoos sehr genau beobachtet. Es war wie eine Offenbarung für mich, als ich erfuhr, wie fein versponnen die Beziehungen zwischen den Individuen sind und wie sie sich mental (und gelegentlich physisch) auseinandersetzen. Lassen Sie mich eine Reihe von Beispielen anführen, um deutlich werden zu lassen, wie kultiviert die Verhaltensweisen bei sozialen Tieren, besonders bei Schimpansen, sein können.

Was einem bei den Schimpansen im Arnheimer Zoo auffällt, genauso wie bei den wilden im Gombe Reservat in Afrika, die von Jane Goodall und ihren Mitarbeitern so sorgfältig studiert worden sind, ist, daß die Schimpansen sehr aggressiv zueinander werden können und sich manchmal in gewalttätige, physische Kämpfe verwickeln. Das Interessante daran ist, wie de Waal sorgfältig beschrieben hat (er widmete dieser Frage ein weiteres Buch *Peacemaking among Primates*), daß nach diesen Kämpfen, egal wie wild und schwer sie waren, eine Versöhnung stattfindet. Wenn sich der Adrenalinspiegel der Kontrahenten beruhigt hat, scheint es, als ob sie den Gedanken an eine Fortsetzung ihrer Feindschaft mit dem Gegenüber nicht ertragen könnten, unbeeinflußt davon, wie scharf ihre Rivalität gewesen sein mag. Diese Kämpfe kommen besonders häufig bei den großen Männchen vor, und wenn sie vorüber sind, verharren sie bewegungslos und vermeiden jeden Augenkontakt. Nach einiger Zeit, streckt einer von ihnen, gewöhnlich der Untergebene, die Hand aus. Dies wird sofort als Moment zur Vergebung anerkannt, sie umarmen sich dann und manchmal fangen sie sogar an, sich gegenseitig zu lausen.

De Waal beschreibt ein schönes Beispiel, das ich in seinen eigenen Worten wiedergeben möchte:

> Menschen, die mit Schimpansen arbeiten, wissen aus eigener Erfahrung, wie stark ihr Drang nach Versöhnung ist. Wahrscheinlich zeigt keine andere Tierart dieses Bedürfnis so nachdrücklich und man braucht etwas, bis man sich daran gewöhnt hat. Yvonne van Koekenberg beschrieb ihre Reaktion auf ihre erste Begegnung mit diesem Phänomen.
>
> Yvonne hatte einen jungen Schimpansen namens Choco, der eine Weile bei ihr wohnte. Choco hatte mehr und mehr Unsinn im Kopf, und es wurde Zeit, daß sie ein bißchen in Schach gehalten wurde. Eines Tages, als Choco zum xten Male den Telefonhörer von der Gabel genommen hatte, schimpfte Yvonne sie aus, während sie gleichzeitig ihren Arm ungewöhnlich fest hielt. Das Schimpfen schien den gewünschten Effekt auf Choco zu haben, also setzte Yvonne sich auf das Sofa und begann in einem Buch zu lesen. Sie hatte den ganzen Zwischenfall schon vergessen, als Choco plötzlich auf ihren Schoß sprang, ihre Arme um Yvonne warf und ihr einen typischen Schimpansenkuss (mit offenem Mund) mitten auf die Lippen drückte. Dies war so ganz verschieden von Chocos normalem Verhalten, daß es mit dem Schimpfen zu tun haben mußte. Chocos Umarmung hatte Yvonne nicht nur gerührt, sie verursachte einen kleinen emotionalen Schock. Sie erkannte, daß sie niemals ein derartiges Verhalten von einem Tier erwartet hätte; sie hatte die Intensität von Chocos Gefühlen völlig unterschätzt.

Schimpansen zeigen ihre komplexen Beziehungen zu den anderen Mitgliedern ihrer Gruppe noch auf eine andere, eindrucksvolle Weise, nämlich wenn ein Individuum ein Verhalten nur in Gegenwart eines bestimmten anderen Individuums darbietet. Zum Beispiel, wenn zwei Männchen einen Kampf hatten und einer leicht verletzt zu sein scheint und hinkt, er aber nur dann hinkt, wenn der Kontrahent hinschaut; sobald dieser wegsieht, verschwindet wunderbarerweise auch das Hinken. Natürlich kann so ein Verhalten auch bei anderen Tieren beobachtet werden, wobei mir eine kleine Begebenheit wieder einfällt, die zwei westlichen Psychologen widerfuhr, die eine Doktorandin von Pavlov besuchten. Sie mußte sie für eine Weile allein lassen und bat sie, sollten sie einen Spaziergang machen, nicht ihren Schäferhund in die Nähe des Treppenhauses kommen zu lassen, weil er schreckliche Angst davor habe. Natürlich mußten sie, kaum daß sie gegangen war, dieses Phänomen überprüfen; der Hund jedenfalls trottete die Stufen hinunter, ohne zu zögern. Dieses Schauspiel „Angst vor den Stufen" war eindeutig nur zum Besten seines Frauchens aufgeführt worden.

Eine wichtigere Illustration der Rolle der Machiavellischen Intelligenz bietet de Waals Demonstration von Bündnissen innerhalb der sozialen Gruppe und wie sie zu Dominanz und Macht führen. Es gab drei große Männchen in seiner Gruppe von Schimpansen, und Erfolg für einen von ihnen war nur mit der Unterstützung von mindestens einem zweiten zu erlangen. Das endete in endlosen Manövern bei den Männchen, mindestens einen unterstützenden Freund zu gewinnen. Sie mußten auch ständig auf der Hut sein, daß der neue Freund nicht die Fahne wechselte und eine Allianz mit dem dritten Männchen einging. Die *coups d'état* der Paläste kleinerer (und manchmal auch großer) Nationen scheinen dem an Komplexität und Unterschwelligkeit in nichts nachzustehen. Abgesehen davon, scheinen bei der Etablierung der Alphamännchen die Weibchen der Gruppe eine wichtige Rolle zu spielen. Sie verabscheuen manchmal eines der Männchen und bevorzugen ein anderes, was dann die Sache entscheidet: Ihr Favorit gewinnt, selbst wenn er uns weniger stark gebaut und herrlich erscheint.

Man hat lange darüber gerätselt, was der Grund für die großen Gehirne der Delphine sein könnte. Ausgedehnte Experimente sind unternommen worden, um festzustellen, ob ihre Pfeif- und Grunztöne eine Art ausgefeilte Sprache sein könnten, die wir nur nicht verstehen können. Eine Antwort mag eine neuere Arbeit über die großen Tümmler vor der Küste Australiens geben. Die Männchen wandern in kleinen Gruppen umher, die in Wirklichkeit Verbände sind. Eine Gruppe kann die Hilfe einer anderen erbitten, und zusammen können sie eine dritte überfallen, die ein empfangsbereites Weibchen begleitet. Mit anderen Worten, die Delphinpolitik ist möglicherweise noch höher entwickelt als die Schimpansenpolitik, und das kann ein Grund für ihr großes Gehirn sein. Dieses Beispiel ist ein unabhängiger Beweis dafür, daß es eine Selektion auf Machiavellische Intelligenz gegeben hat.

Zurück zu den Schimpansen, lassen Sie mich ein letztes Beispiel für ihre Schlauheit bei zwischenschimpanslichen Beziehungen anführen, das aus der Arbeit von Erich Menzel stammt, der eine Gruppe von Schimpansen in einem offenen Gelände in Louisiana beobachtete. Er unternahm ein Experiment, bei dem er alle Tiere außer einem in einen Käfig sperrte, und er erlaubte diesem einen, ihn beim Vergraben einiger Bananen zu beobachten, bevor er selbst auch eingesperrt wurde. Als die Gruppe freigelassen wurde, folgten alle dem Schimpansen, der genau zu wissen schien, wo er hingehen mußte. Als das Experiment beim nächsten Mal wiederholt wurde, eilte der Kundschafter mit seinem geheimen Wissen in die *falsche* Richtung und so wurde natürlich kein Futter gefunden. Nur nachdem er ganz sicher war, daß jedermann mit etwas anderem beschäftigt war, schlich er sich davon und feierte ein privates Festmahl mit den versteckten Bananen. Es gibt viele Beispiele für Täuschung bei Tieren, aber dieses ist ein besonders klarer Fall, bei dem ein Individuum die anderen Mitglieder der Gruppe manipuliert.

Meine Argumentation hat aufgezeigt, daß viele Faktoren zu einer sozialen Existenz bei Tieren geführt haben: gegenseitiger Schutz, eine effektivere Futterbeschaffung (oftmals durch die Fähigkeit, Futter, das einem einzelnen Tier unerreichbar geblieben wäre, zu erlangen), Überwindung der Härten der Umgebung durch die Schaffung einer stabilen Umwelt in der Kolonie und der sozialen Kooperation, um die Gene, die mit den Verwandten gemeinsam sind, zu erhalten. Egal welche der Kräfte der natürlichen Selektion es waren, die zu sozialen Gruppen geführt haben, seien sie eine der oben genannten oder eine Kombination von ihnen, immer hat es zu verschiedenen Abstufungen in den verhaltensbedingten Interaktionen zwischen den Individuen geführt. Solche Interaktionen können sehr streng und stereotyp sein, wie im allgemeinen bei sozialen Insekten, oder sie können flexibel und erfindungsreich werden, wie es merklich der Fall bei Säugetieren ist. Weil wir sogar bei einer sozialen Gruppe immer an das Individuum (oder seine Gene) als etwas um Vermehrungserfolg Ringendes denken müssen, ist es klar, daß jeder individuelle Vorteil durch die natürliche Selektion bevorzugt wird, vorausgesetzt er desintegriert nicht die ganze Gesellschaft, welche für jedes Mitglied von Vorteil ist. Aus diesem Grund kann man sich gut vorstellen, daß soziale Gruppen eine Untergruppe um ihrer Schläue und Klugheit willen betreuen, so daß ihr reproduktives Potential in der Gruppe verstärkt wird. Dies wäre eine einfache Konsequenz der natürlichen Selektion. Die unausweichliche Folge wäre eine Steigerung der Intelligenz und der Größe des Gehirns, wie man es bei Delphinen und Primaten und letztlich bei Hominiden findet. Es ist wichtig, daran zu erinnern, daß die Gesellschaften von Individuen mit größeren mentalen Fähigkeiten nicht diejenigen mit geringeren verdrängt haben; alle scheinen ihre eigene ökologische Nische zu besetzen, und wir finden heutzutage auf der Erde die Koexistenz sozialer Tiere auf allen Ebenen. Jede soziale Ebene hat Qualitäten, die sie zu einem stabilen Produkt der natürlichen Selektion macht. Es sind auch einige ausgestorben, weil die Welt sich laufend ändert, aber die primitiven Gesellschaften scheinen so erfolgreich wie die zu sein, die die höchste Komplexität zeigt, nämlich unsere. Wer kann jedoch vorhersagen, wer die Überlebenden in einigen hundert Millionen Jahren sein werden. Bei unseren heutigen Problemen in der Welt bin ich nicht sicher, ob nicht die Ameisen und Termiten das letzte Wort haben werden. Immerhin sind sie schon einige Millionen Jahre länger erfolgreich als der Mensch.

Bewußtsein hat den Organismen erlaubt, die Kontrolle über ihre Lebenszyklen auszuüben. Bei den primitiveren Formen bedeutet das, die Chancen einer erfolgreichen Vermehrung sicherzustellen und zu verbessern, indem einfach in vorteilhafter Weise auf die Umgebung reagiert wird, wie bei Schleimpilzen ein idealer Ort zur Fruchtkörperbildung gesucht wird. Dies war der Beginn einer Tendenz hin zu tierischem Verhalten, bei dem die Kontrolle über den Lebenszyklus zunehmend aufwendiger geworden ist. Es hat zur Bildung von Lebenskreisen geführt, die Tiergesellschaften beinhalten, die Vorteile aus kollektivem Handeln ziehen, und es hat zur Bildung größerer Gehirne geführt, um die Kontrolle über die Kreisläufe in der sozialen Gruppe noch kunstvoller zu gestalten.

8
Kultur erlangen

Zu guter Letzt haben wir die höchste Errungenschaft des Erwachsenseins im Lebenszyklus erreicht. Es ist die Einführung der Kultur. Wie wir erfahren werden, erfordert sie eine andere Art von Evolution als diejenige, mit der wir uns bisher beschäftigt haben.

Mit der Zeit evolviert alles, aber nicht alle Änderungen unterliegen den gleichen Kräften. Die Form eines Felsblocks wird durch die Naturgewalten bestimmt; die Form der Tiere und Pflanzen wird durch die natürliche Selektion verändert; unsere Sitten und Gebräuche ändern sich in dem, was kulturelle Evolution genannt wird, etwas, was auf ganz andere Weise erreicht wird als die Evolution der Gesteinsformen oder der Organismen. Der Unterschied zwischen der Evolution durch kulturelle Auswahl und der Evolution durch natürliche Selektion ist scharf, und es ist entscheidend, die Verschiedenartigkeit zu verstehen und sie deutlich im Gedächtnis zu behalten.

Bei der Evolution durch natürliche Selektion werden die Gene ausgewählt, wobei die erfolgreichen weitergetragen und die nichterfolgreichen ausgelöscht werden. Kultur hingegen ist etwas ganz Verschiedenes; sie wird nicht durch ein Gen definiert. Sie liegt im Reich des Verhaltens und vereint Ideen, Moden, Lernen, Sitten, Traditionen – all die Dinge, die als Verhaltensinformationen beschrieben werden können. Gene regieren keine dieser Facetten unseres Lebens; Kultur drückt sich allein in der Weise aus, wie wir uns benehmen, was wir tun, sagen und denken. Kulturelle Informationen werden nicht von einer Generation zur nächsten vererbt, sondern werden von einem Individuum bei einem anderen erlernt. Deshalb ist die Weitergabe der kulturellen Information zwischen den Individuen das, was wir unter Kultur verstehen, und die Veränderungen dieser Informationen über die Zeiträume hinweg ist die kulturelle Evolution. Richard Dawkins machte den Vorschlag, da wir die vererbte Information, die von einem Individuum zum nächsten in der natürlichen Selektion weitergegeben wird, „Gene“ nennen, daß wir die Verhaltensinformationen, die zwischen den Individuen im kulturellen Wandel ausgetauscht werden, „Meme“ nennen sollten. Das ist eine sehr bequeme Abkürzung, weil sie uns unter anderem hilft, den großen Unterschied zwischen beiden nicht zu vergessen.

Ich sollte hier erwähnen, daß meine Definition von Kultur als dem Weiterreichen von Informationen zwischen Individuen einige Anthropologen erzürnt hat. Sie ziehen es vor, den Begriff zuallererst nur auf den Menschen zu beschränken und ihn nicht durch Gerede über tierisches Verhalten zu verwässern. Sie verstehen unter Kultur jedes Verhalten in jedweder menschlichen Gesellschaft. Mir fällt nicht schwer zuzugeben, daß Kultur viele verschiedene Verhaltensweisen enthält, aber ich reagiere ein bißchen empfindlich darauf, wenn mir gesagt wird, was Tiere täten, stünde in keiner Beziehung zu dem, was Menschen tun. Diese Verachtung der Biologie mag zu Anfang dieses Jahrhunderts gerechtfertigt gewesen sein, als die kulturelle Anthropologie noch in den Kinderschuhen steckte und durch manche Biologen unterminiert wurde in einem höchst unglücklichen, populären Anfall von Eugenik, die die Zucht von Menschen durch eine Art perverser, unnatürlicher Selektion zum Ziel hat. Es blieb den vernünftigen Anthropologen nichts anderes übrig, als ihre Verbindungen zu den eugenisch eingestellten Biologen ihrer Zeit zu kappen; ich möchte glauben, daß ich dasselbe getan hätte. Aber das ist sehr lange Zeit her, und die meisten Biologen vertreten heute in dieser Frage eine ausgewogenere Meinung, wie viele Anthropologen anerkennen. Aber aus vielerlei Gründen scheint die Annäherung nicht vollständig erreicht zu sein, wie ich aus den vielen Pfeilen, die in meine Richtung abgeschossen wurden, nachdem ich solche Gedanken zum ersten Mal geäußert hatte, entnehmen muß. Schließlich wird Kultur auch für ganz anderes verwendet, von der Gartenkultur bis zu dem was das Oxford English Dictionary darunter versteht, nämlich eine Verfeinerung des Geistes, des Geschmacks und der Manieren – was eine eher viktorianische Sicht der Dinge ist.

Meme und Gene haben ganz verschiedene Eigenschaften. Die Evolution der Gene ist extrem langsam, verglichen mit der Evolution durch

Meme. Gene werden von einem Individuum zum nächsten nur durch die Eier und Spermien weitergegeben, also von einer Generation zur nächsten. Um die Gene in einer ganzen Population zu ändern, braucht man viele Generationen. Meme können dagegen schnell mit Leichtigkeit hin- und hergereicht werden. Zum Beispiel kann eine neue Mode, sei es ein Bekleidungsstil oder ein neues Spiel, sich in einer Population sehr schnell ausbreiten und auch genauso schnell wieder verschwinden. Eine noch schnellere Transmission eines Mems gibt es bei der mündlichen Überlieferung eines Gerüchtes. Aber Meme müssen nicht schnell sein. Ein gutes Beispiel liefern die Bekleidungsstile: Der Rocksaum mag sich in der westlichen Welt mit einiger Geschwindigkeit anheben und absinken, aber bei den traditionsbewußten Amishgemeinden oder bei den Gesellschaften auf den Südseeinseln hat die Rocklänge sich jahrhundertelang nicht verändert, wie dort überhaupt die Art der Bekleidung gleich blieb. Auch diese könnten sich rasch verändern, sollte die Gesellschaft einmal von neuen Ideen infiziert werden.

Der andere fundamentale Unterschied zwischen den beiden besteht in ihrer physikalischen Existenz. Gene sind in der DNS in den Zellen kodiert, während Meme in den Aktivitäten des zentralen Nervensystems verschlüsselt liegen, welches seinerseits in den Genen während der embryonalen Entwicklung des Individuums kodiert ist. Andersherum ausgedrückt, wir haben Organismen, wie die Pflanzen, die Gene besitzen, aber keine Meme. Das Umgekehrte ist nicht möglich, es kann keinen Organismus geben ohne Gene.

Wir sind jetzt gerüstet, um über die Evolution nachzudenken, und ich möchte das, was ich zu sagen habe, in zwei Teile teilen. Zunächst werde ich erwägen, wie die Fähigkeit, Kultur zu erlangen, sich evolviert haben mag, und dann werde ich damit fortfahren, wie die Kultur selbst sich entwickelt hat.

Ich habe bereits erwähnt, daß wir nicht die einzige Spezies sind, die Information von einem Individuum zum nächsten weitergibt; es ist tatsächlich ein weitverbreitetes Phänomen im Tierreich und größtenteils bei dem Verhalten der Wirbeltiere erforscht worden. Wenn wir also die verschiedenen Tiere betrachten, stellen wir einen unterschiedlichen Grad in der Fertigkeit, Meme untereinander weiterzugeben, fest.

Die große Frage lautet: Warum gibt es überhaupt Meme? Nicht alle Organismen haben Meme – einige können, wie bereits erwähnt, ganz gut ohne sie zurechtkommen, wie zum Beispiel die gesamte Pflanzenwelt. Die Antwort muß lauten, daß Meme Dinge tun können, die mit Genen allein nicht zu erreichen wären. Diesen Vorteil der Tierkultur kann man leicht aufzeigen, ich werde gleich damit beginnen. Anzumerken ist, daß die Fähigkeit, Meme zu besitzen, durch die natürliche Selektion entstanden ist. Das Nervensystem selbst ist ein Kind der natürlichen Selektion, und wenn sich Meme in der Selektion als Vorteil erweisen, darf man annehmen, daß sich die Gehirne, die am besten zur Weitergabe und zum Erhalten von Memen geeignet sind, bevorzugt waren und durch die erfolgreiche Vermehrung der sie tragenden Individuen vererbt wurden. Lassen Sie mich einige Beispiele nennen, bei denen die Vorteile durch Meme offensichtlich sind und das Argument daher zwingend.

Mein erstes Beispiel betrifft die Vogelwanderung. Es ist bekannt, daß viele Vögel, so wie Enten und Gänse, nicht nur die großen Strecken zwischen den sommerlichen Brutgebieten und den Überwinterungsregionen überwinden, sondern sie nehmen jedes Jahr sogar gleiche Routen oder Flugkorridore. Frederick Cooke und seine Mitarbeiter haben das bei Schneegänsen besonders genau beobachtet. Sie brüten an der Küste der Hudson Bay im nördlichen Kanada und überwintern im südlichen Texas. Nach dem Schlüpfen wachsen die Jungen schnell heran, und gegen Ende des Sommers folgen sie ihren Eltern nach Süden auf den traditionellen Flugwegen. In ihrem ersten Frühling folgen sie ihren Eltern zum heimatlichen Brutgebiet, und das ist ganz genau die gleiche Region an der Hudson Bay. Die Jungvögel fliegen dann aus, um Partner zu suchen. Wenn der neue Herbst naht, können sie die gleichen Strecken ohne Führung der Eltern bewältigen – sie führen jetzt ihre eigenen Jungen.

Wir nehmen an, daß dieses Verhalten von Vorteil für das Überleben ist – eher sogar essentiell. Jetzt stelle man sich vor, all diese geographischen Informationen in den Genen zu speichern. Die Vorstellung von Genen, die einen großen Teil der Geographie Nordamerikas speichern, ist absurd; es wäre ein Ding der Unmöglichkeit. Doch mit der Erinnerung an die Geographie einer oder zweier Reisen können diese Vögel die saisonalen Reisen mit größter Genauigkeit nachvollziehen. Den einzigen Beitrag, den die Gene hierbei leisten, ist, ein Gehirn zu produzieren, das zu Gedächtnis befähigt ist und zu dem Instinkt, den Eltern in jungen Jahren zu folgen. Daß Gänse neue Landschaften erkennen lernen (andere als ihre Vorfahren kannten), wird an einer erbaulichen Anekdote von Konrad Lorenz deutlich. Er hatte eine Schar von Graugansküken, die er im Sommer jeden Nachmittag zum Schwimmen ausführte. Eines Tages beschloß er, sie zur vereinbarten Zeit allein zu lassen und kroch auf sein Dach, um zu beobachten, was sie tun würden. Nachdem sie eine lange Zeit quakend auf dem Rasen gestanden hatten, um die Beleidigung darüber, versetzt zu werden, klar zum Ausdruck zu bringen, flogen sie auf und strichen einmal über den Teich, zu dem sie mit ihm am häufigsten gegangen waren, und dann flogen sie über die Seen hinweg, die sie seltener besucht hatten, bevor sie den Gedanken an ein Bad mit ihrem Herren gänzlich aufgaben.

Es gibt viele Beispiele für den Gebrauch von Memen bei der schnelleren Ausbeute von Nahrung oder dem leichteren Zugang zu Futter. Zum Beispiel gibt es den bekannten Fall der Kohl- und Blaumeisen in Großbritannien, die gelernt hatten, die Aluminiumfolien an den Milchflaschen aufzupicken. In Großbritannien wird die Milch nicht homogenisiert und deswegen setzt sich die Sahne oben ab, was es den klugen Vögeln erleichterte, den besten Teil abzuschöpfen, nachdem sie erst einmal gelernt hatten, den Deckel zu öffnen. Die Verbreitung dieser Erfindung konnte weiter verfolgt werden, da immer neue Vögel sie erlernten, indem sie ihre Nachbarn beobachteten und den Kniff daraufhin selbst anwandten. Milchflaschen aufpicken ist ein höchst erfolgreiches Mem und es führte zu einem menschlichen Mem. Die Leute fingen an, leere Plastikbecher mit den leeren Flaschen herauszustellen, damit der Milchmann bei seiner frühmorgendlichen Lieferung die Milchflaschen bedecken konnte. Mir ist kürzlich berichtet worden, daß die entrahmte Milch mit blauen Deckeln verkauft wird und daß die Meisen schon gelernt haben, sich um die Flaschen mit blauen Deckeln nicht zu kümmern. Wieder kann man hier beobachten, daß sich das Erlernen einer guten Nahrungsquelle sehr schnell verbreitet. Pasteurisierte Milch in Flaschen ist eine jüngere Erfindung. Wenn die Sahneschleckerei durch direkte genetische Kontrolle des Verhaltens hätte entstehen sollen, hätte es

Jahrhunderte gedauert, wenn überhaupt. Abgesehen davon werden die britischen Milchmänner in naher Zukunft wahrscheinlich ihre Behälter verändern, wie die amerikanischen es bereits taten.

Ein anderes berühmtes Beispiel ist Imo, eine junge japanische Makakenäffin, die zwei bemerkenswerte Erfindungen machte. Makaken wurden auf einer Insel vor der japanischen Küste gehalten, und ihr Futter wurde vom Boot aus auf den Strand geworfen. Imo lernte, die sandigen Süßkartoffeln aufzunehmen und sie vor dem Verzehr im Meer zu waschen. Später lernte sie, bei einem schwierigeren Unterfangen mit Weizenkörnern, die Körner in die Hand zu nehmen, zum Meer herunterzugehen und sie ins Wasser fallen zu lassen. Der Sand fiel herunter zum Meeresgrund, die Körner schwammen jedoch an der Oberfläche, wo sie sie leicht abschöpfen konnte. Ihre klugen Einfälle verbreiteten sich in der Kolonie, zunächst bei den jüngeren Affen und später bei den konservativeren und etwas stureren Erwachsenen.

Ein besonders interessantes Beispiel sind die Fischereimethoden der Reiher in den Teichen der japanischen Gärten und Tempelanlagen. Die Besucher warfen seit jeher kleine Brotstückchen oder Kekse in die Teiche, um die Fische damit zu füttern, und es wurde bemerkt, daß die Reiher diesen Trick irgendwie gelernt hatten. Sie warfen ein Bröckchen als Köder hinein, und wenn ein Fisch zur Oberfläche kam, um es zu fressen, stürzte sich der Reiher mit einer noch schnelleren Bewegung auf ihn. Reiher benutzen nicht nur richtiges Futter als Köder, da es schwer zu finden ist, sondern auch solche Dinge wie Papierstückchen, Blätter, Zweige, Früchte, Plastik und, was das Beste von allen ist, kleine Federn (Menschen sind also nicht die einzigen Fliegenfischer). Das tun nicht alle Reiher, sondern nur solche, die in der Nähe dieser künstlichen Teiche leben. Wir wissen nicht, ob sie nur voneinander oder auch durch Beobachten der Menschen lernen. In jedem Fall ist dies ein hervorragendes Beispiel für die Transmission von Kultur oder Memen bei nichtmenschlichen Tieren.

Zusätzlich zur effektiveren Nahrungssuche werden Meme auch zur Vermeidung von Feinden genutzt. Ein besonders deutliches Beispiel bieten die Arbeiten über das Mobbing (Anhassen) bei Vögeln. Man kann häufig beobachten, daß kleinere Vögel sich um einen größeren Feind zusammenrotten und ein gewaltiges Spektakel veranstalten, sowohl was Geräusche als auch Luftakrobatik angeht. Es können Krähen sein, die eine Eule oder einen Habicht ankreischen, oder Racken, die eine Krähe anhassen.

Das Phänomen des Anhassens ist von einigen deutschen Forschern in einem genialen Experiment untersucht worden. Sie setzten einen unterteilten Karton zwischen zwei Käfige, von denen jeder eine europäische Drossel enthielt. Eine der Drosseln sah einen harmlosen, ausgestopften australischen Bienenfresser, während die andere eine ausgestopfte Eule sah. Die letztere fing an, zu schreien und aufgeregt herumzuflattern, weil Eulen ihre Todfeinde sind. Nach einer Weile begann der andere Vogel, der nur den Bienenfresser sehen konnte, ihn zu imitieren. Später wurde dieser Vogel und ein neuer in die gegenüberliegenden Käfige gesperrt und beide bekamen einen australischen Bienenfresser zu sehen. Der Vogel, der gelernt hatte, ihn zu erschrecken, begann sofort damit, das zu tun, und bald tat der bislang unbedarfte Vogel es ihm gleich. Sie wiederholten das gleiche Experiment, und auf diese Weise lernten sechs Vögel voneinander, diesen neuen Feind zu erschrecken (oder was sie dafür halten mußten). Der Vorteil eines solchen Kulturaustausches ist, daß die Vögel neue Feinde im Revier schneller erkennen können. Wenn das Verhalten, daß für die Erkennung eines neuen Feindes nötig wäre, genetisch ererbt sein müßte, könnte die Population schon ausgelöscht sein, bevor die notwendigen Gene Platz greifen können.

Dies ist ein besonders aufschlußreiches Beispiel, weil bekannt ist, daß es möglich ist, die Erkennung eines Feindes auch in den Genen festzulegen. Bei einigen sehr alten Experimenten zum Tierverhalten zeigte sich, daß junge Gänschen, die gerade geschlüpft sind, sich sofort verstekken, wenn am Himmel die Silhouette eines Habichts an einem Draht über sie hinweg gezogen wird. Wenn die Silhouette jedoch herumgedreht wurde, so daß sie eher wie die einer fliegenden Gans aussah, zeigten die Jungen keine Reaktion. In diesem Fall ist es ein klarer Vorteil, ein ererbtes Erkennungsverhalten zu besitzen, weil keine Zeit bleibt, den Gänschen die Natur dieser besonderen Gefahr beizubringen. Feinderkennung kann also genetisch oder kulturell vermittelt werden, abhängig davon, was in einer bestimmten Situation den größten Vorteil bringt.

Ein anderes höchst interessantes Beispiel des Problems liefert die von Darwin beschriebene sexuelle Selektion. Dort besteht für einige Arten ein Konflikt zwischen der Selektion des besten Schutzes und der Selektion des Erfolgs bei der Paarung. Das Ergebnis der sexuellen Selektion ist, daß bei vielen Arten ein großer Unterschied in der physischen Erscheinung zwischen den Geschlechtern besteht.

Während Darwins größter Beitrag unzweifelhaft sein tiefes Verständnis der natürlichen Selektion war, hat er uns auch noch die Idee der sexuellen Selektion geschenkt. Kurzgefaßt bedeutet sie, daß bei vielen Spezies ein großer Unterschied zwischen den Geschlechtern besteht. Bei manchen Arten sind die Weibchen größer als die Männchen, bei anderen Arten ist es umgekehrt. In den bekanntesten Fällen ist das Männchen wunderschön geschmückt, wie bei den Pfauen, wo die Henne vergleichsweise unscheinbar ist. Darwin argumentierte, daß der Grund für diesen Unterschied (oder Dimorphismus) sein müsse, daß die Henne sich den am schönsten gefärbten Hahn zur Paarung auswählen würde und daß dies am Ende diese Exzesse hervorbringen würde, die man bei Paradiesvögeln oder Pfauen beobachtet. (Es gibt andere Fälle, bei denen die sexuelle Selektion im Wettstreit unter den Männchen vorangetrieben werden mag, aber das würde eher zu stärkeren und größeren als zu bunteren Männchen führen.)

Es hat viele Versuche gegeben, den Vorteil eines schönen Männchens einem schlichteren gegenüber zu beweisen.

Ein guter Beweis ist von Malte Andersson am afrikanischen Witwenvogel erbracht worden. Die Männchen besitzen einen absurd langen Schweif, und Andersson schnitt Teile von ihnen ab, um damit den Schweif anderer Männchen über das Normalmaß hinaus zu verlängern. Er konnte den Vermehrungserfolg dieser Vögel leicht ermitteln, weil die Männchen Territorien verteidigen. Je größer ein Territorium ist, um so mehr Weibchen und Nester erlangen sie. Er fand heraus, daß die Vögel mit dem künstlich verlängerten Schweif die meisten Nester in ihren Domänen besaßen, während die Vögel mit verkürztem Schweif weniger Nester hatten, die normalen Männchen bewegten sich in der Mitte auf der Erfolgsskala. Ich kann mir keine eindeutigere Demonstration der sexuellen Selektion vorstellen, alles basiert hier auf den visuellen Hinweisen, die das Männchen zum Weibchen sendet.

Es gibt noch ein weiteres Beispiel dieses Phänomens, das mich immer fasziniert hat. Paradiesvögel sind vielleicht das extremste Beispiel für diese Art sexueller Selektion. Die Männchen besitzen ein unglaublich aufwendiges Federkleid, das sie zu den erstaunlichsten Figuren aufplustern.

Bei etlichen Arten kommen die Männchen auf einem Baum zusammen, um gemeinsam einen Stolzierwettbewerb vorzuführen, wobei die Weibchen zusehen und sich den besten Tänzer auswählen. Bei all diesen Fällen wird vermutet, daß nicht nur die männliche Schönheit gewählt wird, sondern daß diese Schönheit mit anderen Eigenschaften korreliert ist, die in irgendeiner Weise Kraft verkörpern. Die Weibchen wollen sich mit einem Männchen paaren, welches eine Nachkommenschaft zeugt, die die größte Überlebenschance in der nächsten Generation hat – etwas, was man von egoistischen Genen erwarten würde.

Laubenvögel sind direkt mit Paradiesvögeln verwandt, aber ihre äußere Erscheinung ist eher schlicht. Thomas Gilliard erklärte das so: sie würden, um ihr langweiliges Gefieder wettzumachen, eine aufwendige Laube bauen, die ganz außergewöhnlich ausfallen kann. Die einfachsten sehen aus wie ein Boulevard aus Zweigen, die komplizierteren hingegen, die Maibaum-Varianten, sind ein eindrucksvolles Zelt aus Zweigen, die um den Fuß eines jungen Baumes herumstehen. Nachdem sie auf außergewöhnlich feingesponnene Weise konstruiert worden sind, werden diese Lauben am Eingang mit allerhand bunten Objekten geschmückt. In früheren Tagen bestand dieses Schmuckwerk in Australien und Neuguinea aus Blüten, Schneckenhäusern, Knochen, Früchten und bunten Blättern, aber mit der Ankunft der Zivilisation werden heute die Lauben mit solchen Objekten wie Schlüsseln, Kronkorken, Zahnbürsten, falschen Zähnen, Brillen, Knöpfen, Patronenhülsen aus Messing, Teelöffeln, Münzen, Glasstückchen, Nägeln, Kodakfilmhüllen und andere bunten Artefakten des modernen Menschen geschmückt. Noch überraschender ist, wie einige Arten das Innere der Laube mit Beerensaft einfärben, indem sie eine Beere im Schnabel zerquetschen und ihn dann als Pinsel benutzen. (In einem Fall in der Nähe der Zivilisation wurde der Gebrauch einer blauen Seife beobachtet). Auf diese Weise können sie blaue, schwarze oder grüne Wände produzieren. Die Forscher des viktorianischen Zeitalters wurden eine Zeitlang dafür gegeißelt, daß sie diese Strukturen Lauben genannt hatten, was beinhaltete, daß die Vögel ein ästhetisches Gefühl besitzen, das sie die Schönheit einer Liebeslaube erkennen läßt. Heute sind wir nicht mehr so sicher, daß sie unrecht gehabt haben; wir haben entweder die Courage oder die Unbekümmertheit der Zoologen des neunzehnten Jahrhunderts wiedergewonnen. Jared Diamond hat kürzlich mit Hilfe von Pokerchips gezeigt, daß verschiedene Gruppen derselben Art in verschiedenen Tälern auf Neuguinea eine Farbe bevorzugen: eine Gruppe bevorzugte Blau, eine andere Rot. Er folgerte, daß diese Präferenz Kultur ist und sie durch Imitation in einer Population weitergegeben wird, was ihm wie ein rudimentärer Schönheitssinn erschien.

Das Bauen einer Laube scheint ein langsamer Lernprozeß zu sein, der einige Versuche und Irrtümer von den Männchen verlangt. Wenn ein erfahrenes Männchen zuletzt ein Gebäude fertiggestellt hat, beginnt eine interessante Brautwerbung. Lassen sie mich eine Passage aus einem Artikel von Jared Diamond zitieren, in der er diese Phase beschreibt.

> Lauben sind traditionell im altmodischen Sinn interpretiert worden, als Liebeslauben, in denen die Männchen die Weibchen verführen Vellengas Beobachtungen sind ein einleuchtender Beweis für diese Funktion. Der männliche Satinlaubenvogel, der im Besitz einer Laube ist, versucht fortgesetzt ein Weibchen in seine Laube zu locken, indem er ein Objekt, wie eine Blume oder ein Schneckenhaus, in seinen Schnabel nimmt und damit posiert, tanzt und sich vor dem Weibchen zur Schau stellt. Selten läßt sich ein Weibchen erweichen und betritt seine Laube, um zu kopulieren. Viel häufiger flieht sie, ohne sich zu paaren.
>
> Warum haben die werbenden Männchen eine so niedrige Erfolgsrate? Vielleicht prüfen die Weibchen mehrere Männchen und ihre Lauben, bevor sie sich entscheiden. Viele Brautwerbungen werden auch im entscheidenden Moment durch andere Individuen gestört. Wie dem auch sei, ein anderer Grund für die niedrige Erfolgsrate mögen die unausweichlichen Ereignisse sein, die eine erfolgreiche Paarung nach sich zieht: Der männliche Laubenvogel attackiert das Weibchen brutal, pickt und kratzt sie und jagt sie aus seiner Laube. Die Paarung verläuft so gewalttätig, daß die Laube oftmals teilweise zerstört wird und das erschöpfte Weibchen nur mühselig davonkriechen kann. Das Imponiergehabe während der Balz erscheint dabei nur wenig verschieden von der späteren Gewalttätigkeit. Wenn ein umworbenes Weibchen gewonnen ist und beginnt, der Kopulation zuzustimmen, ändern die Männchen oft ihre Absichten und jagen sie davon. Deswegen könnte ein Weibchen viele Besuche an einer Laube machen müssen, um ihre Angst vor dem aggressiven Männchen zu überwinden. Nach der Paarung baut sich das Weibchen in mindestens 180 Meter Entfernung ein Nest und trägt die alleinige Verantwortung für die Aufzucht der Jungen.

Um zu Gilliards interessanter Idee zurückzukommen, er bewies, daß eine umgekehrte Korrelation zwischen der Farbigkeit des Männchens einer bestimmten Art und der Üppigkeit seiner Laube besteht. Mit anderen Worten, die Vorfahren besaßen, wie ihre Verwandten, die Paradiesvögel, ein buntes Gefieder und eine einfache Laube. Als die Laube immer kunstvoller wurde, wurde das Gefieder immer schlichter und unterscheidet sich jetzt kaum noch von dem der Weibchen. Trotzdem kann das Männchen das Weibchen noch mit einer auffälligen Schau beeindrucken – nicht mit seinem eigenen Körper, aber mit seiner Laube. Jüngere Arbeiten haben gezeigt, daß erfahrene Vögel mit den schönsten Lauben mehr Weibchen zur Paarung anziehen als solche mit unattraktiveren Behausungen. Tatsächlich unternehmen diese dominanten Vögel manchmal Überfälle und zerstören die benachbarten Lauben. Ein weiterer Vorteil dieses Transfers von erotischem Gefieder zu architektonischem Verhalten liegt darin: Sie sind nicht länger so auffällig und damit ihren Feinden ausgeliefert.

Wichtig daran ist, daß die sexuelle Selektion oft der natürlichen Selektion zuwiderzulaufen scheint. Sexuelle Selektion führt in den angeführten Beispielen zu zunehmend auffälligeren Männchen, und während sie das erfolgreicher bei der Paarung machen mag, erhöht es auch die Chance, entdeckt und von einem Feind gefressen zu werden. So gesehen, haben die Laubenvögel einen klugen Ausweg aus dem Konflikt der beiden Auswahlverfahren gefunden. Es ist eine Möglichkeit, der sexuellen und der natürlichen Selektion gleichzeitig stattzugeben.

Jetzt können wir einen allgemeineren Punkt, der das Verhalten und die natürliche Selektion betrifft, beleuchten. Es erscheint vernünftig, daß, wenn ein Tier sich über Generationen hinweg in der gleichen Weise verhält (durch Selektion), Gene durch Zufall eingeführt werden, um diese Verhaltensmuster zu fixieren. Solch ein Prozeß wird, wie bereits erwähnt, „Baldwin-Effekt“ genannt, und er scheint eine sehr verbreitete Eigenschaft von Genen zu sein. Wenn eine Selektion für ein bestimmtes Muster besteht oder keine Selektion für oder gegen ein Muster, das sich in aufeinander folgenden Lebenszyklen wiederholt, stattfindet, dann besteht die Wahrscheinlichkeit, daß Gene auftauchen, die diese Muster sicherstellen. Es mag keine Notwendigkeit für zwei Etablierungen eines Musters geben, aber es werden unter diesen Umständen Gene zufällig eingeflochten, einfach weil ihnen keine Selektion entgegenwirkt. Wir haben einen ähnlichen Prozeß schon bei der Entwicklung besprochen. Es ist sogar gut möglich, daß der Unterschied zwischen regulativer und Mosaikentwicklung durch Gene erklärt werden kann, die die Entwicklungsstufen, die zur Mosaikentwicklung führen, fixieren. Dann könnte es Umstände geben, bei denen es von Vorteil wäre, regulierbar zu bleiben, wie zum Beispiel bei der Regeneration, und in diesem Fall würde die Selektion die Rückführung oder die Verhinderung einer starren genetischen Fixierung entwicklungsbedingter Stufen bevorzugen. Ähnlich vorteilhaft aus Sicht der natürlichen Selektion wäre ein flexibles Verhalten wie der erlernte Vogelgesang. Bei anderen hingegen, wie zum Beispiel bei den Kuckucken, besteht ein starker Selektionsdruck, daß der Gesang genetisch bestimmt wird, da sonst keine Paarung möglich wäre. Meine persönliche und etwas unorthodoxe Ansicht ist, daß diese einsickernde Genfixierung ein weit wichtigerer und weiter verbreiteter Vorgang ist, als gemeinhin angenommen.

Ein letztes Beispiel für ein Verhalten, das mit der Bedrohung durch einen Feind zu tun hat, ist das Zahmsein bei manchen Populationen in der Wildnis. Der Mensch gehört zu den gefährlichsten Feinden in der Tierwelt, aber an manchen Orten auf der Welt war er lange Zeit unbekannt. Die Galapagos-Inseln sind solch ein Fleckchen Erde, und als Darwin sie im ersten Teil des neunzehnten Jahrhunderts besuchte, war er von ihrer Einsamkeit tief beeindruckt. In seiner *Voyage of the Beagle* schrieb er: „Früher scheinen die Vögel noch zahmer gewesen zu sein als heute. Cowley (im Jahre 1684) schrieb, daß die ‚Turteltauben so zahm sind, daß sie sich oft auf Hüten und Armen niederließen, so daß wir sie lebend einsammeln konnten: Sie fürchteten sich nicht vor den Menschen, bis zu der Zeit, als einige unserer Begleiter auf sie schossen, wodurch sie scheuer wurden.'"

Es gibt gute Beweise für das Erlernen und umgekehrt für das Verlernen von Scheu. So wissen Bauern sehr genau, daß Krähen einen größeren Abstand zu einer Person, die ein Gewehr trägt, einhalten als zu einer, die ohne herumwandert. An Futterplätzen für Vögel oder in Parks können geduldige Menschen Vögeln allmählich beibringen, Futter aus ihren Händen zu fressen; die Abwesenheit von Gefahr oder Bedrohung jeglicher Art erlaubt es den Vögeln, den Hunger die Angst überwinden zu lassen. Eines der besten Beispiele dafür, wie Scheu eine Tradition wird, liefern A. und O. Douglas-Hamilton in ihrem Buch *Among the Elephants*:

> Ein weiteres Beispiel für das Erlernen von Traditionen kommt aus dem südafrikanischen Nationalpark von Addo. Hier wurde auf Bitten der benachbarten Zitrusfarmer 1919 ein Versuch unternommen, eine kleine Population von 140 Elefanten zu vernichten. Die Aufgabe wurde einem erfahrenen Jäger, namens Pretorius, übertragen. Im Gegensatz zu Ian Parkers Leuten, deren halbautomatische Waffen sehr schnell ganze Familien liquidierten, tötete Pretorius die Elefanten einen nach dem anderen. Jedesmal gab es Überlebende, die Zeuge wurden, wie bei einem Gewehrschuß eines ihrer Familienmitglieder tot zusammenbrach oder sich in Todesqualen wälzte.
>
> Ohne Zweifel war das Trauma oft mit dem Geruch des Jägers verbunden und die Gefahr, die aus der Anwesenheit des Menschen erwuchs, war tief in das Gedächtnis derjenigen, die entkommen konnten, eingegraben. Innerhalb eines Jahres waren nur noch sechzehn bis dreißig Tiere am Leben. Es schien, als ob ein letzter Schlag die Farmer von ihren Feinden befreien könnte, aber die überlebenden Elefanten waren extrem vorsichtig geworden und verließen das Dickicht nie vor Einbruch der Dunkelheit. Bei etlichen Gelegenheiten, nachdem es dem Jäger gelungen war, sie aufzuspüren, wurde er selbst durch das dichte Unterholz gejagt und war gezwungen, um sein Leben zu laufen. Pretorius gab sich schließlich geschlagen, und 1930 wurde den Addo-Elefanten ein Reservat von 8 000 Morgen an den steinigen Berghängen garantiert.

Das Verhalten der Überlebenden hat sich wenig geändert, obwohl sie jetzt von einem Zaun umgeben leben und nicht mehr auf sie geschossen wird. Selbst heute noch erscheinen sie meist nachts und reagieren auf die Anwesenheit des Menschen äußerst aggressiv. Sie haben die Reputation, zu den gefährlichsten Elefanten ganz Afrikas zu gehören. Wenige, wenn nicht keine derjenigen, die 1919 beschossen worden sind, können heute noch am Leben sein, so scheint ihr abwehrendes Verhalten an ihre Nachkommen, die jetzt erwachsen sind, und an die Jungen der dritten und vierten Generation weitergegeben worden zu sein, wobei keiner von diesen selbst eine Attacke durch den Menschen erlitten hat.

Zahmsein ist ein weiteres Beispiel für den Baldwin-Effekt, weil einige Populationen, wie viele der Vögel und andere Tiere auf den Galapagos-Inseln, zahm bleiben, trotz der Bedrohung durch den Menschen.

Vielleicht haben sie so lange ohne Bedrohung gelebt, daß sich „zahme" Gene eingeschlichen haben und jetzt ihr Verhalten bestimmen. Die Ankunft des Menschen auf der Insel erfolgte erst kürzlich, wenn man in Zeiträumen der Evolution denkt, so daß bisher keine Zeit war, diese Gene auszuselektionieren.

Ich möchte jetzt dem Menschen einige Aufmerksamkeit schenken: Was ist so besonders an uns? Ich hoffe, daß ich klargestellt habe, daß nichtmenschliche Tiere Verhaltensinformationen von einem Individuum zum nächsten weiterleiten können, und in diesem Sinne besitzen sie Kultur. Aus meiner Sicht ist der große Unterschied (und der ist immens) zwischen ihnen und uns ein quantitativer. Wir sind so viel besser darin, Kultur zu übermitteln, daß die Kluft zwischen uns und den großen Affen tief erscheint.

Ich will die offensichtlichen Unterschiede erklären und dann fortfahren, daß wir auf Grund dessen in der Lage waren, eine Evolution der Kultur zu durchlaufen, was von anderen Tieren kaum behauptet werden kann. Nichtmenschen können von einer Tradition zur nächsten gehen und auf diese Weise einen winzigen Schritt in Richtung einer kulturellen Evolution tun, beim Menschen ist das ganz anders. Wir besitzen eine kulturelle Geschichte, die sich seit den frühen Anfängen unserer Spezies veränderte und zu dem entwickelte, was wir heute denken und leben. Es ist eine gigantische Evolution, die sich in einer sehr kurzen Zeitspanne entfaltete (weil sie auf schnellen Memen basiert und nicht auf durch Gene beschränkte natürlicher Selektion). Unsere kulturelle Evolution ist nicht das Ergebnis einiger neuer Eigenschaften, die wir besitzen, sondern wir sind einfach besser darin, Meme weiterzugeben, und die Verbesserungen, die wir in der Behandlung dieser Meme erreicht haben (das sind die größeren Gehirne, die in der natürlichen Selektion entstanden sind), haben zu noch mehr Memen geführt – so viele, daß sie unserer Leben und Schicksal buchstäblich in die Hände genommen haben. Wenn einer einwenden möchte, wir seien so verschieden von anderen Tieren und hätten neben anderem eine Geschichte, eine Evolution von Kultur, kann ich dem nur beipflichten. Trotzdem möchte ich darauf bestehen, der einzige Grund dafür ist, daß wir in der natürlichen Selektion zu einem Tier evolviert sind, das eine überlegende Effizienz in der Übermittlung und der Akkumulation von Memen besitzt. Die Art und Weise, wie wir das tun, unterscheidet sich nicht fundamental von der anderer Tiere; wir sind anders geworden, indem wir mehr davon tun.

Die nützlichste Eigenschaft, die wir besitzen, ist die Sprache. Die Sprache kann dazu verwendet werden, Informationen von einem Individuum zum nächsten weiterzugeben: Sie ist der beste Mem transmitter. Dieser Aspekt ist sicherlich nicht verschieden von dem, was wir bei Tieren finden. Um ein Beispiel dafür zu nennen, Warnrufe können manchmal sehr spezifisch auf die Art der Gefahr hinweisen. Zum Beispiel haben Meerkatzen drei verschiedene Warnrufe. Das konnte überprüft werden, indem die Rufe aufgezeichnet wurden, um dann der Affengruppe wieder vorgespielt zu werden. Ein Ruf bedeutete offenbar „Raubvogel", weil alle Meerkatzen, sobald er aus dem Lautsprecher erscholl, nach oben zum Himmel blickten. Nach einem anderen bestimmten Ruf, der „Leopard" bedeutet, rannten die Affen in die Lichtung und beobachteten die benachbarten Dickichte. Ein dritter Ruf, der „Schlange" bedeutet, veranlaßte die Affen, auf Zehenspitzen zu gehen und den Boden abzusuchen. Dies sind nur drei „Worte", aber die Meerkatzen verfügen unzweifelhaft über mehr. Schimpansen und Gorillas sind in der Wildnis dabei beobachtet worden, wie sie alle möglichen Arten von Grunzern und gemurmelten Geräuschen von sich geben. Es wird vermutet, daß sie Informationen enthalten, aber wir haben den Kode noch nicht entschlüsselt. Basierend auf der Menge der Geräusche, die sie in freier Wildbahn erzeugen, beläuft sich die Schätzung für Schimpansen auf ungefähr dreißig Signale oder „Worte". Aber selbst wenn es über zweihundert wären, lägen sie damit buchstäblich einen langen Atemzug entfernt von dem umfangreichen Vokabular unserer eigenen Spezies.

Alle sind sich einig, daß unsere eigenen sprachlichen Fähigkeiten sich in der Anzahl der Signalworte von denen der Tiere unterscheiden. Wir haben einen Kehlkopf und Stimmbänder, die besonders zur Sprache befähigen, etwas was den großen Affen fehlt. Es ist zwar richtig, daß Papageien und etliche andere Vögel hervorragende Imitatoren der menschlichen Stimme sind, und es gibt Beispiele, in denen sie wissentlich unsere Worte als Signale benutzen; aber wiederum ist die Anzahl der Worte, die ein Papagei lernen kann, beschränkt. Schimpansen und Gorillas konnte beigebracht werden, sich in der amerikanischen Zeichensprache (Taubstummensprache) zu verständigen, beziehungsweise mit anderen nichtverbalen Methoden, aber auch damit können sie nur ein Vokabular mit nicht mehr als zweihundert Worten lernen.

Nicht nur unser Vokabular ist umfangreicher, wir können auch Sätze bilden. Es gibt eine große Auseinandersetzung darüber, ob trainierte Schimpansen die Kapazität besitzen, eine Art einfacher Syntax zu bilden, aber es ist ein schwieriger, theoretischer Streit, den ich selbst nicht gänzlich verstanden habe. Jedenfalls wissen wir noch nicht, welche Stufe der Grammatik große Affen erlangen können und ob Syntax einen Ursprung in tierischem Verhalten hat und nur bei uns Menschen zu voller Blüte erwacht. Wenn es so wäre, würde es mir und anderen gut ins Konzept passen, da wir argumentieren wollen, wir täten die gleichen Dinge wie die Tiere, nur, wie Annie Oakley, „besser"[1] .

Diese Diskussion betrifft auch das Gedächtnis: Wir kennen mehr Signale als andere Tiere, weil unser Gedächtnis besser ist. Aber bevor wir zu selbstzufrieden werden, tun wir gut daran, uns zu erinnern, daß das Gedächtnis anderer Tiere viel eindrucksvoller ist als noch vor ein paar Jahren angenommen. Sogar Insekten, wie zum Beispiel die Bienen, besitzen die bemerkenswerte Fähigkeit, eine Landschaft zu erkennen, und sie können von einem Punkt in der Landschaft zu einem anderen finden, nachdem sie im Experiment an einen Punkt gebracht wurden, den sie normalerweise nicht anfliegen. Einige Vögel verstecken, wie die Eichhörnchen, Samen, und sie können sich eine erstaunliche Menge dieser Verstecke merken. Die Fähigkeit, sich an diese versteckten Schätze zu erinnern, ist nicht weniger beeindruckend als bei Eichhörnchen.

Ich könnte mit solchen Beispielen fortfahren, aber sie verblassen alle angesichts des menschlichen Gedächtnisses. Man braucht nur an die Fakten zu denken, die wir angehäuft hatten, als wir die Schule verließen: nicht nur an das, was wir in den Klassen lernten, sondern auch an all jenes, was wir von unseren Mitschülern erfuhren (wobei einiges von zweifelhaftem

1 Anspielung auf das Lied „Anything you can do, I can do better" aus Irving Berlins Musical *Annie, get your Gun*, 1946 (Anm. d. Übers.)

Wert gewesen sein mag). Noch viel größer ist die Zahl der Dinge, die wir von unseren Eltern lernten, willig und unwillig. In den ersten siebzehn oder mehr Jahren unseres Lebens werden wir vollgestopft mit Informationen, und an so manches werden wir uns ein Leben lang erinnern. Wir hören jedoch nicht auf zu lernen; wir werden es bis ins hohe Alter hinein tun. Denken Sie an einen Schauspieler, der ein ganzes Drama von Shakespeare lernt, oder zumindest eine der Partien. Bei manchen Leuten ist die Fähigkeit, etwas zu behalten, sehr ausgeprägt. Zum Beispiel ließ uns einer unserer Chemieprofessoren erschauern, um es milde auszudrücken, indem er die gesamte fünfstellige Logarithmentabelle auswendig konnte. Trotzdem braucht man keine Schwerathleten, was das Gedächtnis angeht, zu bemühen, um meine Aussage zu bestätigen; die meisten auf gewöhnliche Weise vergeßlichen Leute haben immer noch eine phantastische Menge an Informationen in ihren Köpfen.

Unser großes Gehirn, geübt im Erinnern, ist nur der Anfang der menschlichen Erfolgsgeschichte. Auf Grund unserer sozialen Existenz und unserem Erfindungsreichtum haben wir Wege gefunden, Informationen auf vielfältige Weise zu speichern.

Bei einigen ursprünglichen Gesellschaften gibt es heute noch die Arbeitsteilung, die es vermutlich bei den ersten Gesellschaften unserer Spezies gegeben hat. Manchmal ist sie nach Geschlechtern verteilt: Die Frauen sammeln und kochen, während die Männer auf die Jagd gehen. Diese Verteilungen können spezialisiert werden: Manche können besonders erfahren und ausgebildet werden für, sagen wir einmal, das Kanubauen, andere für die Herstellung von Pfeil und Bogen, und wieder andere lernen die Kniffe, mit denen Wunden geheilt oder Krankheiten aus dem Körper gejagt werden können. Bei etwas fortgeschritteneren und zivilisierteren sozialen Gruppen schreitet die Arbeitsteilung voran und wird immer spezialisierter: Der Schuster macht unsere Schuhe, der Hufschmied dasselbe für Pferde, der Schneider macht Kleider und Anzüge, der Schlachter schneidet Fleisch, der Fischer holt Fische aus dem Wasser, der Bankier verwahrt hoffentlich unser Geld im sicherem Safe, der Maurer baut unsere Häuser, der Rechtsanwalt versucht, uns um die Klippen des Rechts herumzusteuern und so weiter. Nicht jeder braucht jedes Handwerk oder jeden Beruf zu erlernen, aber indem wir die Angebote gemeinsam nutzen, wird das Gedächtnis der Fähigkeiten einer Kommune viel größer als was im Gehirn einer einzigen Person gespeichert werden könnte.

Es gibt einen weiteren interessanten Aspekt bei Menschen: Anders als bei den meisten, wenn nicht allen, anderen Spezies, bleiben die älteren Personen am Leben und sind ein Teil der Gemeinschaft über das Alter, in dem sie sich reproduzieren, hinaus. Ein Ergebnis davon ist, daß die Älteren zu Hütern der Überlieferungen des Stammes werden, seiner Sitten, der traditionellen Geschichten und sogar der Informationen, die in Zeiten der Krise zum Überleben nützlich sein könnten. Auf diese Weise dienen sie als besondere Gedächtnisspeicher zum Wohl der sozialen Gruppe. Sie sind die Stimme der Erfahrung, die Träger der Traditionen und der Geschichte und deshalb Quellen der Weisheit. In zunehmendem Alter gewinnt diese Idee an Anziehungskraft.

Es gibt beträchtliche Streitigkeiten darüber, wann die frühen Menschen das Sprechen und die Sprache erfunden haben. Aber sie bleiben Mutmaßungen, weil uns, trotz der fossilen Funde aus den vielen wichtigen anthropologischen Ausgrabungen, eines fehlt, was wir jedoch brauchen würden: nämlich eine gute Serie Fossilien des Kehlkopfes von unseren Vorfahren bis zum modernen Menschen.

Was wir statt dessen haben, ist ein erstarrtes Abbild der frühen Sprachen in Form von Schrift, und dabei handelt es sich um eine der wesentlichen Erfindungen zur Speicherung des Gedächtnisses. Es war fortan möglich, eine Tatsache oder einen Gedanken in ein Symbol zu verwandeln, und wir brauchten uns nur die Symbole, die Buchstaben und die Wörter zu merken. Zu einem späteren Zeitpunkt konnten wir uns das Geschriebene ansehen und die gespeicherte Erinnerung wiederbeleben. Eine Studentin macht während einer Vorlesung Notizen, so daß sie ein Protokoll der goldenen Worte ihres Professors erhält. Das ist ein großer Segen, weil nicht alles, was gesagt und gehört wird, sofort behalten werden muß. Die Studentin kann ihre Notizen vor der Prüfung durchsehen und, wenn ihre Handschrift besser als meine sein sollte, eine klare Wiedergabe im Examen erreichen.

Den frühesten Beweis für eine Schrift liefert die assyrische Keilschrift. Sie war eine Notation, bei der die Symbole (Buchstaben und

Wörter) in weichen Lehm gedruckt wurden, der nach der Durchhärtung fest und beständig wurde. Unglücklicherweise enthalten nicht alle Tafeln, die bei den archäologischen Ausgrabungen dieser uralten Zivilisation gefunden wurden, Tatsachen von kosmischer Bedeutung, weil viele nur einfache Berechnungen und Inventarlisten sind – eine Art babylonischer Wäschelisten. Aber einige sind faszinierende Fragmente über ihre Religion und führen uns zu den Ursprüngen der Bibel. Dies sind Informationsstückchen, die wir, nachdem sie Tausende von Jahren aufgehoben worden sind, aufdecken können, um sie zu nutzen.

Ein Alphabet zu erfinden und es in feuchten Lehm zu drucken, waren zwei wichtige Schritte auf dem Weg zur Informationsspeicherung. Die Symbole für die Wörter veränderten sich laufend oder wurden neu erfunden, wie bei den Hieroglyphen der Ägypter und der Mayas oder beim Alphabet der Phönizier und späterer Alphabete, die eine direkte und leicht nachvollziehbare Verbindung zu unserer eigenen Schrift zeigen.

Der Prozeß der Informationsspeicherung wurde durch die Erfindung verschiedener mechanischer Hilfsmittel erleichtert. Die Erfindungen des Materials, auf welchem die Schrift aufgehoben wird, erzeugte zum Beispiel dramatische Änderungen, von nassem Lehm (und behauenem Stein) über Papyrus und Pergament bis zur Einführung von Papier im Mittelalter. Bedenken Sie nur die Entwicklung der Schreibgeräte, jede hatte gewaltige Konsequenzen – vom Griffel für den nassen Lehm und dem Steinmeißel, über die Tinte für den Federkiel, zum Bleistift, zum Füller und heute zum Kugelschreiber und seinen Nachkommen. Das neunzehnte Jahrhundert erlebte die Geburt der Schreibmaschine, die in den letzten Jahren veraltet ist und fast völlig von elektronischen Wortprozessoren ersetzt wurde, mit all seinen Möglichkeiten, Fehler zu korrigieren und sogar die Rechtschreibung zu kontrollieren. (Eine meiner Studentinnen gab mir einmal eine Rohfassung ihrer Doktorarbeit mit einer kleinen Notiz daran: „Bitte lassen Sie sich nicht durch Rechtschreibfehler stören – ich habe die Rechtschreibprüfung noch nicht angeklickt.")

Zusätzlich zu den verbesserten Möglichkeiten des Schreibens, wurde mit der Gutenberg-Bibel im fünfzehnten Jahrhundert (das erste gedruckte Buch) eine Möglichkeit des Kopierens und damit der Verbreitung eröffnet. Die Schreiber mußten nicht länger alles wieder und wieder mit der Hand kopieren – mit beweglichen Typen konnte eine Seite viele Male exakt kopiert werden. Inzwischen erfuhr auch die Drucktechnik umwälzende Veränderungen. In den letzten Jahren konnten wir den Tod der alten Methode, die Typen mit heißem Blei (Linotype) zu setzen, beobachten. Sie wurde durch Wortprozessoren und durch fotografische Methoden zur Herstellung einer Druckplatte ersetzt. Der Druckprozeß selbst hat auch ähnliche Fortschritte gemacht, eine moderne Druckpresse wirft die Kopien mit erstaunlicher Geschwindigkeit aus. Und vergessen Sie nicht den Xeroxkopierer und die Faxmaschine.

Seit frühester Zeit werden die Bücher und Manuskripte in Bibliotheken gesammelt, die zu gigantischen Speichern von Informationen wurden. Man stelle sich das Stammeswissen der Älteren einer primitiven Gesellschaft an einem Ende des Spektrums und den Inhalt der Library of Congress oder der Library of the British Museum am anderen Ende vor. Der Unterschied ist schwer zu fassen.

Das ist aber noch längst nicht alles. Es gibt eine weitere Serie moderner Informationsspeicher mit noch größerer Möglichkeiten. Es begann mit der Photographie und führte zu der Aufnahme von bewegten Bildern auf Filme, kurz es ist die Geschichte von Hollywood. Die ersten Filme waren noch ohne Töne, erst später lernten sie sprechen. Die ersten waren zumeist spielerische Geschichten, die eine gewisse Größe erreichten, wie zum Beispiel die Filme Charlie Chaplins und Buster Keatons. Einige zeichneten auch tatsächliche Ereignisse auf, und diese sind heute von großem historischen Wert: Wir sehen dort von Pferden gezogene Straßenbahnen; die Slums und auch die schönen Teile unserer Städte, mit Leuten in Kleidern der damaligen Mode; und wir besitzen außergewöhnliche Aufzeichnungen von Geschehnissen wie dem Ersten Weltkrieg. Die alten Filme und Kameras (und ihre Linsen) sind ständig verbessert worden, einschließlich der Einführung des Farbfilms und seiner Entwicklung. Die letzte Transmutation hat uns mit dem Video erreicht, wo man ein bewegtes, farbiges Bild aufnehmen kann, um es sofort auf dem Bildschirm wiederzusehen.

Schließlich gibt es den Computer, der als Informationsspeicher alles schlägt, nicht nur auf Grund der Datenmenge, die er speichern kann, sondern auch wegen der Leichtigkeit, die Informationen wieder zugänglich zu machen. Heutzutage kann man eine Bank anrufen und ihr die Kontonummer mitteilen. Sofort hat der Bankier den Kontostand auf dem Bildschirm mit allen Ein- und Ausgängen und, wie schon befürchtet, das Konto ist überzogen. Oder, um ein biologisches Beispiel anzuführen, heute, da es möglich ist, die Basensequenz eines Gens genau zu bestimmen, kann man die Gensequenzen (die sehr lang sind) in eine Datenbank eingeben. Wenn man ein neues Gen entdeckt und seine Sequenz aufgeklärt hat, kann man diese ebenfalls in die Datenbank eingeben und anfragen, ob sie irgendeiner, die schon gespeichert ist, ähnlich ist. Auf diese Weise sind einige bedeutende Erkenntnisse über die Ähnlichkeiten einiger Gene (die deswegen wahrscheinlich einen gemeinsamen Ursprung besitzen) gewonnen worden, die völlig unerwartet waren. Das hat zu bedeutenden Fortschritten in der Molekularbiologie geführt. Um diesen Abschnitt mit einem Wermutstropfen zu würzen: Die Abrechnungen unserer Einkommenssteuer der letzten Jahre sind in Computern gespeichert und stehen der Steuerprüfung jederzeit zur Verfügung. So können wir, obwohl unsere Fähigkeit, Informationen zu speichern, großartig ist und die kollektive Gedächtnismaschine unsere wildesten Träume übertrifft, nicht sicher sein, daß die interessantesten Informationen gespeichert werden.

Es sind einige Versuche unternommen worden, den gesamten Fortschritt, den die Menschheit im Verlauf der Zivilisation erlangt hat, abzuschätzen. Die Akkumulation von Informationen war sicherlich eher bescheiden in unserer frühen Geschichte, aber sie hat mit alarmierender Geschwindigkeit zugenommen. Aus den Daten zweier Studien über die Rate von Erfindungen zwischen 1300 und 1900 nach Chr. ersieht man, daß sie exponentiell zugenommen haben mit einer Rate von 25 % pro Jahrhundert. Die Population hat hingegen im gleichen Zeitraum nur um 2,4 % pro Jahrhundert zugenommen. Man fragt sich, wann der Zeitpunkt kommt, an dem wir so viele Informationen besitzen, daß wir nichts mehr damit anfangen können. Ich vermute, solange wir die Kontrolle ausüben und nicht die Computer, können wir sie verarbeiten und das, was nützlich ist, behalten und den Rest vergessen.

Nun, da wir am Ende der Reise angelangt sind, lassen Sie mich in großem Bogen, aber mit wenigen Worten zusammenfassen, was ich gesagt und getan habe. Dieses Buch handelt von dem Kreislauf des Lebens und ist auch eine Art geistiger und biologischer Autobiographie. Um es anders auszudrücken, ein wesentliches Element dieses Buches ist mein eigener Lebenskreis.

Es ist meine Überzeugung, daß der grundlegendste und interessanteste Aspekt des Lebens der Lebenszyklus ist. Er ist durch die Fähigkeit der Gene, sich auf Grund der Eigenschaften der DNS selbst zu verdoppeln, und durch die natürliche Selektion entstanden. Als der Zyklus einmal etabliert war, konnte er wegen der Mutationen der DNS, welche schließlich durch die natürliche Selektion in Form der Sexualität stabilisiert wurden, variieren. Es erwuchs so die Möglichkeit, daß mehr als ein Lebenszyklus auf der Erde existiert und jeder einen Teil der Umgebung belebt, ohne notwendigerweise das Aussterben anderer zu verursachen. Es gab während der letzten Milliarden von Jahren einen fortwährenden Selektionsdruck, die Varianten zu vermehren, was eine Erhöhung der Komplexität und Größe der Lebenszyklen bedeutet, so daß wir heute ein Aufgebot von Millionen von Tieren und Pflanzen aller Größen und Formen auf der Erde finden.

Der Lebenszyklus ist nicht der einzige Kreislauf. Es gibt Zellzyklen bei vielzelligen Organismen, und es gibt Kreisläufe bei vielzelligen Gesellschaften. Diese und andere weniger auffällige Zyklen dienen jedoch alle dem Lebenszyklus, weil der letztere über die Gene alle untergeordneten Zyklen in einem Organismus steuert, genauso wie alle übergeordneten, wie die Zyklen der Tiergesellschaften. Schließlich wurde es möglich, durch den Aufbau auf dem Fundament des Lebenszyklus, tierisches Verhalten zu entwickeln, auch das nur durch die natürliche Selektion, und daß das Verhalten zu der kulturellen Evolution führte, die unser heutiges Leben so stark beeinflußt.

Ausgewählte Literatur

Weil dieses Buch gelesen werden soll, aber kein Lehrbuch ist oder eines mit großzügigen Fußnoten, will ich hier einige Vorschläge zur Vertiefung der vielen Themen, die dieses Buch berührt hat, machen.

Es gibt eine ganze Reihe hervorragender Bücher über die Geschichte der Biologie und insbesondere zur Geschichte der Entdeckung der Evolution. Zum Beispiel gibt es eine große Anzahl Bücher über Charles Darwin, viele von ihnen sind exzellent. Eines der jüngsten Produkte aus der sogenannten "Darwin industry" ist ein fesselndes Buch von Adrian Desmond und James Moore, genannt *Darwin* (Michael Joseph, 1991; Paul List Verlag, 1992; RoRoRo, 1994). Lassen Sie sich nicht von seinem Umfang schrecken – es wird gut für ihren Magen sein, es im Bett zu lesen. Es spürt nicht nur Darwins Leben nach, sondern enthält für jede seiner Lebensphasen ein lebendiges Bild des Zeitgeschehens bereit, wie die politischen Ereignisse Großbritanniens und des Restes der Welt, die Biologie der Zeit und die entstehende Wissenschaftspolitik. Es findet sich darin auch eine faszinierende Beschreibung des Kampfes zwischen der anglikanischen Kirche und den Evolutionsbiologen. All dies wird mit einem tiefen Verständnis für den Geist Darwins geschrieben. Die Rezensionen dieses Buches waren exzellent, obwohl ein Wissenschaftshistoriker bemängelte, es enthielte alles, außer den Informationen über Darwins Liebesleben.

Denjenigen, die mehr über Darwins große Reise erfahren möchten, sei seine *Voyage of the Beagle* (Dutton; Natural History Museum; Bantam) wärmstens empfohlen. Es ist ein hervorragendes Buch. Genauso faszinierend und vielleicht ein noch besseres Buch ist Alfred Russels *The Maley Archepelago* (Dover; *Das Maleyische Archipel*, Societäts Verlag, 1983). Ich wäre nachlässig, wenn ich nicht Henry Walter Bates *The Naturalist on the River Amazon* (Dover) erwähnte. Das neunzehnte Jahrhundert war die Ära der schreibkundigen und unerschrockenen Entdecker.

Es ist viel schwieriger, ein leichtes Buch über die Entwicklungsbiologie zu finden, weil sie heute ein so technisches und schnell voranschreitendes Gebiet geworden ist, insbesondere nach Ankunft der Molekularbiologie. Wenn Sie einen Eindruck von dem, was ich gerade gesagt habe, gewinnen möchten, gehen Sie in eine Bibliothek und schauen Sie in *The Molecular Biology of the Cell* von Bruce Alberts und anderen (2. Auflage, Garland Publishing; *Molekularbiologie der Zelle*, VCH, 1990). Es ist kein Buch, in dem man mehr als in der *Enzyclopaedia Britannica* lesen könnte, aber es vermittelt Ihnen einen Blick in die moderne, experimentelle Biologie.

Im Gegensatz dazu gibt es zum Thema Evolution ein reichhaltiges Angebot an Büchern. Trotz seiner Bedeutung ist Darwins *On the Origin of Species* kein guter Einstieg, obwohl ich es zum fortgeschrittenen Lesen empfehle. Ich schlage vor, die erste Ausgabe von 1859 (Faksimile, Harvard University Press; *Die Entstehung der Arten durch natürliche Zuchtwahl*, Reclam) zu lesen, die weit einfacher ist, als die darauffolgenden (im Ganzen sechs), in denen er seine diversen zeitgenössischen Kritiker befriedigen wollte. Einen einfacheren Einstieg gewinnt man mit George Gaylord Simpsons *The Meaning of Evolution* (Yale University Press, 1967), wobei ich den philosophischen Ausblick im Gegensatz zum Rest des Buches wenig lohnend finde. Zwei klare, aber schwierigere Bücher sind John Maynard Smith *The Theory of Evolution* (Penguin, 1958) und Philip M. Shepard *Natural Selection and Heredity* (3. Auflage, Hutchison, 1967). Besonders erwähnenswert ist Ernst Mayrs Buch, das in zwei Formen zu erhalten ist: als originale Gesamtausgabe, *Animal Species and Evolution* (Harvard University Press, 1963; *Artbegriff und Evolution*, Blackwell, 1967), und als populärere Version, *Populations, Species and Evolution* (Harvard University Press, 1970). Mayr formuliert klar, und es gelingt ihm, die Großartigkeit der Evolution zu vermitteln.

Auf dem Gebiet des Verhaltens gibt es ebenfalls eine große Menge hervorragender Bücher – es ist schwierig einige herauszupicken. Um des reinen Vergnügens und um seiner wunderbaren Einsichten wegen, kann Konrad Lorenz' *Er redete mit dem Vieh, den Vögeln und den Fischen* (Borotha Schoeler, letzte Auflage 1970; dtv, 1993) nicht eindringlich genug empfohlen werden. Es ist eine mitreißende Einführung in die moderne Verhaltensforschung (Ethologie) von einem ihrer Begründer. Niko Tinbergen, ein weiterer Gründungsvater, schrieb *The Study of Instinct* (Oxford, 1951; *Instinktlehre*, Blackwell, 1979), was auf seine Weise ein noch bedeutenderes Buch ist. Es ist eine systematische Abhandlung der Anfänge der Ethologie und ist mit solcher Klarheit verfaßt, daß es nahezu leuchtet. Karl von Frisch schrieb seine magischen Beobachtungen zum Bienenverhalten in *Aus dem Leben der Bienen* (Springer, letzte Auflage 1977) nieder. Es gibt viele neuere Bücher zu dem Thema, einschließlich hervorragender Lehrbücher. Um eines herauszugreifen, James Goulds *Ethology* (Norton, 1982[1]) faßt klar und mit Autorität zusammen, wo wir heute stehen. Bei den vielen Studien zu Primaten möchte ich zwei Empfehlungen geben: Jane Goodalls *In the Shadow of Man* (Houghton Mifflin, 1983) und Franz de Waals *Chimpanzee Politics* (Harper and Row, 1982; *Wilde Diplomaten*, Hanser, 1991). Wenn jemand daran interessiert ist, zu erfahren, was im Gehirn der Tiere vor sich geht, sei ihm Donald Griffins *Animal Thinking* (Harvard University Press, 1984; *Wie Tiere denken*, BLV, 1985) empfohlen, ein Buch voller interessanter Einsichten.

Bei sozialen Tieren geht nichts über Edward O. Wilsons *Sociobiology* (Harvard University Press, 1975). Es besitzt die seltene Qualität, beides zu sein, eine Enzyklopädie und ein lesbares Buch. Lassen Sie sich von der Dicke des Buches nicht schrecken (obwohl es unklug wäre, dieses im Bett lesen zu wollen). Ich kann noch ein exzellentes Buch empfehlen, das voller Reichtümer steckt – Robert Trivers *Social Evolution* (Benjamin-Cummings, 1985).

In diesem Buch habe ich ständig Themen behandelt, die ich viel ausführlicher schon an anderer Stelle diskutiert habe. Ich werde die Quellen hier auflisten für den Fall, daß ein Leser eines dieser Themen weiterverfolgen möchte und eine Literaturliste benötigt. Ich tue dies mit einigem Zögern wegen einer Bemerkung meines Kollegen Henry Horn über das Zitieren der eigenen Arbeiten. Er sagte, man solle die Produktivität einer Person nicht allein an Hand des Citation Index feststellen,

1 Als deutsche Ausgabe liegen einige andere Bücher von James Gould mit Essays zur Naturgeschichte vor, die alle lesenswert sind (Anm. d. Übers.)

was üblicherweise getan wird, indem alle Zitate eines bestimmten Autors addiert werden (dieser Index enthält alle Stellen, an denen eine Veröffentlichung oder ein Buch zitiert wird). Anstelle dessen solle man lieber die Anzahl der Zitate durch die Anzahl der Selbstzitate teilen! Was jetzt folgt, wird mir also eine niedrigere Punktezahl einhandeln. Ich habe den Lebenskreis in *The Evolution of Development* (Cambridge University Press, 1958), in *Size and Cycle* (Princeton University Press, 1965) und in *Evolution of Complexity* (Princeton University Press, 1988) beschrieben. Die Frage der Größe ist oberflächlich in *The Scale of Nature* (Harper & Row, 1969), ernsthafter jedoch in T.A. McMahon und Bonner *On Size and Life* (Scientific American Books, 1983) behandelt worden. Probleme der Entwicklung habe ich in *Morphogenesis* (Princeton University Press, 1952) und in *On Development* (Harvard University Press, 1974) beschrieben. In *The Evolution of Culture in Animals* habe ich mich auf das Verhalten und den Beginn der kulturellen Evolution konzentriert. Schließlich findet sich eine Zusammenfassung meiner frühen Arbeiten über die Schleimpilze in *The Cellular Slime Moulds* (2. Auflage, Princeton University Press, 1967).

Sachwort- und Namenverzeichnis

E

F

G

H

T

U

V

W

Z

„Meine antisowjetische Tätigkeit..."

Russische Physiker unter Stalin

von Gennady Gorelik

Aus dem Russischen übersetzt von Helmut Rotter.

1995. XVI, 300 Seiten. (Facetten) Gebunden.
ISBN 3-528-06584-2

Im Jahr 1991 bekam der russische Physikhistoriker Gennady Gorelik die einmalige Möglichkeit, die Geheimdienstakten führender sowjetischer Physiker in der Zeit des Stalinismus einzusehen und Teile daraus zu veröffentlichen. Er beschreibt in diesem Buch den Lebens- und Leidensweg einer jungen, unbequemen Elite in den 30er Jahren, aus der z.B. der spätere Nobelpreisträger Lew D. Landau hervorging, aber berichtet auch von jenen, die den stalinistischen Säuberungen zum Opfer fielen. Das Buch ist damit ein wichtiger Beitrag zur Aufarbeitung dieses dunklen Kapitels der Sozialgeschichte der sowjetischen Physik.

Über den Autor: Dr. Gennady Gorelik arbeitet am Dibner Institute for the History of Science and Technology, MIT, Cambridge (MA), USA.

Verlag Vieweg · Postfach 58 29 · 65048 Wiesbaden

Kalte Kernfusion

Das Wunder, das nie stattfand

von John R. Huizenga

Aus dem Amerikanischen übersetzt von Margrit Lingner.
Mit einem Vorwort von Wolfgang Schmickler.

1994. VI, 311 Seiten. (Facetten) Gebunden.
ISBN 3-528-06614-8

Im Frühjahr 1989 kündigten zwei Wissenschaftler der Welt ein Energiewunder an: „Sauber, billig und im Überfluß vorhanden“ – so die Forscher zu ihrer vermeintlichen Entdeckung. M. Pons und B. S. Fleischmann von der Universität Utah behaupteten, die bisher nur bei höchsten Temperaturen ablaufende Kernfusion im Reagenzglas bei Raumtemperatur durchgeführt zu haben. Sie lösten eine Sturmflut von Medienberichten und Hektik bei ihren wissenschaftlichen Kollegen aus, die sofort anfingen, die Ergebnisse nachzuvollziehen. Der Autor dieses spannenden Buches war in der Kommission tätig, die den Rechtsanspruch der Wissenschaftler auf eine der wichtigsten Entdeckungen dieses Jahrhunderts überprüfte. Er erlebte aber auch die Entwicklung der kontroversen Diskussionen und den abgrundtiefen Fall der beiden mit, als sich die Experimente als Fehlinterpretation erwiesen. Zum Schluß findet der Autor den Bogen zu anderen „Flops“ der Wissenschaftsgeschichte, deren Analyse zur verfrühten und schon in „Sichtweite“ des Nobelpreises getätigten Veröffentlichung nicht verifizierter Forschungsresultate warnen soll.

Über den Autor: John R. Huizenga ist emeritierter Professor für Chemie und Physik an der Universität Rochester, New York. Er war stellvertretender Vorsitzender der Kommission des US-Energieministeriums, die die Vorgänge um Pons und Fleischmann untersuchte.

Verlag Vieweg · Postfach 58 29 · 65048 Wiesbaden

Lotto und andere Zufälle

Wie man die Gewinnquoten erhöht

von Karl Bosch

1994. XIV, 260 Seiten. (Facetten) Gebunden.
ISBN 3-528-06632-6

Ziel des Buches ist es, Grundbegriffe aus der Wahrscheinlichkeitsrechnung und Statistik, die auch sonst im täglichen Leben oft benutzt werden, für jedermann möglichst anschaulich und verständlich darzustellen. Speziell werden folgende Bereiche behandelt: Zufallsexperimente, Häufigkeiten, Chancengleichheit, kombinatorische Methoden, geometrische Wahrscheinlichkeit, allgemeine Wahrscheinlichkeit, Zufallszahlen und Simulationen, Unabhängigkeit, Mittelwerte, Zufallsvariable und deren Erwartungswerte, Gesetz der großen Zahlen, Bevölkerungsaufbau und Lebenserwartung (Sterbetafel) und etwas über die „statistische Lüge". Die Chancen beim Lotto werden in einem sehr umfangreichen Anhang untersucht. Dort soll gezeigt werden, daß man wegen der Chancengleichheit aller fast 14 Millionen möglichen Tippreihen nicht gegen den Zufall spielen kann. Ein Gewinn hängt also vom Zufall ab. Das Verhalten der Spieler wird an einigen typischen Gewinnquoten aufgezeigt. Bei Reihen mit vielen „Geburtstagszahlen" können die Quoten extrem niedrig sein. Das gleiche gilt für Reihen mit „Mustern". Um das Verhalten der Spieler aufzuzeigen, wurden 6,8 Millionen an einem Wochenende tatsächlich abgegebene Reihen untersucht.

Über den Autor: Karl Bosch ist Professor am Institut für angewandte Mathematik und Statistik der Universität, Stuttgart-Hohenheim.

Verlag Vieweg · Postfach 58 29 · 65048 Wiesbaden

SPRINGER NATURE

GPSR Compliance

The European Union's (EU) General Product Safety Regulation (GPSR) is a set of rules that requires consumer products to be safe and our obligations to ensure this.

If you have any concerns about our products, you can contact us on ProductSafety@springernature.com

In case Publisher is established outside the EU, the EU authorized representative is:

Springer Nature Customer Service Center GmbH
Europaplatz 3
69115 Heidelberg, Germany

Zeitfracht Medien GmbH
Ferdinand-Jühlke-Straße 7
99095 Erfurt, Deutschland
produktsicherheit@kolibri360.de